管理科学与工程系列精品教材

运 筹 学

（第 2 版）

党耀国　朱建军　王俊杰　编著

电子工业出版社
Publishing House of Electronics Industry
北京·BEIJING

内 容 简 介

本书系统地介绍了运筹学中的主要内容，重点讲解了应用广泛的线性规划、运输问题、整数规划、图论与网络计划、存储论、决策分析等内容。本书强调学以致用，以大量实际问题为背景引出运筹学各分支的基本概念、模型和方法，具有很强的实用性。在基本原理和方法的介绍方面，本书尽量避免使用复杂的理论证明，而是通过大量通俗易懂的例子对理论方法进行讲解，具有较强的趣味性，又不失理论性，理论难度由浅入深，适合不同层次的读者。

本书可作为高等院校经济类、管理类、工程类各专业的本科生、专业硕士研究生的教材，也可供各类管理人员及相关人员参考。

图书在版编目（CIP）数据

运筹学 / 党耀国，朱建军，王俊杰编著. — 2 版. — 北京：电子工业出版社，2024.3

ISBN 978-7-121-47493-4

Ⅰ. ①运… Ⅱ. ①党… ②朱… ③王… Ⅲ. ①运筹学 Ⅳ. ①O22

中国国家版本馆 CIP 数据核字（2024）第 055842 号

责任编辑：王二华

文字编辑：张萌萌

印　　刷：三河市龙林印务有限公司

装　　订：三河市龙林印务有限公司

出版发行：电子工业出版社

　　　　　北京市海淀区万寿路 173 信箱　　邮编：100036

开　　本：787×1092　1/16　　印张：15　　字数：364.8 千字

版　　次：2015 年 4 月第 1 版

　　　　　2024 年 3 月第 2 版

印　　次：2024 年 3 月第 1 次印刷

定　　价：49.00 元

凡所购买电子工业出版社图书有缺损问题，请向购买书店调换。若书店售缺，请与本社发行部联系，联系及邮购电话：(010) 88254888，88258888。

质量投诉请发邮件至 zlts@phei.com.cn，盗版侵权举报请发邮件至 dbqq@phei.com.cn。

本书咨询联系方式：wangrh@phei.com.cn。

前　　言

运筹学是从实际问题中抽象而来的模型化手段，是一种解决实际问题的系统化思想，它帮助人们学会如何从实践中发现、提出和分析问题，基于定性和定量相结合的方法，对实际问题进行数学建模、模型求解以寻求最优的解决方案。运筹学的核心思想是当我们面临各种决策问题时，如何做事以及如何做事才能有较高的效率。运筹学已经广泛应用于工业、农业、交通运输、商业、国防、建筑、通信、政府机关等各个部门领域，涉及生产管理实践中的最优生产计划、最优分配、最佳设计、最优决策、最佳管理等实际问题。掌握运筹学的基本理论与方法是高等院校管理科学与工程、经济管理类专业学生和各级各类管理人员必须具备的基本素质。

对以解决实际问题为目标的经济管理类专业学生而言，最重要的是通过本门课程的学习，培养系统解决问题的能力，促成其建立运用模型解决问题的习惯，储备一定的数学建模、求解与利用 Excel 求解的能力。对此，在教材编写过程中，本书以生产管理实践中的实际问题为基本素材，强调实践中的理念和悟性，书中编写了大量实际案例的分析和讨论，可以加深读者对实际问题的认识，增强其学习兴趣；深入浅出地讲解各种模型的基本概念和求解思路，尽力避开纯粹数学上的复杂推导，易于学生理解和自学；教材体系结构清晰，涵盖了运筹学的经典理论模型和方法，内容选择安排合理，简单实用。本书适用于高等院校经济管理类专业的本科生和研究生、MBA，以及面向实际应用的工程类、管理类和各类管理干部进修班的学员。

本教材编写组成员具有丰富的教学和科研经验，由党耀国负责的"运筹学"课程被评为江苏省精品课程（2010 年），《运筹学》教材被评为工业和信息化部"十二五"规划教材，本书在第 1 版的基础上，根据教学过程中有关专家、学者的意见，对部分内容进行了修订。主要对各章的案例与例题进行了调整；把 Excel 求解过程贯穿整个教材之中，这对学生自学、解决实际问题会有较大帮助；对部分习题进行了补充和修订。本书的出版得到南京航空航天大学研究生院和电子工业出版社的大力支持，在此表示感谢。

全书共分 6 章，其中第 1、2 章由党耀国执笔，第 3、4 章由王俊杰执笔，第 5、6 章由朱建军执笔，全书由党耀国统稿。

由于作者水平有限，本书不足之处在所难免，敬请专家、学者及读者不吝指正。

党耀国

2023 年 10 月南京

目　　录

第1章　线性规划 ··· 1

1.1　线性规划问题及其数学模型 ··· 1

1.1.1　线性规划问题的数学模型 ··· 1

1.1.2　线性规划问题的标准型 ··· 5

1.2　线性规划问题的图解法及几何意义 ··· 7

1.2.1　线性规划问题解的概念 ··· 7

1.2.2　线性规划问题的图解法 ··· 9

1.2.3　线性规划的基本定理 ·· 12

1.3　线性规划问题的单纯形算法 ··· 13

1.3.1　确定初始基可行解 ··· 13

1.3.2　最优性检验 ··· 14

1.3.3　基变换 ··· 14

1.4　线性规划问题的 Excel 求解 ··· 17

1.5　规划求解的极限值报告和敏感性报告 ··· 22

1.5.1　极限值报告 ··· 22

1.5.2　敏感性报告 ··· 23

1.6　线性规划问题的灵敏度分析 ··· 24

1.6.1　目标函数价值系数 C_j 的灵敏度分析 ·· 27

1.6.2　资源约束量 b 的灵敏度分析与影子价格 ··· 29

1.6.3　添加新变量的灵敏度分析 ··· 30

1.6.4　添加新约束的灵敏度分析 ··· 32

1.6.5　技术系数 a_{ij} 的改变(计划生产的产品工艺结构发生改变) ···························· 33

1.7　案例分析 ··· 33

案例分析 1(投资问题) ··· 33

案例分析 2(配料问题) ··· 35

案例分析 3(连续投资问题) ·· 37

案例分析 4(生产计划安排问题) ·· 38

案例分析 5(人力资源分配问题) ·· 39

1.8　案例讨论 ··· 40

案例讨论 1：生产方案的制订 ··· 40

     案例讨论 2：经理会议的建议分析 ·· 41

     案例讨论 3：奶制品加工 ·· 41

     案例讨论 4：动物饲料配制 ··· 42

     案例讨论 5：生产战略 ·· 42

     案例讨论 6：某印染公司应如何合理使用技术培训费 ················· 43

     案例讨论 7：北方化工厂月生产计划安排 ·································· 44

  复习思考题 ··· 45

第 2 章　运输问题 ··· 50

  2.1　运输问题的数学模型 ·· 50

  2.2　运输问题的基本可行解 ·· 53

  2.3　运输问题表上作业法 ·· 55

    2.3.1　确定初始基可行解 ··· 55

    2.3.2　最优解的判别 ··· 57

    2.3.3　基可行解改进的方法——闭回路调整法 ···························· 60

  2.4　运输问题的 Excel 求解方法 ··· 61

    2.4.1　产销平衡运输问题 ··· 61

    2.4.2　产销不平衡运输问题 ··· 64

  2.5　案例分析 ··· 65

     案例分析 1(生产玩具销售) ·· 65

     案例分析 2(化肥调拨问题) ·· 67

     案例分析 3(生产安排问题) ·· 70

     案例分析 4(生产成本问题) ·· 72

     案例分析 5(物资调运问题) ·· 74

     案例分析 6(蔬菜供应问题) ·· 78

  复习思考题 ··· 83

第 3 章　整数规划 ··· 86

  3.1　整数规划的求解 ··· 86

    3.1.1　装箱问题 ··· 86

    3.1.2　分支定界算法 ··· 87

    3.1.3　一般整数规划的 Excel 求解 ·· 89

  3.2　0-1 规划 ··· 91

    3.2.1　工厂选址问题 ··· 91

    3.2.2　背包问题 ··· 92

    3.2.3　隐枚举法 ··· 92

    3.2.4　0-1 规划的 Excel 求解 ·· 94

  3.3　指派问题 ··· 94

　　　3.3.1　指派问题模型 ·· 94

　　　3.3.2　匈牙利法 ··· 96

　　　3.3.3　指派问题的 Excel 求解 ······················· 100

　3.4　案例分析 ··· 102

　　　案例分析 1(分销中心选址问题) ···················· 102

　　　案例分析 2(航线的优化安排问题) ················· 103

　　　案例分析 3(投资项目选择问题) ···················· 105

　　　案例分析 4(值班人员安排问题) ···················· 106

　复习思考题 ··· 108

第 4 章　图论与网络计划 ··· 112

　4.1　图与网络 ··· 112

　　　4.1.1　图的基本概念 ···································· 112

　　　4.1.2　网络的基本概念 ································ 114

　4.2　最小生成树问题 ·· 115

　　　4.2.1　最小生成树 ······································ 115

　　　4.2.2　最小生成树算法 ································ 117

　　　4.2.3　最小生成树 Excel 软件求解 ············· 118

　4.3　最短路与最大流问题 ·· 120

　　　4.3.1　最短路算法 ······································ 120

　　　4.3.2　最短路问题 Excel 软件求解 ············· 123

　　　4.3.3　最大流算法 ······································ 125

　　　4.3.4　最大流算法的 Excel 软件求解 ·········· 131

　4.4　网络计划技术 ·· 134

　　　4.4.1　网络图的绘制 ···································· 134

　　　4.4.2　网络图的编制 ···································· 138

　　　4.4.3　路线与关键路线的确定 ···················· 138

　　　4.4.4　网络时间参数的计算 ························ 140

　　　4.4.5　网络计划技术的软件求解 ················· 145

　4.5　网络优化 ··· 152

　　　4.5.1　工期优化问题 ···································· 152

　　　4.5.2　时间-费用优化问题 ·························· 153

　4.6　案例分析 ··· 156

　　　案例分析 1(光纤网络铺设问题) ···················· 156

　　　案例分析 2(飞行之旅问题) ·························· 158

　　　案例分析 3(SF 公司速运物流配送问题) ········· 161

　　　案例分析 4(城市供水问题) ·························· 162

　　　案例分析 5(物资调运问题) ·························· 165

案例分析 6(网络计划关键路线) ···················· 168

案例分析 7(网络优化问题) ························· 170

4.7 案例讨论 ···································· 174

案例讨论 1：物资配送问题 ······················· 174

案例讨论 2：网络计划问题 ······················· 174

案例讨论 3：南京风景区游览问题 ················· 175

复习思考题 ····································· 177

第 5 章 存储论 ·································· 184

5.1 存储概述 ·································· 184

5.2 确定性存储模型 ···························· 188

5.2.1 基本经济订购批量模型 ·················· 188

5.2.2 允许缺货的 EOQ 模型 ·················· 191

5.2.3 有数量折扣的 EOQ 模型 ················ 194

5.3 单周期的随机性存储模型 ···················· 195

5.3.1 离散需求的随机存储模型 ················ 196

5.3.2 连续需求的随机存储模型 ················ 197

5.4 案例分析 ·································· 199

5.5 案例讨论 ·································· 200

案例讨论 1：华胜混凝土厂的钢筋存储问题 ·········· 200

案例讨论 2：北京方舟科技有限公司的产品存储决策问题 ··· 201

案例讨论 3：博明包装制品厂的存储决策问题 ········ 202

复习思考题 ····································· 202

第 6 章 决策分析 ································ 205

6.1 基本概念及分类 ···························· 205

6.2 不确定型决策方法 ·························· 206

6.2.1 乐观准则 ··························· 206

6.2.2 悲观准则 ··························· 207

6.2.3 折中准则 ··························· 207

6.2.4 等可能性准则 ························ 208

6.2.5 后悔值准则 ·························· 208

6.3 风险型决策分析方法 ························ 209

6.3.1 最大收益期望值决策准则 ················ 209

6.3.2 最小机会损失期望值决策准则 ············· 209

6.3.3 渴望水平决策方法 ···················· 210

6.3.4 决策树分析方法 ······················ 210

6.4 多属性决策方法 ···························· 217

　　6.4.1　决策指标的标准化 ··· 217

　　6.4.2　线性加权方法 ··· 219

　　6.4.3　理想解方法 ··· 220

　　6.4.4　层次分析法 ··· 221

6.5　案例分析 ··· 226

　　案例分析 1(供应商评价问题) ··· 226

　　案例分析 2(投资策略分析) ·· 228

6.6　案例讨论 ··· 230

复习思考题 ·· 231

第 1 章

线 性 规 划

线性规划是运筹学的一个重要分支,是现代科学管理的重要手段之一,它可以帮助管理者做出科学合理的决策,在许多领域都有成功的应用。例如,制造业中的生产计划问题:生产不同产品所需的原材料及设备工时不同,不同产品的单位产品利润也不同,在资源有限的情况下,如何安排各种产品的产量使得公司获得的利润最大化是一个重要的决策问题。再如金融行业的投资问题,即如何从不同的投资项目中选出一个投资方案,使得投资回报最大。以上问题都可以利用线性规划方法进行解决。

1.1 线性规划问题及其数学模型

线性规划是运筹学的一个重要分支,重点研究在给定的约束条件下,求解目标函数在某种意义下的极值问题。自 1947 年美国数学家丹捷格 (G. B. Dantzig) 提出求解线性规划问题的方法——单纯形算法后,线性规划在理论上趋于成熟,在实际中的应用日益广泛与深入。随着计算机的推广应用,计算机技术能够处理具有上万个约束条件和变量的大规模线性规划问题,使得线性规划方法的适用领域更加广泛,从解决技术问题中的最优化设计,到工业、农业、商业、交通运输业、军事、经济计划与管理、决策等各个领域均可发挥重要作用。从应用范围来看,小到一个小组的日常工作和计划安排,大至整个部门乃至国家国民经济计划的制订,线性规划都有用武之地。线性规划方法具有适应性强、应用广泛、计算技术较为简单的特点,是现代管理科学的重要学科基础,是解决管理决策问题的主要手段之一。

1.1.1 线性规划问题的数学模型

在生产管理和经济活动中,经常能遇到可以用线性规划来处理的问题。如何利用线性规划方法来分析问题并解决问题,下面举例来说明。

例 1.1 (生产计划问题)某公司在计划期内安排甲、乙两种产品的生产。已知生产甲产品需要原材料 B,生产乙产品需要原材料 A,生产单位产品的甲、乙所需要的原材料及设备工时，以及生产甲、乙两种产品所获得的单位产品利润如表 1.1 所示。由于两种产品都在一个设备上生产且设备工时有限，所以公司管理者如何安排这两种产品的生产量，使得公司在资源有限的情况下能获得最大利润是一个重要的问题。

表 1.1　生产单位产品消耗原材料及占用设备工时

	甲	乙	资源限制
原材料 A/吨	0	3	15
原材料 B/吨	4	0	12
单位设备工时/小时	2	2	14
单位产品利润/万元	2	3	—

解：现在需要确定这两种产品的产量，使公司获得最大利润。因此需要引入如下变量：设甲产品和乙产品的产量用变量 x_1 和 x_2 表示，则称 x_1 和 x_2 为决策变量。若用 Z 表示该工厂的利润，则该工厂的利润值 $Z = 2x_1 + 3x_2$。

因为在计划期内原材料 A 有 15 吨可利用，所以原材料 A 的限制可用不等式表示为 $3x_2 \leqslant 15$；同理，因为在计划期内原材料 B 的限制，有不等式 $4x_1 \leqslant 12$。

设备工时的限制，有不等式 $2x_1 + 2x_2 \leqslant 14$。

此外甲、乙两种产品的产量不可能为负值，因此有对变量的非负约束：$x_1, x_2 \geqslant 0$。

综上所述，该工厂的生产计划问题可用如下数学模型表示：

目标函数 $\qquad\qquad\qquad \max Z = 2x_1 + 3x_2$

$$\text{s.t.} \begin{cases} 3x_2 \leqslant 15 \\ 4x_1 \leqslant 12 \\ 2x_1 + 2x_2 \leqslant 14 \\ x_1, x_2 \geqslant 0 \end{cases}$$

例 1.2　(成本问题)某炼油厂每季度需要供应给合同单位汽油 15 万吨、煤油 12 万吨、重油 12 万吨。该厂计划从 A、B 两地运回原油提炼，两地的原油成分含量如表 1.2 所示，已知从 A 地采购的原油价格为每吨(包括运费)200 元，B 地采购的原油价格为每吨(包括运费)290 元。问该炼油厂在满足供应合同的要求下，如何从 A、B 两地采购原油使购买成本最小。

表 1.2　A、B 两地的原油成分含量

成分	产品来源地	
	A	B
汽油	15%	50%
煤油	20%	30%
重油	50%	15%
其他	15%	5%

问题分析：很明显，该厂可以有多种不同的方案从 A、B 两地采购原油，但最优方案

应是在满足供应合同的前提下，使购买成本最小。

解：设 x_1, x_2 分别表示从 A、B 两地采购的原油量（单位：万吨），则所有的采购方案均应同时满足：

$$\begin{cases} 0.15x_1 + 0.50x_2 \geqslant 15 \\ 0.20x_1 + 0.30x_2 \geqslant 12 \\ 0.50x_1 + 0.15x_2 \geqslant 12 \\ x_1 \geqslant 0, x_2 \geqslant 0 \end{cases}$$

采购成本 S 表示为 x_1, x_2 的函数，即 $S = 200x_1 + 290x_2$，而最终目标是求满足约束条件和使购买成本最小的解。由此，建立的数学模型为

$$\min S = 200x_1 + 290x_2$$

$$\text{s.t.} \begin{cases} 0.15x_1 + 0.50x_2 \geqslant 15 \\ 0.20x_1 + 0.30x_2 \geqslant 12 \\ 0.50x_1 + 0.15x_2 \geqslant 12 \\ x_1 \geqslant 0, x_2 \geqslant 0 \end{cases}$$

例 1.3 （人力资源分配问题）某昼夜服务的公交公司的公交线路每天各时段内所需司机人员如表 1.3 所示。设司机人员分别在各时间段开始时上班，并连续工作 8 小时。问题：该公司公交线路应如何安排司机，既能满足工作需要又使配备司机人员的人数最少？

表 1.3　各时段内所需司机人员

班次	时间	所需人数
1	6:00—10:00	60
2	10:00—14:00	70
3	14:00—18:00	60
4	18:00—22:00	50
5	22:00—2:00	20
6	2:00—6:00	30

解：设 x_i 表示第 i 班次开始上班的司机人员人数，可以知道在第 i 班次工作的人数应包括第 $i-1$ 班次开始上班的人数和第 i 班次开始上班的人数，如 $x_1 + x_2 \geqslant 70$，又要求这六个班次开始上班的人数最少，即可建立如下的数学模型：

$$\min Z = x_1 + x_2 + x_3 + x_4 + x_5 + x_6$$

$$\text{s.t.} \begin{cases} x_1 + x_2 \geqslant 70 \\ x_2 + x_3 \geqslant 60 \\ x_3 + x_4 \geqslant 50 \\ x_4 + x_5 \geqslant 20 \\ x_5 + x_6 \geqslant 30 \\ x_1 + x_6 \geqslant 60 \\ x_1, x_2, x_3, x_4, x_5, x_6 \geqslant 0 \end{cases}$$

例 1.4 (连续投资问题)某公司在今后五年内考虑给下列项目投资：

项目 A 是从第一年到第四年每年年初需要投资，并于次年年末回收本利 115%；

项目 B 是第三年年初需要投资，到第五年年末能回收本利 125%，但规定最大投资额不超过 4 亿元；

项目 C 是第二年年初需要投资，到第五年年末能回收本利 140%，但规定最大投资额不超过 3 亿元；

项目 D 是五年内每年年初可购买公债，于当年年末归还，并加利息 6%。

已知该公司现有资金 10 亿元，问如何确定每年给这些项目的投资额，使到第五年年末拥有资金的本利总额为最大？

解：(1)确定变量。

这是一个与时间有关的连续投资问题，用线性规划方法静态处理。设 x_{iA} 表示第 i 年年初给项目 A 的投资额(万元)；x_{iB} 表示第 i 年年初给项目 B 的投资额(万元)；x_{iC} 表示第 i 年年初给项目 C 的投资额(万元)；x_{iD} 表示第 i 年年初给项目 D 的投资额(万元)，$i=1,2,\cdots,5$，x_{iA}、x_{iB}、x_{iC}、x_{iD} 都是待定的未知变量。

(2)投资额应等于手中拥有的资金额。

由于项目 D 每年都可以投资，并且当年年末即可收回本息，所以该部门每年应把资金全部投出，手中不应当有剩余的呆滞资金，因此有

$$\begin{cases} x_{1A} + x_{1D} = 100000 \\ x_{2A} + x_{2C} + x_{2D} = 1.06x_{1D} \\ x_{3A} + x_{3B} + x_{3D} = 1.15x_{1A} + 1.06x_{2D} \\ x_{4A} + x_{4D} = 1.15x_{2A} + 1.06x_{3D} \\ x_{5D} = 1.15x_{3A} + 1.06x_{4D} \end{cases}$$

(3)目标函数。

目标要求在第五年年末该部门手中拥有的资金额达到最大，这个目标函数可表示为

$$\max Z = 1.15x_{4A} + 1.25x_{3B} + 1.40x_{2C} + 1.06x_{5D}$$

(4)数学模型。

$$\max Z = 1.15x_{4A} + 1.25x_{3B} + 1.40x_{2C} + 1.06x_{5D}$$

$$\text{s.t.} \begin{cases} x_{1A} + x_{1D} = 100000 \\ -1.06x_{1D} + x_{2A} + x_{2C} + x_{2D} = 0 \\ -1.15x_{1A} - 1.06x_{2D} + x_{3A} + x_{3B} + x_{3D} = 0 \\ -1.15x_{2A} - 1.06x_{3D} + x_{4A} + x_{4D} = 0 \\ -1.15x_{3A} - 1.06x_{4D} + x_{5D} = 0 \\ x_{2C} \leqslant 30000 \\ x_{3B} \leqslant 40000 \\ x_{iA}, x_{iB}, x_{iC}, x_{iD} \geqslant 0 \ (i=1,2,\cdots,5) \end{cases}$$

以上几个例子的数学模型可以看出，该类数学模型具有如下特点：

① 有一组非负的决策变量，这组决策变量的值都代表一个具体方案；

② 有一组线性约束条件，含有决策变量的线性不等式(或等式)组；

③ 有一个含有决策变量的线性目标函数，按研究问题的不同，要求目标函数实现最大化或最小化。

把满足上述三个条件的数学模型称为线性规划数学模型。如果目标函数是决策变量的非线性函数，或约束条件含有决策变量的非线性不等式(或等式)，那么称这类数学模型为非线性规划数学模型。

线性规划数学模型的一般形式如下：

$$(\min)\max Z = c_1x_1 + c_2x_2 + \cdots + c_nx_n \tag{1.1}$$

$$\text{s.t.}\begin{cases} a_{11}x_1 + a_{12}x_2 + \cdots + a_{1n}x_n \leqslant (=,\geqslant)b_1 \\ a_{21}x_1 + a_{22}x_2 + \cdots + a_{2n}x_n \leqslant (=,\geqslant)b_2 \\ \qquad\qquad\cdots\cdots \\ a_{m1}x_1 + a_{m2}x_2 + \cdots + a_{mn}x_n \leqslant (=,\geqslant)b_m \\ x_1,x_2,\cdots,x_n \geqslant 0 \end{cases} \tag{1.2}$$

在该数学模型中，式(1.1)称为目标函数；式(1.2)称为约束条件。

1.1.2 线性规划问题的标准型

由前面所举的例子可知，线性规划问题可能有各种不同的形式。目标函数根据实际问题的要求可能是求最大化，也可能求最小化；约束条件可以是"≤"形式、"≥"形式的不等式，也可以是"="形式的等式。决策变量有时有非负限制，有时没有非负限制。这种多样性给讨论问题带来了不便。为了便于讨论，规定线性规划问题的标准形式如下：

$$\max Z = c_1x_1 + c_2x_2 + \cdots + c_nx_n$$

$$\text{s.t.}\begin{cases} a_{11}x_1 + a_{12}x_2 + \cdots + a_{1n}x_n = b_1 \\ a_{21}x_1 + a_{22}x_2 + \cdots + a_{2n}x_n = b_2 \\ \qquad\qquad\cdots\cdots \\ a_{m1}x_1 + a_{m2}x_2 + \cdots + a_{mn}x_n = b_m \\ x_1,x_2,\cdots,x_n \geqslant 0 \end{cases}$$

这里假设 $b_i \geqslant 0(i=1,2,\cdots,m)$。

以上模型可简写为

$$\max Z = \sum_{j=1}^{n} c_jx_j \tag{1.3}$$

$$\text{s.t.}\begin{cases} \sum_{j=1}^{n} a_{ij}x_j = b_i \ (i=1,2,\cdots,m) \\ x_j \geqslant 0 \ (j=1,2,\cdots,n) \end{cases} \tag{1.4}$$

用向量形式表达时，上述模型可以写为

$$\max Z = \boldsymbol{CX}$$

$$\text{s.t.}\begin{cases} \sum_{j=1}^{n} P_j x_j = b_i \ (i=1,2,\cdots,m) \\ x_j \geqslant 0 \ (j=1,2,\cdots,n) \end{cases} \tag{1.5}$$

其中，$\boldsymbol{C}=(c_1,c_2,\cdots,c_n)$，$\boldsymbol{X}=(x_1,x_2,\cdots,x_n)^{\mathrm{T}}$，$b_i=(b_1,b_2,\cdots,b_m)^{\mathrm{T}}$，$P_j=(a_{1j},a_{2j},\cdots,a_{mj})$（$j=1,2,\cdots,n$）。

用矩阵形式表达时，上述模型可以写为

$$\max Z = \boldsymbol{CX}$$

$$\text{s.t.}\begin{cases} \boldsymbol{AX}=\boldsymbol{b} \\ \boldsymbol{X}\geqslant\boldsymbol{0} \end{cases} \tag{1.6}$$

其中，$\boldsymbol{A}=(\boldsymbol{P}_1,\boldsymbol{P}_2,\cdots,\boldsymbol{P}_n)$，$\boldsymbol{0}=(0,0,\cdots,0)^{\mathrm{T}}$。

称 $\boldsymbol{A}$ 为约束方程组的系数矩阵（$m\times n$ 阶），一般情况下 $m<n$, m、n 为正整数，分别表示约束条件的个数和决策变量的个数，$\boldsymbol{C}$ 为价值向量，$\boldsymbol{X}$ 为决策向量，通常 a_{ij}、b_i、c_j（$i=1,2,\cdots,m$，$j=1,2,\cdots,n$）为已知常数。

实际上，在解决具体问题时，线性规划的数学模型是多样的，因此需要把它们转化为标准型，并借助标准型的求解方法进行求解。

以下具体讨论如何把一般的线性规划模型化成标准型。

（1）目标函数的转化。

若原问题的目标函数是求最小化问题，即 $\min Z = \boldsymbol{CX}$，这时只需要将求目标函数的最小值变换为求目标函数的最大值，即 $\min Z = \max(-Z')$。令 $Z'=-Z$，将目标函数乘以（-1）后转化为如下最大化问题：

$$\max Z' = -\boldsymbol{CX}$$

（2）不等式约束转化为等式约束。

不等式约束有两种情况：一种是约束条件为"$\leqslant$"形式的不等式，则在"$\leqslant$"号的左边加入非负的松弛变量，把原"$\leqslant$"形式的不等式转化为等式；另一种是约束条件为"$\geqslant$"形式的不等式，则可在"$\geqslant$"号的左边减去一个非负的剩余变量，把原"$\geqslant$"形式的不等式转化为等式。同时相应的松弛变量或剩余变量在目标函数中的价值系数取值为 0。

（3）变量约束的转换。

若原线性规划问题中某个变量无非负要求，即有某个变量 x_j 取正值或负值都可以。这时为了满足标准型对变量的非负要求，令 $x_j = x_j' - x_j''$，其中 $x_j', x_j'' \geqslant 0$，将其代入原问题，即在原问题中将 x_j 用两个非负变量之差代替。

上述的标准型具有如下特点：

① 目标函数求最大值；

② 所求的决策变量都要求是非负的；

③ 所有的约束条件都是等式；

④ 常数项为非负。

综合以上讨论可以把任意形式的线性规划问题通过上述手段化成标准型的线性规划问题。现举例如下：

例 1.5　将例 1.1 的线性规划数学模型化为标准型。

解：引进 3 个新的非负变量 x_3, x_4, x_5 使不等式变为等式，标准型为

$$\max Z = 2x_1 + 3x_2$$

$$\text{s.t.}\begin{cases} 3x_2 + x_3 = 15 \\ 4x_1 + x_4 = 12 \\ 2x_1 + 2x_2 + x_5 = 14 \\ x_1, x_2, x_3, x_4, x_5 \geqslant 0 \end{cases}$$

例 1.6　试将如下线性规划问题化成标准型。

$$\min Z = -x_1 + 2x_2 - 3x_3$$

$$\text{s.t.}\begin{cases} x_1 + x_2 + x_3 \leqslant 7 \\ x_1 - x_2 + x_3 \geqslant 2 \\ -3x_1 + x_2 + 2x_3 = 5 \\ x_1, x_2 \geqslant 0, x_3 \text{ 无限制} \end{cases}$$

解：由于 x_3 无限制，因此令 $x_3 = x_4 - x_5$，$x_4, x_5 \geqslant 0$，第 1 个约束不等式左端加上非负松弛变量 x_6，第 2 个约束不等式左端减去非负剩余变量 x_7，目标函数由于求最小化，因此令 $Z' = -Z$，同时将目标函数及约束条件中的 x_3 换为 $x_3 = x_4 - x_5$，则可将上述线性规划问题化成如下的标准型：

$$\max Z' = x_1 - 2x_2 + 3x_4 - 3x_5 + 0x_6 + 0x_7$$

$$\text{s.t.}\begin{cases} x_1 + x_2 + x_4 - x_5 + x_6 = 7 \\ x_1 - x_2 + x_4 - x_5 - x_7 = 2 \\ -3x_1 + x_2 + 2x_4 - 2x_5 = 5 \\ x_1, x_2, x_4, \cdots, x_7 \geqslant 0 \end{cases}$$

1.2　线性规划问题的图解法及几何意义

1.2.1　线性规划问题解的概念

在讨论线性规划问题的求解之前，要先了解线性规划问题解的概念。由前面讨论可知线性规划问题的标准型如式 (1.3)、式 (1.4) 所示。

(1) 可行解。

满足约束条件 (1.4) 的解 $\boldsymbol{X} = (x_1, x_2, \cdots, x_n)^{\mathrm{T}}$ 称为线性规划问题的可行解，所有可行解的集合称为可行解集或可行域。

(2)最优解。

满足约束条件及目标函数(1.3)的可行解称为线性规划问题的最优解。

(3)基。

假设 A 是约束方程组的 $m \times n$ 阶系数矩阵，其秩数为 m，B 是矩阵 A 中由 m 列构成的非奇异子矩阵(B 的行列式值不为 0)，则称 B 是线性规划问题的一个基。这就是说，矩阵 B 是由 m 个线性无关的列向量组成。

在例 1.1 中得到该问题的数学模型

$$\max Z = 2x_1 + 3x_2$$

$$\text{s.t.}\begin{cases} 3x_2 \leqslant 15 \\ 4x_1 \leqslant 12 \\ 2x_1 + 2x_2 \leqslant 14 \\ x_1, x_2 \geqslant 0 \end{cases}$$

其标准型为

$$\max Z = 2x_1 + 3x_2$$

$$\text{s.t.}\begin{cases} 3x_2 + x_3 = 15 \\ 4x_1 + x_4 = 12 \\ 2x_1 + 2x_2 + x_5 = 14 \\ x_1, x_2, x_3, x_4, x_5 \geqslant 0 \end{cases}$$

该问题有 3 个约束方程，它的系数矩阵为

$$A = (p_1, p_2, p_3, p_4, p_5) = \begin{bmatrix} 0 & 3 & 1 & 0 & 0 \\ 4 & 0 & 0 & 1 & 0 \\ 2 & 2 & 0 & 0 & 1 \end{bmatrix}$$

其中，p_j 为系数矩阵 A 中第 j 列的列向量，在 A 中存在一个不为零的 3 阶子式，在此例中

$$\begin{bmatrix} 3 & 0 & 0 \\ 0 & 1 & 0 \\ 2 & 0 & 1 \end{bmatrix} \text{与} \begin{bmatrix} 1 & 0 & 0 \\ 0 & 1 & 0 \\ 0 & 0 & 1 \end{bmatrix}$$

都是该线性规划的一个基。

(4)基向量与非基向量。

基 B 中的一列称为一个基向量。基 B 中共有 m 个基向量，在此例中

$$B = \begin{bmatrix} 3 & 0 & 0 \\ 0 & 1 & 0 \\ 2 & 0 & 1 \end{bmatrix}$$

它的每一列向量都是基 $\boldsymbol{B}$ 的基向量。在 $\boldsymbol{A}$ 中除基 $\boldsymbol{B}$ 外的任意一列都称为非基向量。在此例中，向量 $(3,0,2)^{\mathrm{T}}$ 是基 $\boldsymbol{B}_1$ 的基向量，同时还是基 $\boldsymbol{B}_2$ 的非基向量。

$$\boldsymbol{B}_1 = \begin{bmatrix} 3 & 0 & 0 \\ 0 & 1 & 0 \\ 2 & 0 & 1 \end{bmatrix} \quad \text{与} \quad \boldsymbol{B}_2 = \begin{bmatrix} 1 & 0 & 0 \\ 0 & 1 & 0 \\ 0 & 0 & 1 \end{bmatrix}$$

(5)基变量与非基变量。

与基向量 $\boldsymbol{p}_j$ 对应的 x_j 变量称为基变量，基变量有 m 个，在此例中，x_2, x_4, x_5 是 $\boldsymbol{B}_1$ 的基变量，x_3, x_4, x_5 是 $\boldsymbol{B}_2$ 的基变量。

与非基向量对应的变量称为非基变量，非基变量有 $n-m$ 个，在此例中，x_1, x_3 是 $\boldsymbol{B}_1$ 的非基变量，x_1, x_2 是 $\boldsymbol{B}_2$ 的非基变量。

(6)基本解与基本可行解。

由线性代数的知识可知，如果在约束方程组系数矩阵中找到一个基，令非基变量为零，这时线性方程组可以得到唯一解，这个解称为线性规划的基本解。在此例中，$\boldsymbol{B}_1$ 是一个基，令这个基的非基变量 $x_1 = 0$，$x_3 = 0$，这时求得基变量的唯一解 $x_2 = 5$，$x_4 = 12$，$x_5 = 4$，这样就求得一个基本解 $(0,5,0,12,4)^{\mathrm{T}}$。

由于基本解不能保证所有分量都大于等于零，也就是说基本解不一定是可行解。若满足非负条件的基本解称为基本可行解，上面得到的基本解就是基本可行解。此时，对应的基称为可行基。一般说来，判断一个基是否为可行基，只有在求出基本解以后，当其基本解所有变量都大于等于零时，才能判定这个解是基本可行解，这个基是可行基。

1.2.2　线性规划问题的图解法

对于简单的线性规划问题(只有两个决策变量的线性规划问题)，可以通过图解法对它进行求解。图解法简单直观，有助于帮助我们理解线性规划问题的基本原理。以例 1.7 为例，介绍具体的图解法求解线性规划的方法。

例 1.7　用图解法求解线性规划问题(一)。

$$\max Z = 2x_1 + 3x_2$$

$$\text{s.t.} \begin{cases} 3x_2 \leqslant 15 \\ 4x_1 \leqslant 12 \\ 2x_1 + 2x_2 \leqslant 14 \\ x_1, x_2 \geqslant 0 \end{cases}$$

解：对于上述只有两个变量的线性规划问题，以 x_1 和 x_2 为坐标轴建立直角坐标系。如图 1.1 所示，同时满足约束条件的点必然落在由两个坐标轴与三条直线所围成的多边形 $OABCD$ 的区域内或该多边形的边界上，该多边形区域内及边界上的点就是满足约束条件的解的集合，是该线性规划的可行域。画两条目标函数 $Z = 2x_1 + 3x_2$ 的等值线，找出其递增的方向，用虚线表示，用箭头表示目标函数值递增的方向。沿箭头方向移动目标函数的等值线，平移等值线直至与可行域 $OABCD$ 相切或融合为一条直线，此时就得到最优解为 B 点，其坐标可通过解方程组得到。

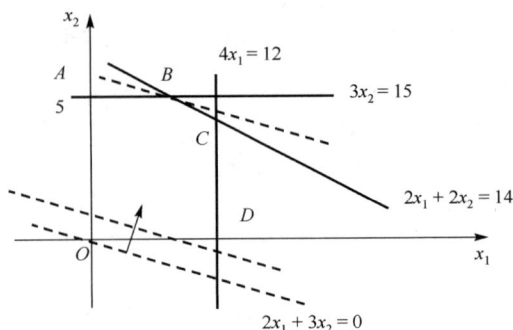

图 1.1 例 1.7 的可行域

求解方程组
$$\begin{cases} 2x_1 + 2x_2 = 14 \\ 3x_2 = 15 \end{cases}$$

解得
$$\begin{cases} x_1 = 2 \\ x_2 = 5 \end{cases}$$

点 $(2,5)$ 就是该线性规划问题的最优解。

此时相应的目标函数的最大值为

$$Z = 2 \times 2 + 3 \times 5 = 19$$

例 1.8 用图解法求解线性规划问题（二）。

$$\max Z = 40x_1 + 80x_2$$

$$\text{s.t.} \begin{cases} x_1 + 2x_2 \leqslant 30 \\ 3x_1 + 2x_2 \leqslant 60 \\ 2x_2 \leqslant 24 \\ x_1, x_2 \geqslant 0 \end{cases}$$

解：以 x_1 和 x_2 为坐标轴建立直角坐标系。如图 1.2 所示，同时满足约束条件的点必然落在多边形 $OABCD$ 的区域内或该多边形的边界上。虚线为目标函数 $Z = 40x_1 + 80x_2$ 的等值线，箭头方向为目标函数值递增的方向。沿箭头方向移动目标函数的等值线，平移等值线直至与可行域 $OABCD$ 相切或融合为一条直线，此时得到最优解为 B、C 两点，即最优解为线段 BC 上任意一点，B、C 两点坐标可分别通过解方程组得到。

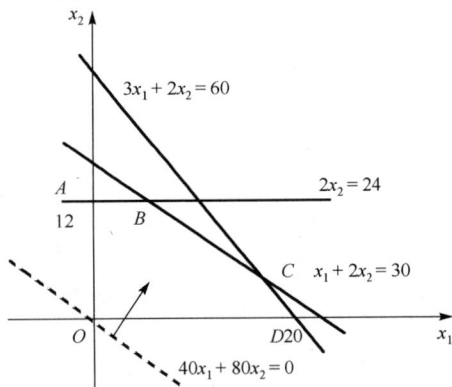

图 1.2 例 1.8 的可行域

B 点为 $X(1) = (6, 12)$；C 点为 $X(2) = (15, 7.5)$。

$$X = \alpha X(1) + (1-\alpha) X(2) \quad (0 \leqslant \alpha \leqslant 1)$$
$$\max Z = 1200$$

例 1.9 用图解法求解线性规划问题(三)。

$$\max Z = 2x_1 + 4x_2$$
$$\text{s.t.} \begin{cases} 2x_1 + x_2 \geqslant 8 \\ -2x_1 + x_2 \leqslant 2 \\ x_1, x_2 \geqslant 0 \end{cases}$$

解：以 x_1 和 x_2 为坐标轴建立直角坐标系。由于该线性规划的可行域是无界的，画目标函数等值线，如图 1.3 中虚线所示，并用箭头标出其函数值增加的方向，由此可以看出，该问题无有限最优解。

若目标函数由 $\max Z = 2x_1 + 4x_2$ 改为 $\min Z = 2x_1 + 4x_2$，虽然可行域是无界的，但该线性规划问题有最优解 $x_1 = 4, x_2 = 0$，即 $B(4, 0)$ 点。

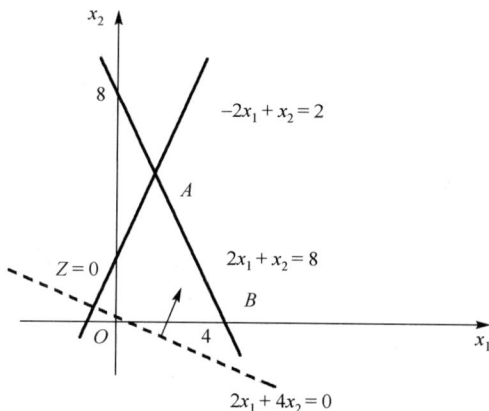

图 1.3　例 1.9 的可行域

图解法求解只有两个决策变量的线性规划问题具体步骤如下。

第一步：以 x_1 和 x_2 为坐标轴建立直角坐标系。找出所有约束条件都同时满足的区域，即可行域。

第二步：给定目标函数一个特定的值，画出目标函数等值线，对于目标函数最大化问题，找出目标函数等值线增加的方向，沿目标函数值递增的方向平移等值线直至与可行域相切或融合为一条直线，此时交点就是所求的最优解，交点坐标由联立方程组求得。

通过以上各例图解法可以得出以下结论：

(1)线性规划的所有可行解构成的可行域一般是凸多边形，有些可行域可能是无界的；

(2)若存在最优解，则一定在可行域的某顶点得到；

(3)若在两个顶点上同时得到最优解，则在这两点连线内的任意一点都是最优解；

(4)若可行域无界，则可能发生最优解无界的情况；

(5)若可行域是空集，此时无最优解。

图解法虽然具有直观、简便等优点，但在变量多时，即使在多维情况下无能为力。因此，需要介绍一种代数方法——单纯形算法。在介绍单纯形算法之前，先介绍线性规划的基本定理。

1.2.3 线性规划的基本定理

定义 1.1 假设 K 是 n 维欧氏空间的一个点集，若对于 K 中的任意两点 X_1、X_2，其连线内的所有点 $\alpha X_1 + (1-\alpha)X_2 \ (0 \leqslant \alpha \leqslant 1)$ 都在集合 K 中，即 $\alpha X_1 + (1-\alpha)X_2 \in K \ (0 \leqslant \alpha \leqslant 1)$，则称 K 为凸集。

直观上，凸集无凹入部分，其内部没有洞。如实心圆、实心球、实心立方体等都是凸集。两个凸集的交集仍是凸集，但两个凸集的并集不一定是凸集。

定义 1.2 设 $X_1, X_2, \cdots, X_k$ 是 n 维欧氏空间 E^n 中的 k 个点，若存在 $\alpha_1, \alpha_2, \cdots, \alpha_k$ 且 $0 \leqslant \alpha_i \leqslant 1, i = 1, 2, \cdots, k, \sum_{i=1}^{k} \alpha_i = 1$，使 $X = \alpha_1 X_1 + \alpha_2 X_2 + \cdots + \alpha_k X_k$，则称 X 为由点 $X_1, X_2, \cdots, X_k$ 所构成的凸组合。

按照定义，凡是由 x, y 的凸组合表示的点都在 x, y 的连线内，反之亦然。

定义 1.3 假设 K 是凸集，$X \in K$；X 若不能用 K 中不同的两个点 $X_1、X_2 \in K$ 的线性组合表示为 $X \notin \alpha X_1 + (1-\alpha)X_2 \ (0 \leqslant \alpha \leqslant 1)$，则称 X 为凸集 K 的一个顶点(或称为极点)。

顶点不位于凸集 K 中任意不同两点的连线内。

定理 1.1 若线性规划问题存在可行域 D，则其可行域 $D = \{X \mid AX = b, X \geqslant 0\}$ 是凸集。

定理 1.2 线性规划问题的基本可行解 X 对应可行域 D 的顶点。

定理 1.3 若可行域有界，则线性规划问题的目标函数一定可以在其可行域的某个顶点上达到最优解，即一定存在一个基本可行解是最优解。

定理 1.4 若线性规划问题在 k 个顶点上达到最优解($k \geqslant 2$)，则在这些顶点的凸组合上也达到最优解。

根据以上讨论可以得到如下的结论：

(1)线性规划问题的所有可行解的集合是凸集，它可以是有界的区域，也可以是无界的区域，但仅有有限个顶点。

(2)线性规划问题的每个基本可行解对应于可行域的一个顶点。若线性规划问题有最优解，必定在可行域的某顶点处取得。

(3)如果一个线性规划问题存在多个最优解，那么至少有两个相邻的顶点处是线性规划的最优解。

(4)如果可行域为无界，则线性规划问题可能无最优解，也可能有最优解；若有最优解，必定在可行域的某顶点处取得。

虽然可行域的顶点个数是有限的(不超过 C_n^m 个)，采用"枚举法"可以找出所有基本可行解，然后一一比较它们的目标函数值的大小，最终可以找到最优解，但当 m、n 的数目很大时，这种办法实际上是行不通的。因此，我们需要讨论一种方法，通过逐步迭代来保证能逐步改进并最终求出最优解。

1.3 线性规划问题的单纯形算法

单纯形算法的基本思路是根据线性规划问题的标准型，从可行域中某个基本可行解（顶点）开始，判断此基本可行解是否是最优解，如果不是，则再找另一个基本可行解（顶点）使得其目标函数值更优，这个过程称之为迭代，再判断此基本可行解是否为最优解，直到找到一个基本可行解为其最优解，或者判断该线性规划问题无最优解为止。

下面通过对例 1.1 的求解来介绍单纯形算法的具体求解过程。

1.3.1 确定初始基可行解

对于给出的线性规划模型，如何找到可行域的一个顶点？这时可行域的顶点已不再像图解法中那样可以直接得到。在单纯形算法中找到的第一个可行域的顶点称为初始基可行解。

如何在求解线性规划之前就能找到一个基本可行解呢？由于线性规划模型的标准型中要求常数项 b_j 都大于等于零，如果能找到一个基，这个基是单位矩阵，或者说一个基是由单位矩阵的各列向量所组成（各列向量的前后顺序无关紧要），这个单位矩阵或由单位矩阵的各列向量所组成的基，一定是可行基。实际上这个基本可行解中的各个变量或等于某个 b_j 或等于零。如在例 1.1 中得到该问题的数学模型标准型为

$$\max Z = 2x_1 + 3x_2$$

$$\text{s.t.}\begin{cases} 3x_2 + x_3 = 15 \\ 4x_1 + x_4 = 12 \\ 2x_1 + 2x_2 + x_5 = 14 \\ x_1, x_2, x_3, x_4, x_5 \geq 0 \end{cases}$$

它的系数矩阵为

$$A = (p_1, p_2, p_3, p_4, p_5) = \begin{bmatrix} 0 & 3 & 1 & 0 & 0 \\ 4 & 0 & 0 & 1 & 0 \\ 2 & 2 & 0 & 0 & 1 \end{bmatrix}$$

其中，p_j 为系数矩阵 A 中第 j 列的列向量，在该例中找到一个基

$$B = \begin{bmatrix} 1 & 0 & 0 \\ 0 & 1 & 0 \\ 0 & 0 & 1 \end{bmatrix}$$

一个单位矩阵 B 所对应的非基变量 x_1, x_2 为零，得到该线性规划的一个基本可行解 $(0,0,15,12,14)^T$。

像这样第一次找可行基时，所找到的基或单位矩阵，或由单位矩阵的各列向量所组成的基，称为初始基，其对应的基本可行解称为初始基可行解。

1.3.2 最优性检验

所谓最优性检验就是判断已求的基本可行解是否是最优解。

一般来说,目标函数中既包含基变量,又包含非基变量。现在要求只用非基变量来表示目标函数,只要在约束等式中通过移项处理就可以用非基变量表示基变量,然后用非基变量表示式代替目标函数中的基变量,这样目标函数中就只含非基变量。或者说目标函数中的基变量系数都为零。此时目标函数中所有变量的系数即为各变量的检验数,把变量 x_i 的检验数记为 σ_i,显然所有基变量的检验数必为零。在本例中目标函数为 $Z = 2x_1 + 3x_2$,由于初始基可行解中 x_1, x_2 为非基变量,所以此目标函数已经用非基变量表示,不需要再换出基变量,这样可知 $\sigma_1 = 2$,$\sigma_2 = 3$,其他检验数为零。

求最大目标函数的线性规划问题,对于某个基本可行解,如果所有检验数 $\sigma_j \leqslant 0$,则这个基本可行解就是最优解,这就是最优解判别定理。下面解释最优解判别定理,假设用非基变量表示的目标函数为如下形式:

$$z = z_0 + \sum_{j \in J} \sigma_j x_j$$

其中,z_0 为常数项,J 为所有非基变量的下标集。由于所有 x_j 的取值范围都大于等于零,因此当所有 $\sigma_j \leqslant 0$ 时,目标函数中的 $\sum_{j \in J} \sigma_j x_j$ 项是一个小于等于零的数,要使

$$z = z_0 + \sum_{j \in J} \sigma_j x_j$$

的值最大,显然只有 $\sum_{j \in J} \sigma_j x_j$ 为零时。将这些 x_j 取为非基变量,所求得的基本可行解使目标函数值最大为 z_0。在本例中,由于 $\sigma_1 = 2$,$\sigma_2 = 3$ 都大于零,说明该基本可行解不是最优解。

以上的讨论都是针对标准型的,即求目标函数极大化问题。当求目标函数极小化时,一种情况如前所述,将其化为标准型;另一种情况是将判别定理中的检验数 σ_j 取反方向即可。

1.3.3 基变换

通过检验,上述这个基本可行解不是最优解,下面介绍如何进行基变换找到一个新的可行基。具体的做法是,更换可行基中的一个列向量,得到一个新的可行基,令求解得到的新基本可行解使得目标函数值更优,为此需要确定换入基变量和换出基变量。

(1)换入基变量的确定。

由最优解判定定理可知,当某些非基变量的检验数 $\sigma_j > 0$ 时,非基变量变为基变量时,一般会使目标函数值增大,因此选取检验数大于零的非基变量换到基变量中。当有两个或两个以上 σ_j 大于 0 时,为了使目标函数值增加最快,一般选择 σ_j 中的最大者,即

$$\sigma_j = \max_l \{\sigma_l \,|\, \sigma_l > 0\}$$

σ_j 所对应的变量 x_j 作为换入基变量(就是下一个基的基变量)。在本例中, $\sigma_2 = 3$ 是检验数中最大的正数,故选 x_2 作为换入基变量。

(2)换出基变量的确定。

因为基变量个数总是为 m,所以换入一个基变量之后还必须换出一个基变量。下面考虑如何选择换出基变量。

确定换出基变量的原则是保持解的可行性。当 x_2 作为换入基变量后,要在原来 3 个基变量中确定一个换出基变量,如何确定哪一个基变量变成非基变量呢?把已确定的换入基变量在各约束方程中正的系数除以其所在约束方程中的常数项的值,选择其中比值最小的所在的约束方程中的原基变量为换出基变量,这样在下一步迭代中可以确保新得到的 b_j 值都大于等于零。即

$$\min_i \left\{ \frac{b'_i}{a'_{ij}} \,\Big|\, a'_{ij} > 0 \right\} = \frac{b'_l}{a'_{il}} = \theta_l$$

则对应的变量 x_l 为换出基变量。

(3)旋转运算(迭代运算)。

在确定了换入基变量 x_j 与换出基变量 x_l 后,要把 x_j 和 x_l 的位置对换,把 x_j 所对应的列向量 $\boldsymbol{p}_j$ 变成单位向量。这时只需对系数矩阵的增广矩阵进行行变换即可。

综合以上讨论,单纯形算法的计算步骤可归结如下。

第一步:找出初始可行基,确定初始基可行解,建立初始单纯形表;

第二步:检查对应于非基变量的检验数 σ_k, $k \in I_N$(I_N 为非基变量指标集),若所有 $\sigma_k \leqslant 0$, $k \in I_N$,则已得到最优解,停止计算,否则转入下一步;

第三步:在所有 $\sigma_k > 0$, $k \in I_N$ 中,若有一个 σ_j 对应的系数列向量的所有分量 $a_{ij} \leqslant 0$,则此问题没有有限最优解,停止计算,否则转入下一步;

第四步:根据 $\max\{\sigma_k |\ \sigma_k > 0,\ k \in I_N\} = \sigma_j$,确定 x_j 为换入基变量(即为新基的基变量),再根据

$$\theta_l = \frac{b^*_l}{a_{lj}} = \min \left\{ \frac{b^*_i}{a_{ij}} \,\Big|\, a_{ij} > 0, 1 \leqslant i \leqslant m \right\}$$

确定 x_l 为换出基变量(即为新基的基变量),转下一步;

第五步:进行基变换迭代,转回第二步。

例 1.10 利用单纯形算法求解例 1.1 的线性规划问题。

$$\max Z = 2x_1 + 3x_2$$

$$\text{s.t.} \begin{cases} 3x_2 + x_3 = 15 \\ 4x_1 + x_4 = 12 \\ 2x_1 + 2x_2 + x_5 = 14 \\ x_1, x_2, x_3, x_4, x_5 \geqslant 0 \end{cases}$$

解： （1）由标准型得到初始单纯形表，如表 1.4 所示。

表 1.4　初始单纯形表

	c_j	2	3	0	0	0	θ_i
X_B	b	x_1	x_2	x_3	x_4	x_5	
x_3	15	0	[3]	1	0	0	5
x_4	12	4	0	0	1	0	
x_5	14	2	2	0	0	1	7
$-Z$	0	2	3	0	0	0	

（2）$\max\{\sigma_1,\sigma_2\}=3=\sigma_2$，所以 x_2 为换入基变量。

（3）因为 $\sigma_1=2$，$\sigma_2=3$ 都大于 0，且 $\boldsymbol{p}_1$，$\boldsymbol{p}_2$ 的坐标有正分量存在

$$\theta=\min_i\left\{\frac{b_i}{a_{i2}}\,\Big|\,a_{i2}>0\right\}=\min\{5,7\}=5$$

$\theta=5$ 与 x_3 那一行相对应，所以 x_3 为换出基变量，故 x_2 对应列与 x_3 对应行的相交处的 3 为主元素。

（4）以 3 为主元素进行旋转计算，对表 1.4 进行相应的行初等变换，结果如表 1.5 所示。

表 1.5　初等变换后表格

	c_j	2	3	0	0	0	θ_i
X_B	b	x_1	x_2	x_3	x_4	x_5	
x_2	5	0	1	1/3	0	0	
x_4	12	4	0	0	1	0	3
x_5	4	[2]	0	$-2/3$	0	1	2
$-Z$	-15	2	0	-1	0	0	

重复以上步骤，结果如表 1.6 所示。

表 1.6　最终计算后表格

	c_j	2	3	0	0	0	θ_i
X_B	b	x_1	x_2	x_3	x_4	x_5	
x_2	5	0	1	1/3	0	0	
x_4	4	0	0	4/3	1	-2	
x_1	2	1	0	$-1/3$	0	1/2	
$-Z$	-19	0	0	$-1/3$	0	-1	

这时，检验数全部小于等于 0，即目标函数已不可能再增大，于是得到最优解

$$X^*=(2,5,0,4,0)^{\mathrm{T}}$$

目标函数的最大值为 $\qquad\qquad$ $Z^*=19$

1.4 线性规划问题的 Excel 求解

Excel 是可以用来求解并分析线性规划问题的工具，它不仅可以将线性规划模型中所有的参数录入电子表格，而且可以利用规划求解工具迅速求出模型的解。Excel 中的线性规划求解功能并不能作为命令直接显示在菜单选项中，因此，使用前需要先加载该功能。

在 Excel 中的菜单栏中选择"加载项"对话框，然后在对话框中选择"规划求解加载项"选项，并单击"确定"按钮，即可添加，如图 1.4 所示。加载后打开 Excel 表，在"数据"菜单项选择"规划求解"选项，如图 1.5 所示。

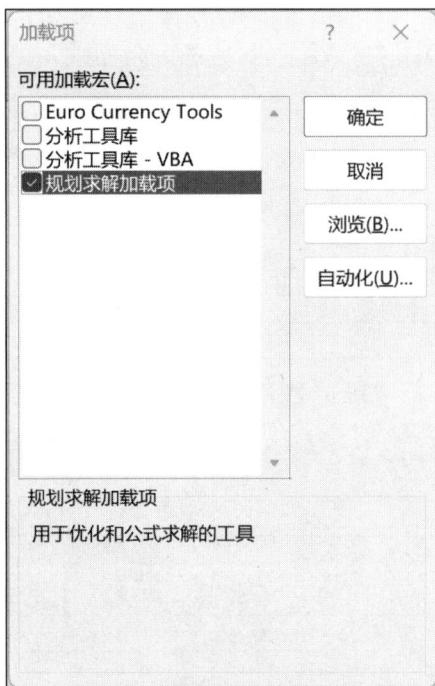

图 1.4 Excel 加载项模块

图 1.5 Excel 规划求解模块

用 Excel 求解线性规划问题最优解的基本步骤如下。

（1）打开 Excel，在菜单栏中单击"加载项"对话框，选择"规划求解加载项"选项，并单击"确定"按钮。

（2）在 Excel 中建立表格模型，并用公式建立各个数据之间的联系。

（3）确定需要的决策变量，并且制定可变单元格显示这些决策。

(4)确定决策的约束条件，并将以数据和决策变量表示的被限制的结果放入输出单元格。

(5)选择以数据和决策变量表示的决策目标输入目标单元格。

(6)选择"数据/规划求解"选项，依次单击"目标"→"选定可变单元格"→"输入约束"选项，在"使无约束变量为非负数"选项处打钩，选择求解方法为"单纯线性规划"选项，最后单击"求解"按钮，完成整个问题的求解。

例 1.11 用 Excel 求解例 1.1 中的"生产计划问题"。

步骤 1： 首先把线性规划模型转化为 Excel 电子表格数据，通常分为 4 个部分：基础数据、决策变量、目标函数以及约束条件系数矩阵。在 Excel 表中输入 4 个部分内容(见图 1.6)。其中"变量"中的值是任意输入的初始值。图中最后 1 列是公式，其中 SUMPRODUCT 函数的功能是在给定的几组数组中，将数组间对应的元素相乘并相加。

	A	B	C	D	E
1		产品甲	产品乙	资源限制	资源占用量
2	原材料A/吨	0	3	15	=SUMPRODUCT(B2:C2,B6:C6)
3	原材料B/吨	4	0	12	=SUMPRODUCT(B3:C3,B6:C6)
4	单位设备工时/小时	2	2	14	=SUMPRODUCT(B4:C4,B6:C6)
5	单位产品利润/万元	2	3		
6	变量/件	0	0		
7	总利润/万元	=SUMPRODUCT(B5:C5,B6:C6)			
8					

图 1.6　生产计划问题输入表格

在使用 Excel 上机操作时，在公式计算格中看到的是计算结果而不是公式，如图 1.7 所示。

	A	B	C	D	E
1		产品甲	产品乙	资源限制	资源占用量
2	原材料A/吨	0	3	15	0
3	原材料B/吨	4	0	12	0
4	单位设备工时/小时	2	2	14	0
5	单位产品利润/万元	2	3		
6	变量/件	0	0		
7	总利润/万元	0			

图 1.7　生产计划问题输入表格结果

步骤 2： 数据输入后，在菜单栏中选择"数据/规划求解"选项，便会弹出"规划求解参数"对话框(见图 1.8)。在该对话框中，目标单元格在开始求解之前，需要在对话框中设置好各种参数，包括目标单元格、问题类型(求最大值或最小值)、可变单元格以及约束条件等。目标单元格为任意空白区域单元格。在此问题中，目标单元格选择 B7，问题类型是求最大值，可变单元格为 B6 到 C6，单击"添加"按钮，使三个约束条件一一被添加。然后单击"选项"菜单，在弹出的对话框中选择采用线性模型和假定非负选项，最后单击"确定"按钮。

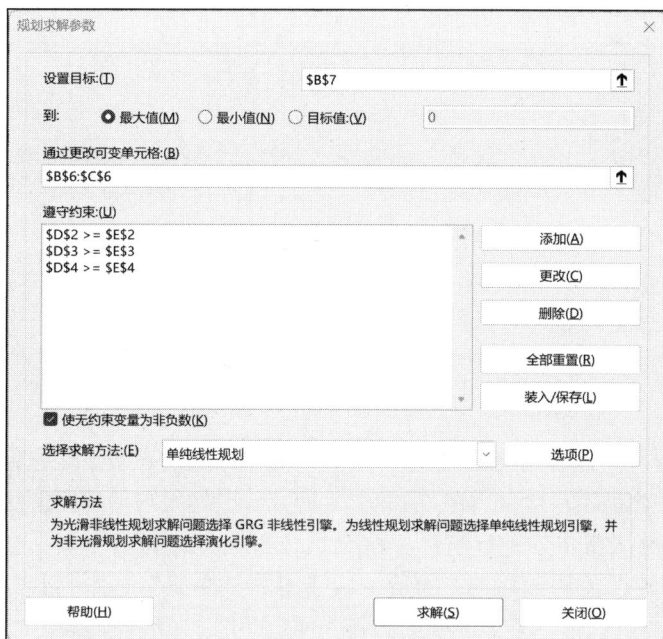

图 1.8 "规划求解参数"对话框

步骤 3：设置完成后，单击图 1.8 中的"求解"按钮，弹出"规划求解结果"对话框，如图 1.9 所示。

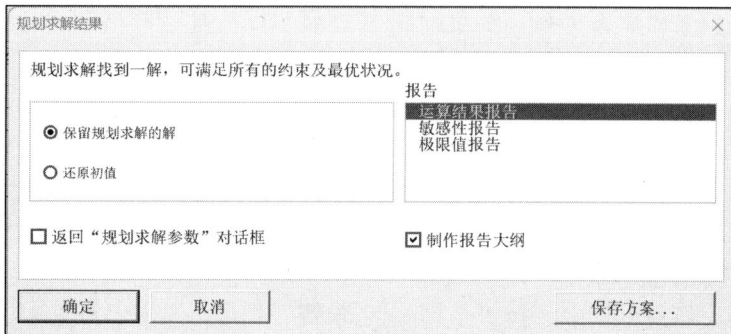

图 1.9 "规划求解结果"对话框

选择"保留规划求解的解"以及"运算结果报告"选项，单击"确定"按钮。如果模型没有最优解，对话框将显示"规划求解找不到有用的解"或"设置目标单元格的值未收敛"。上述案例的最优解及"运算结果报告"，如图 1.10、图 1.11 所示。

	A	B	C	D	E
1		产品甲	产品乙	资源限制	资源占用量
2	原材料A/吨	0	3	15	15
3	原材料B/吨	4	0	12	8
4	单位设备工时/小时	2	2	14	14
5	单位产品利润/万元	2	3		
6	变量/件	2	5		
7	总利润/万元	19			
8					

图 1.10 生产计划问题最优解

单元格	名称		初值	终值
$B$7	总利润/万元	产品甲	19	19

可变单元格

单元格	名称		初值	终值	整数
$B$6	变量/件	产品甲	2	2	约束
$C$6	变量/件	产品乙	5	5	约束

约束

单元格	名称		单元格值	公式	状态	型数值
$D$2	原材料A/吨	资源限制	15	$D$2>=$E$2	到达限制值	0
$D$3	原材料B/吨	资源限制	12	$D$3>=$E$3	未到限制值	4
$D$4	单位设备工时/小时	资源限制	14	$D$4>=$E$4	到达限制值	0

图 1.11　生产计划问题"运算结果报告"

如图 1.11 所示，可变单元格部分的"终值"处的"(2,5)"代表是最优解，工厂应生产 2 件产品甲以及 5 件产品乙，可获得最高利润 19 万元。此结果与使用图解法的结果是一致的。

下面就"运算结果报告"进行解释，这个报告分为三个部分：第一部分有关目标函数，其中"初值"是求解以前单元格 B7 的值，等于 0。"终值"是求得最优解以后单元格 B7 的值，即目标函数的最优值，等于 19；第二部分关于可变单元格，其中"初值"和"终值"的含义与前面相同；第三部分关于约束条件，其中"单元格"是指三个约束条件的左边值的单元格，即 D2、D3、D4。"单元格值"是指求解以后三个单元格的值，即原材料和设备的资源限制的值。"公式"是指三个约束条件的关系符。"状态"是指每个约束是否达到限制值，原材料 B 的占用能力没有达到供应量的限制值，其他两个约束达到了限制值。"型数值"是约束条件剩余差额，如原材料 B 还剩下 4 万吨没有被利用。

例 1.12　用 Excel 求解例 1.4 中的"连续投资问题"。

首先把线性规划模型转化为电脑上的 Excel 电子表格数据。由于该模型中有 20 个变量，便用第 B 列至第 U 列为各变量列，第 V 列为模型右端常数项，第 W 列为约束左端计算项，因此基础数据放在第 2 行至第 8 行，第 9 行为对应的目标函数系数，第 10 行为决策变量行，初值赋值为 0，B11 单元格表示目标函数值。其中第 W 列与 B11 单元格是 SUMPRODUCT 函数公式，具体数据输入表格在此略去。

数据输入后，在菜单栏中选择"数据/规划求解"选项，弹出"规划求解参数"对话框（见图 1.12）。在该对话框中，目标单元格选择 B11，问题类型是求最大值，可变单元格为 B10 到 U10，单击"添加"按钮使 7 个约束条件——被添加。然后单击"选项"按钮，在弹出的对话框中选择采用线性模型和假定非负选项，最后单击"确定"按钮。

设置完成后，单击如图 1.12 所示中的"求解"按钮，弹出"规划求解结果"对话框，如图 1.13 所示。该规划约束条件未满足线性模型，选择"保留规划求解的解"选项，单击"确定"按钮。

这时在 Excel 电子表格中原始变量数据自动转换为满足线性模型的约束条件。在菜单栏中选择"工具/规划求解"选项，弹出"规划求解结果"对话框（见图 1.14）。选择"保留规划求解的解"以及"运算结果报告"选项，单击"确定"按钮。"运算结果报告"如图 1.15 所示。

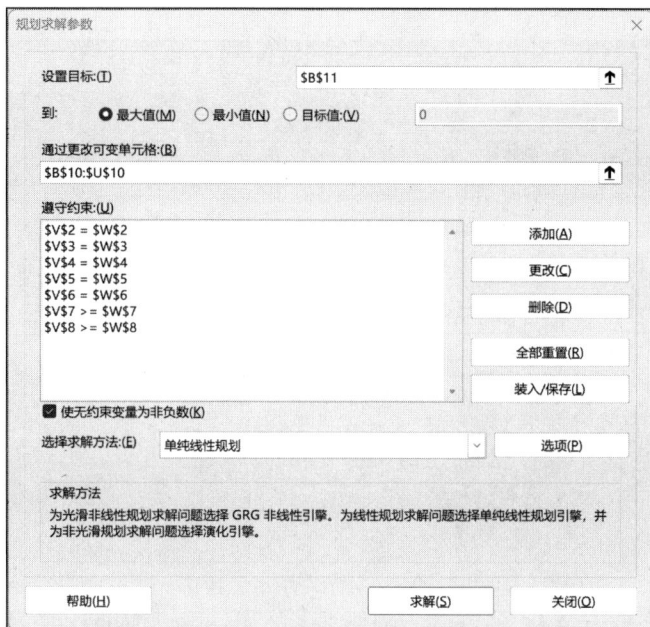

图 1.12　"规划求解参数"对话框

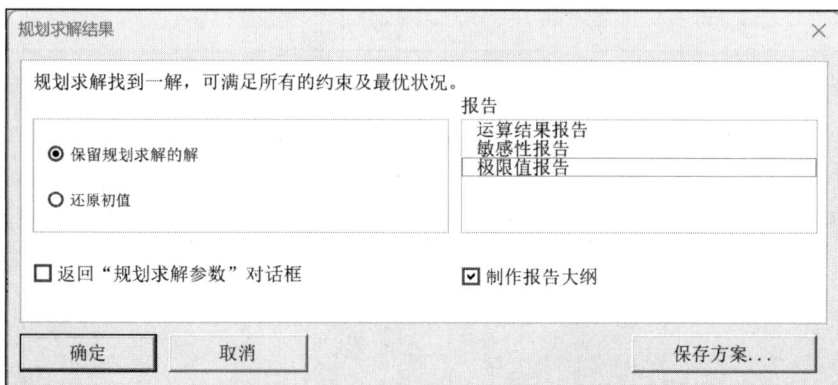

图 1.13　"规划求解结果"对话框

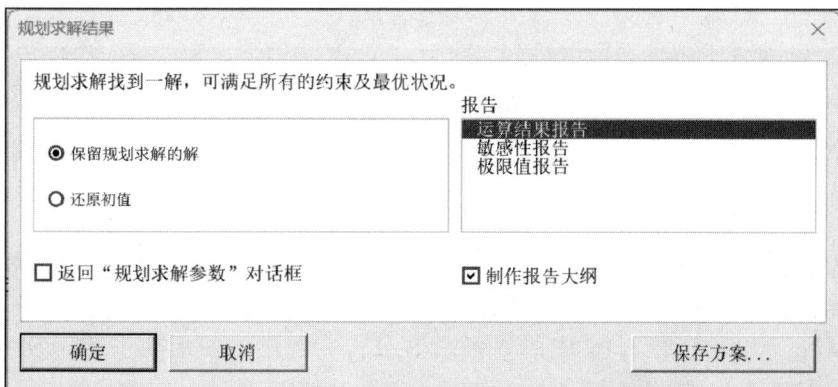

图 1.14　"规划求解结果"对话框(选择"运算结果报告")

目标单元格 (最大值)

单元格	名称	初值	终值
$B$11	目标函数值 1a	143750	143750

可变单元格

单元格	名称	初值	终值	整数
$B$10:$U$10				
$B$10	决策变量 1a	34782.6087	34782.6087	约束
$C$10	决策变量 1b	0	0	约束
$D$10	决策变量 1c	0	0	约束
$E$10	决策变量 1d	65217.3913	65217.3913	约束
$F$10	决策变量 2a	39130.43478	39130.43478	约束
$G$10	决策变量 2b	0	0	约束
$H$10	决策变量 2c	30000	30000	约束
$I$10	决策变量 2d	0	0	约束
$J$10	决策变量 3a	0	0	约束
$K$10	决策变量 3b	40000	40000	约束
$L$10	决策变量 3c	0	0	约束
$M$10	决策变量 3d	0	0	约束
$N$10	决策变量 4a	45000	45000	约束
$O$10	决策变量 4b	0	0	约束
$P$10	决策变量 4c	0	0	约束
$Q$10	决策变量 4d	0	0	约束
$R$10	决策变量 5a	0	0	约束
$S$10	决策变量 5b	0	0	约束
$T$10	决策变量 5c	0	0	约束
$U$10	决策变量 5d	0	0	约束

约束

单元格	名称	单元格值	公式	状态	型数值
$V$2	约束1 常数b	100000	$V$2=$W$2	到达限制值	0
$V$3	约束2 常数b	0	$V$3=$W$3	到达限制值	0
$V$4	约束3 常数b	0	$V$4=$W$4	到达限制值	0
$V$5	约束4 常数b	0	$V$5=$W$5	到达限制值	0
$V$6	约束5 常数b	0	$V$6=$W$6	到达限制值	0
$V$7	约束6 常数b	30000	$V$7>=$W$7	到达限制值	0
$V$8	约束7 常数b	40000	$V$8>=$W$8	到达限制值	0

图 1.15　连续投资问题 "运算结果报告"

如图 1.15 所示，其中可变单元格部分的"终值"处是最优解，$x_{1A}=34782.61$，$x_{1D}=65217.39$，$x_{2A}=39130.43$，$x_{2C}=30000$，$x_{2D}=0$，$x_{3A}=0$，$x_{3B}=40000$，$x_{3D}=0$，$x_{4A}=45000$，$x_{4D}=0$，$x_{5D}=0$，目标单元格是到第五年年末该部门拥有资金总额为 143750 万元，即盈利43.75%。

1.5　规划求解的极限值报告和敏感性报告

以例 1.1 生产计划问题为例，介绍"极限值报告"与"敏感性报告"。

利用 Excel 对其求解，在数据输入完成后，单击"数据/规划求解"选项，弹出"规划求解参数"对话框，在完成各参数的输入后，单击"选项"按钮并设置规划求解的条件。完成后，单击"求解"按钮。弹出的"规划求解结果"对话框，如图 1.16 所示。

1.5.1　极限值报告

利用 Excel 进行"规划求解"得到最优解后，可以得到三个报告，除在前面介绍的"运算结果报告"外，还有"敏感性报告"和"极限值报告"两个工作表，下面先介绍"极限值报告"。选中图 1.16 中的"极限值报告"选项，然后单击"确定"按钮就会产生"极限值报告"，如图 1.17 所示。

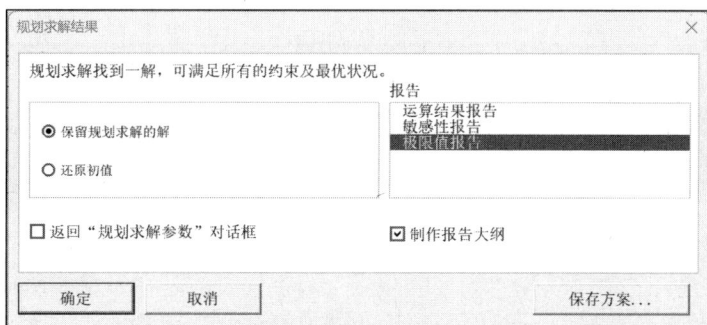

图 1.16 生产计划问题"规划求解结果"对话框

单元格	目标式名称	值
$B$7	总利润/万元产品甲	19

单元格	变量名称	值	下限极限	目标式结果	上限极限	目标式结果
$B$6	变量/件 产品甲	2	0	15	2	19
$C$6	变量/件 产品乙	5	0	4	5	19

图 1.17 生产计划问题的"极限值报告"

"极限值报告"分为两部分，第一部分是"单元格"和"目标式名称"。第二部分包含"变量名称"。其中"单元格"是指决策变量所在的单元格，"变量名称"是指决策变量的名称，"值"是指决策变量最优解的值，"下限极限"是指决策变量约束的最小值，"目标式结果"是指当该决策变量取"下限极限"，其他决策变量取最优值时的目标函数值。"上限极限"是指决策变量最优解中的最大值，"目标式结果"是指当该决策变量取"上限极限"，其他决策变量取最优值时的目标函数值，显然这时目标函数值就是最优值。

1.5.2 敏感性报告

选中图 1.16 中的"敏感性报告"选项，然后单击"确定"按钮就会出现"敏感性报告"，如图 1.18 所示。

可变单元格

单元格	名称	终值	递减成本	目标式系数	允许的增量	允许的减量
$J$7	变量	2	0	2	1	2
$K$7	变量	5	0	3	1E+30	1

约束

单元格	名称	终值	阴影价格	约束限制值	允许的增量	允许的减量
$M$3		15	0.333333333	15	6	3
$M$4		8	0	12	1E+30	4
$M$5		14	1	14	2	4

图 1.18 生产计划问题的"敏感性报告"

"敏感性报告"分为可变单元格的敏感性分析与约束的敏感性分析两部分，每一部分有 5 个栏目。可变单元格部分包括"终值""递减成本""目标式系数""允许的增量"

"允许的减量"；约束部分包括"终值""阴影价格""约束限制值""允许的增量""允许的减量"。

首先解释可变单元格部分的有关栏目。根据图 1.18 可知，可变单元格中"终值"一栏对应的数据为最优解，即两种产品的产量，其中产品甲和产品乙分别生产 2 个单位和 5 个单位，它代表了最优生产方案。"递减成本"一栏反映该决策变量每增加 1 个单位所导致的目标函数的变化量。"目标式系数"一栏对应目标函数价值系数 c_j 的值，在本题中的经济含义为各产品的单件利润。"允许的增量"和"允许的减量"两栏代表的是在最优解保持不变的前提下价值系数 c_j 所允许的增量与减量。其中，"1E+30"代表 10^{30}，意味着无穷大。因此由"目标式系数""允许的增量""允许的减量"三者共同确定价值系数的变化范围：

$$-2 \leqslant \Delta c_1 \leqslant 1，即 -2 \leqslant c_1 - 2 \leqslant 1，则 0 \leqslant c_1 \leqslant 3；$$
$$-1 \leqslant \Delta c_2 \leqslant \infty，即 -1 \leqslant c_2 - 3 \leqslant \infty，则 2 \leqslant c_2 \leqslant \infty。$$

上述结果显示，产品甲的单件利润的取值范围是[0,3]，在此区间内，c_1 的值变化不会对最优解产生影响。同理，产品乙的单件利润 c_2 的取值范围在区间[2,∞) 内时，最优解不发生变化。

对约束部分，"终值"一栏对应的数据为资源约束量 b ，即 $b = (15,8,14)^{\mathrm{T}}$。最后两栏代表在最优解保持不变的前提下资源约束量 b_j 所允许的增量与减量。同理可得，资源约束量 b_j 的变化范围为

$$-3 \leqslant \Delta b_1 \leqslant 6，即 -3 \leqslant b_1 - 15 \leqslant 6，则 12 \leqslant b_1 \leqslant 21；$$
$$-4 \leqslant \Delta b_2 \leqslant \infty，即 -4 \leqslant b_2 - 12 \leqslant \infty，则 8 \leqslant b_2 \leqslant \infty；$$
$$-4 \leqslant \Delta b_3 \leqslant 2，即 -4 \leqslant b_3 - 14 \leqslant 2，则 10 \leqslant b_3 \leqslant 16。$$

即当原材料 A 的供应量 b_1 和原材料 B 的供应量 b_2 分别在区间[12,21]和(8,∞)，设备的供应量在[10,16]之间变化时，最优解不发生变化。

图 1.18 所示的"敏感性报告"中显示出另一个重要信息是影子价格。影子价格是指线性规划的原问题中某个资源约束常数增加或减少 1 个单位从而导致目标函数值的增量或减量，也就是原材料或设备可利用能力的边际利润。影子价格的大小客观上反映资源在系统内的稀缺程度，影子价格越高，资源在系统中越稀缺。"阴影价格"一栏显示的就是影子价格，它意味着，每增加 1 个单位的原材料 A，目标函数值将增加 1/3 个单位，每增加 1 个单位的原材料 B，目标函数值保持不变，这是由于在模型求解中，达到最优解时，原材料 B 还有剩余，因此增加该原材料时公司利润并不能增加。同理，每增加 1 个单位的设备工时，目标函数值将增加 1 个单位。

有关影子价格问题我们将在后面具体介绍。

1.6 线性规划问题的灵敏度分析

在用线性规划解决实际问题时，首先要收集有关数据，建立线性规划模型，用 Excel 或其他软件求解。但管理者得到最优解之后往往还需要开展进一步的工作。因为线性规划

模型是在一定的假设条件下建立起来的，得到的最优解是在这一特定条件的最优解，假设条件发生变化时，最优方案是否改变以及如何改变，在不同条件下各种管理方法可能产生的结果如何，此时通过对各种结果对比分析，来指导管理者进行决策。因此在得到原始模型的最优解之后，通过对最优解的分析才能对问题有更深刻的理解和认识。对最优解的分析主要问题在于如果未来情况发生变化，最优解将如何变化。

在前面线性规划问题的讨论中，都是假定 a_{ij}, b_i, c_j 为常数，但实际工作中这些系数往往是估计值和预测值。如果市场条件发生变化，价值系数 c_j 就会发生变化；当资源投入量发生改变时，b_i 也随着发生变化；当工艺条件发生改变时，a_{ij} 也随着工艺的变化而变化。因此当这些系数有一个或几个发生变化时，已求得的线性规划问题的最优解会有什么变化；或者这些系数在什么范围内变化时，线性规划问题的最优解不发生变化，这些都是值得关注的问题。

因此我们在进行灵敏度分析时，就是要弄清楚：(1)系数在什么范围内变化时最优解不变；(2)若系数的变化使最优解发生变化，如何求得新的最优解。

下面分别就各个参数改变的情形进行讨论。

例 1.13 已知某企业计划生产三种产品 A、B、C，其资源消耗与利润如表 1.7 所示。

表 1.7 某企业产品生产的资源消耗与利润

	产品 A	产品 B	产品 C	资源量/吨
资源甲/吨	1	1	1	12
资源乙/吨	1	2	2	20
单位产品利润/万元	5	8	6	

问：如何安排产品产量，可获得最大利润？

解： 设三种产品的产量分别为 x_1、x_2、x_3。其数学模型的标准型为

$$\max Z = 5x_1 + 8x_2 + 6x_3$$

$$\text{s.t.} \begin{cases} x_1 + x_2 + x_3 + x_4 = 12 \\ x_1 + 2x_2 + 2x_3 + x_5 = 20 \\ x_1, x_2, x_3, x_4, x_5 \geq 0 \end{cases}$$

首先把线性规划模型转化为 Excel 电子表格数据，如图 1.19 所示。

	A	B	C	D	E	F
1		产品A	产品B	产品C	资源占用量	资源量
2	资源甲 / 吨	1	1	1	12	0
3	资源乙 / 吨	1	2	2	20	0
4	单位产品利润/万元	5	8	6		
5	变量/件	0	0	0		
6	总利润/万元	0				

图 1.19 数据输入表格

数据输入后，在菜单栏中选择"数据/规划求解"选项，弹出"规划求解参数"对话框（见图 1.20）。在该对话框中，设置好各种参数。其中目标单元格选择 B6，问题类型是求最

大值，可变单元格为B5到D5，单击"添加"按钮使三个约束条件一一被添加。然后单击"选项"按钮，在弹出的对话框中选择采用线性模型和假定非负选项，最后单击"确定"按钮。

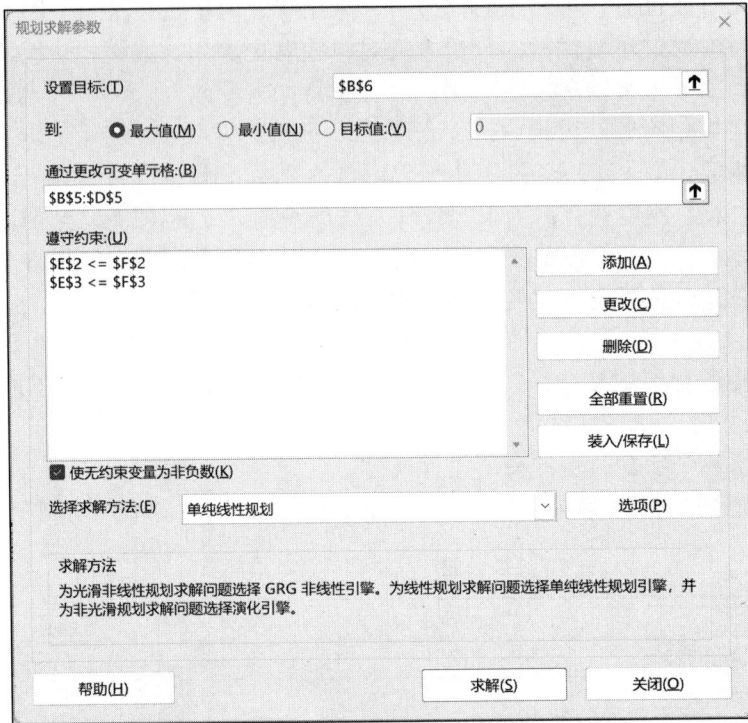

图1.20 "规划求解参数"对话框

设置完成后，单击图1.20中的"求解"选项，弹出"规划求解结果"对话框，如图1.21所示。

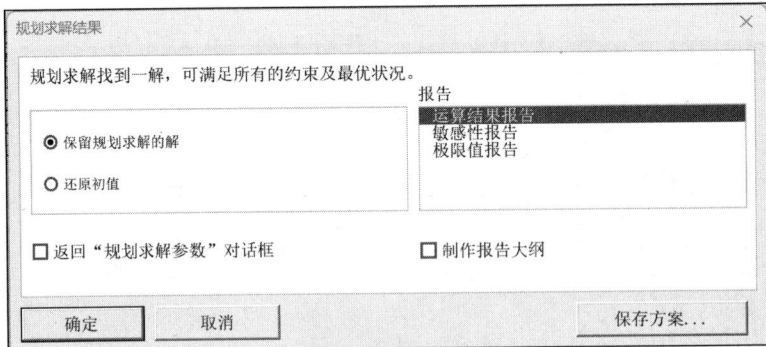

图1.21 "规划求解结果"对话框

在图1.21中选择"保留规划求解的解"以及"运算结果报告"选项，单击"确定"按钮，得到的结果如图1.22所示。这时最优生产方案为 $X = (4,8,0)^T$，目标函数最优值为84。

在图1.21中选择"保留规划求解的解"以及"敏感性报告"选项，单击"确定"按钮，得到的结果如图1.23所示。

目标单元格 (最大值)

单元格	名称	初值	终值
$B$6	总利润/万元 产品A	0	84

可变单元格

单元格	名称	初值	终值	整数
$B$5	变量/件 产品A	0	4	约束
$C$5	变量/件 产品B	0	8	约束
$D$5	变量/件 产品C	0	0	约束

约束

单元格	名称	单元格值	公式	状态	型数值
$E$2	资源甲/吨 资源占用量	12	$E$2<=$F$2	到达限制值	0
$E$3	资源乙/吨 资源占用量	20	$E$3<=$F$3	到达限制值	0

图 1.22 "运算结果报告"

可变单元格

单元格	名称	终值	递减成本	目标式系数	允许的增量	允许的减量
$B$5	变量/件 产品A	4	0	5	3	1
$C$5	变量/件 产品B	8	0	8	2	2
$D$5	变量/件 产品C	0	-2	6	2	1E+30

约束

单元格	名称	终值	阴影价格	约束限制值	允许的增量	允许的减量
$E$2	资源甲/吨 资源占用量	12	2	12	8	2
$E$3	资源乙/吨 资源占用量	20	3	20	4	8

图 1.23 "敏感性报告"

如图 1.23 所示，目标系数 c_1 "允许的增量"为 3，"允许的减量"为 1，也就是说 c_1 可变单元格中"终值"一栏对应的数据为最优解，即 $X = (4,8,0)^T$，它代表了最优生产方案。"递减成本"一栏是该变量每增加 1 个单位所导致的目标函数的变化量。例如，产品 C 的"递减成本"为-2，它的经济解释为每增加 1 个单位产品 C 的生产，总利润将会减少 2 个单位，即产品 C 不宜生产。

1.6.1 目标函数价值系数 C_j 的灵敏度分析

图 1.23 中"允许的增量"和"允许的减量"两栏代表的是在最优解保持不变的前提下目标函数的价值系数 c_j 所允许的增量与减量。其中，"1E+30"代表 10^{30}，意味着无穷大。因此由"目标式系数""允许的增量""允许的减量"三者共同确定价值系数的变化范围。

$$-1 \leqslant \Delta c_1 \leqslant 3，即 -1 \leqslant c_1 - 5 \leqslant 3，则 4 \leqslant c_1 \leqslant 8；$$
$$-2 \leqslant \Delta c_2 \leqslant 2，即 -2 \leqslant c_2 - 8 \leqslant 2，则 6 \leqslant c_2 \leqslant 10；$$
$$-\infty \leqslant \Delta c_3 \leqslant 2，即 -\infty \leqslant c_3 - 6 \leqslant 2，则 -\infty \leqslant c_3 \leqslant 8。$$

上述结果显示，产品 A 的单件利润 c_1 的取值范围是[4,8]，在此区间内，c_1 的值变化不会对最优解产生影响。同理，产品 B 的单件利润 c_2 和产品 C 的单件利润 c_3 的取值范围分别在区间[6,10]和$(-\infty,8]$内时，最优解不发生变化。上述讨论是假定某个目标函数的系数发生变化，其他系数不变的情况下进行讨论的。

如果目标函数的系数变化范围超过上述范围，又将如何求最优解呢？如果有多个目标函数的价值系数发生变化，又将如何求最优解呢？当然最简单的方法就是仍运用 Excel 进行求解。

当单位产品 C 的利润 c_3 为 10 时，最优解与最优值将如何变化？这时只需将变化后新的目标函数价值系数代入 Excel 表格中，重新单击"规划求解"→"求解"按钮，马上就可以得到答案，如图 1.24 所示。最优生产方案调整为 $X = (0,0,10)^{\mathrm{T}}$，目标函数最优值为 100。

如单位产品 A 的利润 c_1 改变为 10 时，得到答案如图 1.25 所示。最优方案调整为 $X = (12,0,0)^{\mathrm{T}}$，目标函数最优值为 120。

	A	B	C	D	E	F
1		产品A	产品B	产品C	资源占用量	资源量
2	资源甲／吨	1	1	1	10	12
3	资源乙／吨	1	2	2	20	20
4	单位产品利润/万元	5	8	10		
5	变量/件	0	0	10		
6	总利润/万元	100				

图 1.24　单位产品 C 的利润 c_3 为 10 时的最优解

	A	B	C	D	E	F
1		产品A	产品B	产品C	资源占用量	资源量
2	资源甲／吨	1	1	1	12	12
3	资源乙／吨	1	2	2	12	20
4	单位产品利润/万元	10	8	6		
5	变量/件	12	0	0		
6	总利润/万元	120				

图 1.25　单位产品 A 的利润 c_1 改变为 10 时的最优解

当有多个目标函数价值系数发生变化时，与上面的方法类似，只需将改变后的价值系数代入 Excel 表格中，重新单击"规划求解"→"求解"按钮。若令 $c_1 = 6, c_3 = 9$，得到如图 1.26 所示的最优解。单位产品 A 的利润 c_1 改变为 6，单位产品 C 的利润 c_3 改变为 9 时，则最优生产方案调整为 $X = (4,0,8)^{\mathrm{T}}$，目标函数最优值为 96。

	A	B	C	D	E	F
1		产品A	产品B	产品C	资源占用量	资源量
2	资源甲／吨	1	1	1	12	12
3	资源乙／吨	1	2	2	20	20
4	单位产品利润/万元	6	8	9		
5	变量/件	4	0	8		
6	总利润/万元	96				

图 1.26　单位产品 A 的利润 c_1 为 6，单位产品 C 的利润 c_3 改变为 9 时的最优解

1.6.2　资源约束量 b 的灵敏度分析与影子价格

（1）资源约束量 b 的灵敏度分析

图 1.23 的约束部分最后两栏代表在最优解保持不变的前提下资源约束量 b_j 所允许的增量与减量。资源约束量 b_j 的变化范围为

$$-2 \leqslant \Delta b_1 \leqslant 8，即 -2 \leqslant b_1-12 \leqslant 8，则 10 \leqslant b_1 \leqslant 20；$$

$$-8 \leqslant \Delta b_2 \leqslant 4，即 -8 \leqslant b_2-20 \leqslant 4，则 12 \leqslant b_2 \leqslant 24。$$

即当资源甲的供应量 b_1 和资源乙的供应量 b_2 分别在区间[10,20]和[12,24]之间变化时，最优解不变（生产产品的品种不变，但生产数量及最优值会发生变化，即生产方案发生改变）。

当资源甲的供应量由 12 改变为 18 时，最优解与最优值将如何变化？这时只需将变化后新的资源甲的供应量代入 Excel 表格中，重新单击"规划求解"→"求解"按钮，马上就可以得到答案，如图 1.27 所示。此时最优生产方案调整为 $X=(16,2,0)^{\mathrm{T}}$，目标函数最优值为 96。

	A	B	C	D	E	F
1		产品A	产品B	产品C	资源占用量	资源量
2	资源甲 / 吨	1	1	1	18	18
3	资源乙 / 吨	1	2	2	20	20
4	单位产品利润/万元	5	8	6		
5	变量/件	16	2	0		
6	总利润/万元	96				

图 1.27　资源甲的供应量由 12 改变为 18 时的最优解

若资源的供应量超过上述范围，最优解与最优值将如何变化？这时只需将变化后新的资源量代入 Excel 表格中，重新单击"规划求解"→"求解"按钮，就可以得到答案。若将资源甲的供应量由 12 改变为 30，其最优解如图 1.28 所示。则最优生产方案调整为 $X=(20,0,0)^{\mathrm{T}}$，目标函数最优值为 100。

	A	B	C	D	E	F
1		产品A	产品B	产品C	资源占用量	资源量
2	资源甲 / 吨	1	1	1	20	30
3	资源乙 / 吨	1	2	2	20	20
4	单位产品利润/万元	5	8	6		
5	变量/件	20	0	0		
6	总利润/万元	100				

图 1.28　资源甲的供应量由 12 改变为 30 时的最优解

（2）影子价格

影子价格不是一种真实价格，而是系统资源价值的映像表现，但是可以通过影子价格对系统资源的利用情况做出客观评价，从而决定企业的经营策略。因此影子价格是在最优决策下对资源的一种估价，没有最优决策就没有影子价格，所以影子价格又称"最优计划价格""预测价格"等。

图 1.23 "敏感性报告"中显示出影子价格，每增加 1 个单位的资源甲，目标函数

值将增加 2 个单位；每增加 1 个单位的资源乙，目标函数值将增加 3 个单位。

例如，资源甲的供应量由 12 改变为 18 时，增加了 6 个单位，因此目标函数值将增加 12 个单位，即目标函数值由 84 增加到 96。但当资源供应量超过它所允许的范围时，该资源的影子价格将发生改变，因为它改变了资源的稀缺性。

例如，资源甲的供应量由 12 改变为 30 时，资源甲的供应量增加了 18 个单位，但资源甲的供应量达到 20 时，该资源已经饱和，再增加部分的影子价格为 0，因此此时目标函数值将只能增加 $2 \times 8 = 16$ 个单位，即目标函数值由 84 增加到 100。

资源的影子价格定量反映单位资源在最优生产方案中为总收益所做出的贡献，因此，资源的影子价格也可称为在最优方案中投入生产的机会成本。

若第 i 种资源的单位市场价格为 m_i，当 $y_i^* > m_i$ 时，企业愿意购进这种资源，单位纯利为 $y_i^* - m_i$，则有利可图；如果 $y_i^* < m_i$，则企业有偿转让这种资源，可获单位纯利 $m_i - y_i^*$，否则，企业无利可图甚至亏损。

影子价格在决策中有重要的作用，主要表现在以下几个方面：

① 指出企业挖潜革新的途径。

影子价格大于 0，说明该资源已耗尽，成为短线资源。

影子价格等于 0，说明该资源有剩余，成为长线资源。

② 对市场资源的最优配置起着推进作用。

在配置资源时，对于影子价格大的企业，资源应优先供给。

③ 可以预测产品的价格。

只有当产品价格定在机会成本之上时，企业才有利可图。

④ 可作为同类企业经济效益评估指标之一。

对于影子价格越大的企业，资源利用所带来的收益就越大，经济效益就越好。

通过以上讨论可知，利用影子价格进行经营决策：

① 某种资源的影子价格高于市场价格，表明该资源在系统中有获利能力，应该买入该资源；

② 某种资源的影子价格低于市场价格，表明该资源在系统中没有获利能力，应该卖出该资源；

③ 某种资源的影子价格等于市场价格，表明该资源在系统中处于均衡状态，既不买入也不卖出该资源。

1.6.3　添加新变量的灵敏度分析

在例 1.13 中，若开发出新产品 D，生产该单位产品需要消耗资源甲 3 个单位，消耗资源乙 2 个单位，可以得到的利润为 10。

问：投产产品 D 是否有利？

假设生产产品 D 的产量为 x_6，这时就相当于在 Excel 表格增加一列，该列对应数据为 3、2、10。前 2 个数据表示单位产品的消耗，后 1 个数据表示单位产品的利润。对应于 Excel 表格就是增加 E 列，同时在 F2 格输入函数=SUMPRODUCT（B2:E2，B5:E5），F3 格输入函数=SUMPRODUCT（B3:E3，B5:E5），B6 格输入函数=SUMPRODUCT

（B4:E4，B5:E5）。重新单击"规划求解"按钮，对"规划求解参数"对话框中各参数进行设置，如图 1.29 所示。

单击"求解"按钮，得到的结果如图 1.30 所示。这时，最优生产方案为 $X = (4,8,0,0)^T$，目标函数最优值为 84。

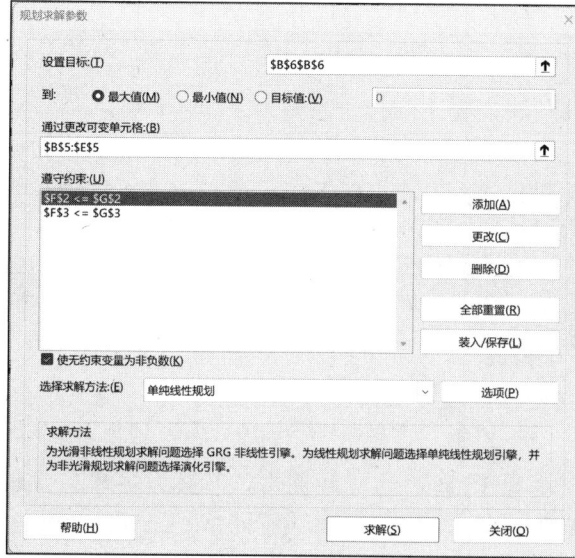

图 1.29　"规划求解参数"对话框

	A	B	C	D	E	F	G
1		产品A	产品B	产品C	产品D	资源占用量	资源量
2	资源甲/吨	1	1	1	3	12	12
3	资源乙/吨	1	2	2	2	20	20
4	单位产品利润/万元	5	8	6	10		
5	变量/件	4	8	0	0		
6	总利润/万元	84					

图 1.30　增加新产品后的最优解

可变单元格

单元格	名称	终值	递减成本	目标式系数	允许的增量	允许的减量
$B$5	变量/件 产品A	4	0	5	3	0.5
$C$5	变量/件 产品B	8	0	8	2	2
$D$5	变量/件 产品C	0	-2	6	2	1E+30
$E$5	变量/件 产品D	0	-2	10	2	1E+30

约束

单元格	名称	终值	阴影价格	约束限制值	允许的增量	允许的减量
$F$2	资源甲/吨 资源占用量	12	2	12	8	2
$F$3	资源乙/吨 资源占用量	20	3	20	4	8

图 1.31　增加新产品后的最优解"敏感性报告"

由图 1.31 增加新产品后的最优解"敏感性报告"可以看出，产品 D 的检验数为−2，检验数小于等于 0，因此最优生产方案不变，不生产产品 D，即投产产品 D 无利。

问：单位产品 D 的利润为多少时，投产产品 D 有利？

图 1.31 可变单元格中"允许的增量"和"允许的减量"两栏代表的是在最优解保持不变时目标函数的价值系数 c_j 所允许的增量与减量。其中，"1E+30"代表 10^{30}，意味着无穷大。因此由"目标式系数""允许的增量""允许的减量"三者共同确定价值系数的变化范围。

$$-\infty \leqslant \Delta c_4 \leqslant 2，即 -\infty \leqslant c_4 - 10 \leqslant 2，则 -\infty \leqslant c_4 \leqslant 12$$

说明产品 D 的单件利润大于 12 时，投产产品 D 才有利。

当产品 D 的单件利润由 10 改变为 15 时，最优解与最优值将如何变化？这时只需将变化后新的产品 D 的单件利润代入 Excel 表格中，重新单击"规划求解"→"求解"按钮，得到的结果如图 1.32 所示。

	A	B	C	D	E	F	G
1		产品A	产品B	产品C	产品D	资源占用量	资源量
2	资源甲/吨	1	1	1	3	12	12
3	资源乙/吨	1	2	2	20	20
4	单位产品利润/万元	5	8	6	15		
5	变量/件	0	9	0	1		
6	总利润/万元	87					

图 1.32 产品 D 的单件利润由 10 改变为 15 时的最优解

当单位产品 D 的利润为 15 时，这时最优生产方案为生产产品 B 为 9 件，生产产品 D 为 1 件，目标函数最优值为 87。

1.6.4 添加新约束的灵敏度分析

如果系统出现新的约束条件，线性规划模型就需要增加新的约束方程。

在例 1.13 中，假设电力供应紧张，供应最多为 13 个单位，而生产产品 A、B、C 每单位需要电力分别为 2、1、3 个单位，问该公司生产方案是否需要改变？

解： 由于该约束条件为 $2x_1 + x_2 + 3x_3 \leqslant 13$，因此将原问题的最优解 $x_1 = 4, x_2 = 8, x_3 = 0$ 代入电力约束条件 $2x_1 + x_2 + 3x_3 \leqslant 13$。因为 $4 \times 2 + 8 = 16 > 13$，故原问题最优解已经不是新约束条件下的最优解，即生产方案发生了改变。

对应 Excel 表，就是在 Excel 表格中增加一行，该行对应数据为 2、1、3、13。前 3 个数据表示生产产品 A、B、C 每单位需要的电力数量，后 1 个数据表示电力供应约束条件，放入 F4 单元格中，同时在 E4 单元格输入函数=SUMPRODUCT(B4:D4,B6:D6)。然后单击"规划求解"按钮，对"规划求解参数"对话框中各参数进行设置(主要是增加一个约束条件)，得到如图 1.33 所示的最优解。故增加电力约束后，最优生产方案为生产产品 A 为 2 件，生产产品 B 为 9 件。目标函数最优值为 82。

	A	B	C	D	E	F
1		产品A	产品B	产品C	资源占用量	资源量
2	资源甲/吨	1	1	1	11	12
3	资源乙/吨	1	2	2	20	20
4	电力	2	1	3	13	13
5	单位产品利润/万元	5	8	6		
6	变量/件	2	9	0		
7	总利润/万元	82				

图 1.33 增加约束后的最优解

1.6.5 技术系数 a_{ij} 的改变（计划生产的产品工艺结构发生改变）

在线性规划模型中，系数矩阵共有 $m \times n$ 个元素，这些元素发生改变时，只需要将变化后新的数据代入 Excel 表格中，单击"规划求解"→"求解"按钮，就可以得到答案。

如：在例 1.13 中，若生产产品 A 的工艺发生改变，生产产品 A 对资源甲和资源乙的需求均为 2 个单位。在保持单位产品的利润不变的情况下，问最优生产方案如何变化？

将产品 A 对应变化后的数据代入 Excel 表格中，重新单击"规划求解"→"求解"按钮，得到如图 1.34 所示的结果。这时最优生产方案发生改变，只需要生产产品 B 为 10 件，目标函数最优值为 80。

	A	B	C	D	E	F
1		产品A	产品B	产品C	资源占用量	资源量
2	资源甲 / 吨	2	1	1	10	12
3	资源乙 / 吨	2	2	2	20	20
4	单位产品利润/万元	5	8	6		
5	变量/件	0	10	0		
6	总利润/万元	80				

图 1.34 产品 A 对资源甲和资源乙的需求改变后的最优解

在例 1.13 中，若生产产品 A 与产品 B 的工艺结构发生改变，生产产品 A 对资源甲和资源乙的需求分别为 1 个单位和 3 个单位。生产产品 B 对资源甲和资源乙的需求分别为 2 个单位和 3 个单位。问最优生产方案如何变化？

将产品 A 与产品 B 对应变化后的数据代入 Excel 表格中，重新单击"规划求解"→"求解"按钮，得到如图 1.35 所示的结果。这时最优生产方案发生改变，只需生产产品 C 为 10 件。目标函数最优值为 60。

	A	B	C	D	E	F
1		产品A	产品B	产品C	资源占用量	资源量
2	资源甲 / 吨	1	2	1	10	12
3	资源乙 / 吨	3	3	2	20	20
4	单位产品利润/万元	5	8	6		
5	变量/件	0	0	10		
6	总利润/万元	60				

图 1.35 产品 A 和产品 B 对资源甲和资源乙的需求改变后的最优解

1.7 案例分析

线性规划的应用非常广泛，特别是在经济管理领域，大量的实际问题可以归纳为线性规划问题来研究。有些背景不同的问题，数学模型有着完全相同的形式。尽可能多地掌握一些典型模型不仅有助于深刻理解线性规划本身的理论，而且有利于灵活地处理千差万别的问题，提高解决实际问题的能力。下面举例说明线性规划在经济管理领域的应用。

案例分析 1（投资问题）

已知某集团有 10000 万元的资金用于投资，该集团有五个可供选择的投资项目，相关资料如表 1.8 所示。

表 1.8　该集团各种投资项目的相关资料

投资项目	风险/%	红利/%	增长/%	建设期/年
1	10	5	10	1
2	6	8	17	3
3	18	7	14	2
4	12	6	22	4
5	4	10	7	2

该集团的目标为每年红利最少是 800 万元，最低平均增长率为 14%，平均建设期不超过 2.5 年，问该集团应如何安排投资，使投资风险最小？

解：设 x_i 表示第 i 项目的投资额，$i=1,2,3,4,5$。

目标是使投资风险最小化，因此目标函数为

$$\min Z = 0.1x_1 + 0.06x_2 + 0.18x_3 + 0.12x_4 + 0.04x_5$$

约束条件分别为

各项目投资总和为 10000 万元：

$$x_1 + x_2 + x_3 + x_4 + x_5 = 10000$$

所得红利最少为 800 万元：

$$0.05x_1 + 0.08x_2 + 0.07x_3 + 0.06x_4 + 0.1x_5 \geqslant 800$$

增加额不低于 1400 万元：

$$0.1x_1 + 0.17x_2 + 0.14x_3 + 0.22x_4 + 0.07x_5 \geqslant 1400$$

平均建设期不超过 2.5 年：

$$\frac{x_1 + 3x_2 + 2x_3 + 4x_4 + 2x_5}{x_1 + x_2 + x_3 + x_4 + x_5} \leqslant 2.5$$

这是一个非线性约束，将其转化为线性约束：

$$-1.5x_1 + 0.5x_2 - 0.5x_3 + 1.5x_4 - 0.5x_5 \leqslant 0$$

非负约束：

$$x_1, x_2, x_3, x_4, x_5 \geqslant 0$$

数学模型为

$$\min Z = 0.1x_1 + 0.06x_2 + 0.18x_3 + 0.12x_4 + 0.04x_5$$

$$\text{s.t.} \begin{cases} x_1 + x_2 + x_3 + x_4 + x_5 = 10000 \\ 0.05x_1 + 0.08x_2 + 0.07x_3 + 0.06x_4 + 0.1x_5 \geqslant 800 \\ 0.1x_1 + 0.17x_2 + 0.14x_3 + 0.22x_4 + 0.07x_5 \geqslant 1400 \\ -1.5x_1 + 0.5x_2 - 0.5x_3 + 1.5x_4 - 0.5x_5 \leqslant 0 \\ x_1, x_2, x_3, x_4, x_5 \geqslant 0 \end{cases}$$

利用 Excel 线性规划问题求解软件进行求解，可得出结果为

$$x_1 = 0,\ x_2 = 4375,\ x_3 = 3750,\ x_4 = 0,\ x_5 = 1875$$

案例分析 2（配料问题）

某工厂要用 C、P、H 三种原材料混合调出三种不同规格的产品 A、产品 B、产品 D。已知产品的规格要求、产品单价、每天能供应的原材料数量及原材料单价分别如表 1.9、表 1.10 所示。问该厂应如何安排生产，使利润收入最大？

表 1.9　产品的规格要求、产品单价

产品名称	规格要求	单价/(元/千克)
A	原材料 C 不少于 50% 原材料 P 不超过 25%	50
B	原材料 C 不少于 25% 原材料 P 不超过 50%	35
D	不限	25

表 1.10　原材料供应量及原材料单价

原材料名称	每天最大供应量/千克	单价/(元/千克)
C	100	65
P	100	25
H	60	35

解： 设 A_C 表示产品 A 中 C 的成分，用 x_1 表示；
A_P 表示产品 A 中 P 的成分，用 x_2 表示；
A_H 表示产品 A 中 H 的成分，用 x_3 表示；
B_C 表示产品 B 中 C 的成分，用 x_4 表示；
B_P 表示产品 B 中 P 的成分，用 x_5 表示；
B_H 表示产品 B 中 H 的成分，用 x_6 表示；
D_C 表示产品 D 中 C 的成分，用 x_7 表示；
D_P 表示产品 D 中 P 的成分，用 x_8 表示；
D_H 表示产品 D 中 H 的成分，用 x_9 表示；
依条件有

$$A_C \geqslant \frac{1}{2}A; A_P \leqslant \frac{1}{4}A; A_H \geqslant 0, \quad A_C + A_P + A_H = A$$

$$B_C \geqslant \frac{1}{4}B; B_P \leqslant \frac{1}{2}B; B_H \geqslant 0, \quad B_C + B_P + B_H = B$$

由 $A_C \geqslant \dfrac{1}{2}A$ 可得，$A_C \geqslant \dfrac{1}{2}(A_C + A_P + A_H)$ 即

$$-\frac{1}{2}A_C + \frac{1}{2}A_P + \frac{1}{2}A_H \leqslant 0$$

同理可得

$$-\frac{1}{4}A_C + \frac{3}{4}A_P - \frac{1}{4}A_H \leqslant 0$$

$$-\frac{3}{4}B_C + \frac{1}{4}B_P + \frac{1}{4}B_H \leqslant 0$$

$$-\frac{1}{2}B_C + \frac{1}{2}B_P - \frac{1}{2}B_H \leqslant 0$$

又由于原材料总限额已给定，加入产品 A、产品 B、产品 D 的原材料 C 总量每天不超过 100 千克，原材料 P 总量每天不超过 100 千克，原材料 H 总量每天不超过 60 千克。由此有

$$A_C + B_C + D_C \leqslant 100$$
$$A_P + B_P + D_P \leqslant 100$$
$$A_H + B_H + D_H \leqslant 60$$

由于目的是使利润最大，即产品价格减去原材料的价格为最大。

产品的价格为

对于产品 A	$50(A_C + A_P + A_H) = 50(x_1 + x_2 + x_3)$	
对于产品 B	$35(B_C + B_P + B_H) = 35(x_4 + x_5 + x_6)$	
对于产品 D	$25(D_C + D_P + D_H) = 25(x_7 + x_8 + x_9)$	

原材料价格为

对于原材料 C	$65(A_C + B_C + D_C) = 65(x_1 + x_4 + x_7)$	
对于原材料 P	$25(A_P + B_P + D_P) = 25(x_2 + x_5 + x_8)$	
对于原材料 H	$35(A_H + B_H + D_H) = 35(x_3 + x_6 + x_9)$	

目标函数：

$$\begin{aligned}
\max Z &= 50(x_1 + x_2 + x_3) + 35(x_4 + x_5 + x_6) + 25(x_7 + x_8 + x_9) - 65(x_1 + x_4 + x_7) \\
&\quad - 25(x_2 + x_5 + x_8) - 35(x_3 + x_6 + x_9) \\
&= -15x_1 + 25x_2 + 15x_3 - 30x_4 + 10x_5 + 0x_6 - 40x_7 + 0x_8 - 10x_9
\end{aligned}$$

约束条件：

$$\begin{cases}
-\dfrac{1}{2}x_1 + \dfrac{1}{2}x_2 + \dfrac{1}{2}x_3 \leqslant 0 \\[2mm]
-\dfrac{1}{4}x_1 + \dfrac{3}{4}x_2 - \dfrac{1}{4}x_3 \leqslant 0 \\[2mm]
-\dfrac{3}{4}x_4 + \dfrac{1}{4}x_5 + \dfrac{1}{4}x_6 \leqslant 0 \\[2mm]
-\dfrac{1}{2}x_4 + \dfrac{1}{2}x_5 - \dfrac{1}{2}x_6 \leqslant 0 \\[2mm]
x_1 + x_4 + x_7 \leqslant 100 \\[1mm]
x_2 + x_5 + x_8 \leqslant 100 \\[1mm]
x_3 + x_6 + x_9 \leqslant 60 \\[1mm]
x_1, \cdots, x_9 \geqslant 0
\end{cases}$$

上述数学模型，利用 Excel 线性规划问题求解软件进行求解，可得出结果为每天只生产 200 千克产品 A，分别需要用 100 千克原材料 C、50 千克原材料 P、50 千克原材料 H。总利润收入是 $Z=500$ 元/天。

案例分析 3（连续投资问题）

某部门在今后五年内考虑给下列项目投资，已知

项目 A：从第一年到第四年每年年初需要投资，并于次年年末回收本利 115%；

项目 B：第三年年初需要投资，到第五年年末能回收本利 125%，但规定最大投资额不超过 4 万元；

项目 C：第二年年初需要投资，到第五年年末能回收本利 140%，但规定最大投资额不超过 3 万元；

项目 D：五年内每年年初可购买公债，于当年年末归还，并加利息 6%。

已知该部门现有资金 10 万元，问如何确定给这些项目每年的投资额，使到第五年年末拥有资金的本利总额最大？

解：(1) 确定变量。

这是一个连续投资问题，与时间有关。但这里设法用线性规划方法静态处理。设：

x_{iA}：表示第 i 年年初给项目 A 的投资额，$i=1,\cdots,5$；

x_{iB}：表示第 i 年年初给项目 B 的投资额，$i=1,\cdots,5$；

x_{iC}：表示第 i 年年初给项目 C 的投资额，$i=1,\cdots,5$；

x_{iD}：表示第 i 年年初给项目 D 的投资额，$i=1,\cdots,5$；

它们都是待定的未知变量。

(2) 投资额应等于手中拥有的资金额。

由于项目 D 每年都可以投资，并且当年末即可收回本息，所以该部门每年应把资金全部投出，手中不应当有剩余的呆滞资金。

因此有

$$\begin{cases} x_{1A} + x_{1D} = 100000 \\ x_{2A} + x_{2C} + x_{2D} = 1.06x_{1D} \\ x_{3A} + x_{3B} + x_{3D} = 1.15x_{1A} + 1.06x_{2D} \\ x_{4A} + x_{4D} = 1.15x_{2A} + 1.06x_{3D} \\ x_{5D} = 1.15x_{3A} + 1.06x_{4D} \end{cases}$$

(3) 目标函数。

目标要求是在第五年年末该部门手中拥有的资金额达到最大。这个目标函数可表示为

$$\max Z = 1.15x_{4A} + 1.25x_{3B} + 1.40x_{2C} + 1.06x_{5D}$$

(4) 数学模型。

$$\max Z = 1.15x_{4A} + 1.25x_{3B} + 1.40x_{2C} + 1.06x_{5D}$$

$$\text{s.t.}\begin{cases} x_{1A} + x_{1D} = 100000 \\ -1.06x_{1D} + x_{2A} + x_{2C} + x_{2D} = 0 \\ -1.15x_{1A} - 1.06x_{2D} + x_{3A} + x_{3B} + x_{3D} = 0 \\ -1.15x_{2A} - 1.06x_{3D} + x_{4A} + x_{4D} = 0 \\ -1.15x_{3A} - 1.06x_{4D} + x_{5D} = 0 \\ x_{2C} \leqslant 30000 \\ x_{3B} \leqslant 40000 \\ x_{iA}, x_{iB}, x_{iC}, x_{iD} \geqslant 0 \ (i = 1, \cdots, 5) \end{cases}$$

(5) 利用 Excel 线性规划问题求解软件进行求解，可得计算结果为 $x_{1A} = 34783$，$x_{1D} = 65217$，$x_{2A} = 39130$，$x_{2C} = 30000$，$x_{2D} = 0$，$x_{3A} = 0$，$x_{3B} = 40000$，$x_{3D} = 0$，$x_{4A} = 45000$，$x_{4D} = 0$，$x_{5D} = 0$，到第五年年末该部门拥有资金总额为 143750 元，即盈利 43.75%。

案例分析 4（生产计划安排问题）

某厂生产 Ⅰ、Ⅱ、Ⅲ 三种产品，每种产品要经过 A、B 两道工序加工。设该厂有两种规格的设备能完成 A 工序，它们以 A_1、A_2 表示；有三种规格的设备能完成 B 工序，它们以 B_1、B_2、B_3 表示。产品 Ⅰ 可在 A、B 任何一种规格的设备上加工；产品 Ⅱ 可在任何规格的 A 设备上加工，但在完成 B 工序时，只能在 B_1 设备上加工；产品 Ⅲ 只能在 A_2 与 B_2 设备上加工。已知在各种机床设备的单件工时、原材料费、产品销售价格、各种设备的有效台时以及满负荷操作时机床设备的费用如表 1.11 所示，要求安排最优的生产计划，使该厂的利润最大。

表 1.11　各种设备的有效台时以及满负荷操作时机床设备的费用

产品设备	产品			设备有效台时/小时	满负荷操作时机床设备的费用/元
	Ⅰ	Ⅱ	Ⅲ		
A_1	5	10	—	6000	300
A_2	7	9	12	10000	321
B_1	6	8	—	4000	250
B_2	4	—	11	7000	783
B_3	7	—	—	4000	200
原材料费/(元/件)	0.25	0.35	0.50		
单价/(元/件)	1.25	2.00	2.80		

解：首先列出所有可能生产产品 Ⅰ、Ⅱ、Ⅲ 的工序组合形式，并假设按各种工序的组合形式进行生产的产量。具体如下：

按 (A_1, B_1) 组合方式生产产品 Ⅰ，其产量设为 x_1；

按 (A_1, B_2) 组合方式生产产品 Ⅰ，其产量设为 x_2；

按 (A_1, B_3) 组合方式生产产品 Ⅰ，其产量设为 x_3；

按 (A_2, B_1) 组合方式生产产品 Ⅰ，其产量设为 x_4；

按(A_2,B_2)组合方式生产产品Ⅰ，其产量设为x_5；

按(A_2,B_3)组合方式生产产品Ⅰ，其产量设为x_6；

按(A_1,B_1)组合方式生产产品Ⅱ，其产量设为x_7；

按(A_2,B_1)组合方式生产产品Ⅱ，其产量设为x_8；

按(A_2,B_2)组合方式生产产品Ⅲ，其产量设为x_9；

目标函数应为

$$\max Z = (1.25-0.25)(x_1+\cdots+x_6)+(2.00-0.35)(x_7+x_8)+(2.80-0.50)x_9$$
$$-\frac{300}{6000}[5(x_1+x_2+x_3)+10x_7]-\frac{321}{1000}[7(x_4+x_5+x_6)+9x_8+12x_9]$$
$$-\frac{250}{4000}[6(x_1+x_4)+8(x_7+x_8)]+\frac{780}{7000}[4(x_2+x_5)+11x_9]-\frac{200}{4000}7(x_3+x_6)$$

整理即可得出所求的线性规划数学模型为

$$\max Z = 0.37x_1+0.31x_2+0.40x_3+0.34x_4+0.34x_5+0.43x_6+0.65x_7+0.86x_8+0.68x_9$$

设备A_1台时约束：$5(x_1+x_2+x_3)+10x_7 \leqslant 6000$

设备A_2台时约束：$7(x_4+x_5+x_6)+9x_8+12x_9 \leqslant 10000$

设备B_1台时约束：$6(x_1+x_4)+8(x_7+x_8)\leqslant 4000$

设备B_2台时约束：$4(x_2+x_5)+11x_9 \leqslant 7000$

设备B_3台时约束：$7(x_3+x_6)\leqslant 4000$

决策变量的非负约束：$x_j \geqslant 0,\quad j=1,\cdots,9$

利用 Excel 线性规划问题求解软件进行求解，可得计算结果为

$$x_1=0,x_2=1200,x_3=0,x_4=0,x_5=214.2857,x_6=571.4286,x_7=0,x_8=500,x_9=0$$
$$Z=1120.57$$

案例分析 5（人力资源分配问题）

某昼夜服务的公交公司的公交线路每天各时段内所需司机和乘务人员如表 1.12 所示。

表 1.12　各时段内所需司机和乘务人员

班次	时间	所需人数
1	6:00—10:00	60
2	10:00—14:00	70
3	14:00—18:00	60
4	18:00—22:00	50
5	22:00—2:00	20
6	2:00—6:00	30

设司机和乘务人员分别在各时间段开始时上班，并连续工作 8 小时。

问题：该公司公交线路应如何安排司机和乘务人员，既能满足工作需要，又能使配备

的司机和乘务人员的人数最少？

解：设 x_i 表示第 i 班次开始上班的司机和乘务人员人数，已知在第 i 班次工作的人数应包括第 $i-1$ 班次开始上班的人数和第 i 班次开始上班的人数，如 $x_1 + x_2 \geqslant 70$，又要求这六个班次开始上班的人数最少，即可以建立如下的数学模型：

$$\min Z = x_1 + x_2 + x_3 + x_4 + x_5 + x_6$$

$$\text{s.t.} \begin{cases} x_1 + x_2 \geqslant 70 \\ x_2 + x_3 \geqslant 60 \\ x_3 + x_4 \geqslant 50 \\ x_4 + x_5 \geqslant 20 \\ x_5 + x_6 \geqslant 30 \\ x_1 + x_6 \geqslant 60 \\ x_1, x_2, x_3, x_4, x_5, x_6 \geqslant 0 \end{cases}$$

利用 Excel 线性规划问题求解软件进行求解，可得计算出结果为

$$x_1 = 50, x_2 = 20, x_3 = 50, x_4 = 0, x_5 = 20, x_6 = 10$$

或

$$x_1 = 50, x_2 = 20, x_3 = 40, x_4 = 10, x_5 = 10, x_6 = 20$$

一共需要司机和乘务人员 150 人。

1.8 案例讨论

案例讨论 1：生产方案的制订

已知某企业计划生产 A、B、C 三种产品，其资源消耗与利润如表 1.13 所示。

表 1.13 某企业产品生产的资源消耗与利润

	产品 A	产品 B	产品 C	资源量/吨
资源甲/吨	1	1	3	20
资源乙/吨	12	4	10	90
利润/万元	5	5	13	

问：（1）如何安排产品产量，可获最大利润？

（2）资源甲资源量由 20 吨变为 30 吨时，其生产方案如何？

（3）资源乙资源量由 90 吨变为 70 吨时，其生产方案如何？

（4）产品 C 单位产品利润由 13 万元变为 8 万元时，其生产方案如何？

（5）生产产品 A 的资源消耗由 $(1, 12)^{\mathrm{T}}$ 变为 $(2, 5)^{\mathrm{T}}$ 时，其生产方案如何？

（6）如果生产 A、B、C 三种产品还需要消耗资源丙，其生产 A、B、C 三种产品分别需要消耗资源丙 2 吨、3 吨、5 吨，资源丙的资源量为 50 吨，其生产方案如何？

案例讨论 2：经理会议的建议分析

已知某企业计划生产 A、B、C 三种产品，在设备 B1、B2 上生产，并消耗 C1、C2 两种原材料。已知生产单位产品消耗的工时、设备和原材料的每天最多可使用量如表 1.14 所示。

表 1.14　生产三种产品的相关数据

	产品 A	产品 B	产品 C	每天最多可使用量
设备 B1/分钟	1	2	1	430
设备 B2/分钟	3	0	2	460
原材料 C1/千克	1	4	0	420
原材料 C2/千克	1	1	1	300
利润/元	30	20	50	

已知每天生产的产品 B 不低于 70 件，产品 C 不超过 240 件，经理会议为增加公司收入，提出如下建议：

(1) 产品 C 提价，单位产品利润由 50 元增至 60 元，但市场销售量下降为 210 件；

(2) 原材料 C2 是限制产量增加的因素之一，如果通过其他供应商提供补充，每千克的价格比原供应商高 20 元；

(3) 设备 B1、B2 每天可以各增加 20 小时的使用时间，但需要额外支付费用各 350 元；

(4) 产品 B 的需求每天增加到 100 件；

(5) 产品 A 在设备 B2 上的加工时间可缩短到 2 分钟，但每天需要额外多支付费用 40 元；

分别讨论以上各建议的可行性。

案例讨论 3：奶制品加工

某奶制品加工厂用牛奶生产 A1、A2 两种初级奶制品，它们可以直接出售，也可以分别深加工成 B1、B2 两种高级奶制品再出售。按目前技术每桶牛奶可加工成 2 千克 A1 和 3 千克 A2，每桶牛奶的买入价为 10 元，加工费为 5 元，加工时间为 15 小时。每千克 A1 可深加工成 0.8 千克 B1，加工费为 4 元，加工时间为 12 小时；每千克 A2 可深加工成 0.7 千克 B2，加工费为 3 元，加工时间为 10 小时；初级奶制品 A1、A2 的售价分别为每千克 10 元和每千克 9 元，高级奶制品 B1、B2 的售价分别为每千克 30 元和每千克 20 元，工厂现有的加工能力每周总共 2000 小时，根据市场状况，高级奶制品的需求量占全部奶制品需求量的 20% 至 40%。试在供需平衡条件下为该厂制订(一周的)生产计划，使利润最大，并进一步讨论如下问题：

(1) 拨一笔资金用于技术革新，据估计可实现下列革新中的某一项：总加工能力提高 10%，各项加工费用均减少 10%；初级奶制品 A1、A2 的产量提高 10%；高级奶制品 B1、B2 的产量提高 10%。问应将资金用于哪一项革新，这笔资金的上限(对于一周而言)应为多少？

(2) 该厂的技术人员又提出一项技术革新，将原来的每桶牛奶可加工成 2 千克 A1 和 3

千克 A2，变为每桶牛奶可加工成 4 千克 A1 或者 6 千克 A2。设原题目给的其他条件都不变，问是否采用这项革新，若采用，生产计划如何？

案例讨论 4：动物饲料配制

有一家动物饲料生产有限公司要生产两种类型的动物饲料：粉状饲料和颗粒状饲料。生产这些饲料所需的原材料有燕麦、玉米和糖渣。首先需要将燕麦和玉米磨碎，糖渣不需要磨碎；然后将所有原材料混合形成饲料产品。在最后一道生产工序中，需要将半成品制成粉状饲料和颗粒状饲料，从而得到最终产品。

每种饲料产品都需要满足一些营养成分需求，如表 1.15 列出了原材料含有的和最终产品要求的蛋白质、脂肪和纤维素含量百分比，各种原材料的可用量也有限制。如表 1.16 列出了每天各种原材料的可用量以及对应的价格。如表 1.17 列出了各道工序的成本。

表 1.15　营养成分含量百分比　　　　　　　　单位：%

原材料	蛋白质	脂肪	纤维素
燕麦	13.6	7.1	7
玉米	4.1	2.4	3.7
糖渣	5	0.3	25
要求含量	≥9.5	≥2	≤6

表 1.16　原材料的可用量与价格

原材料	可用量/千克	价格/(元/千克)
燕麦	11900	1.3
玉米	23500	1.7
糖渣	750	1.2

表 1.17　加工成本　　　　　　　　单位：万元

磨碎	混合	结粒	筛粉
2.5	0.5	4.2	1.7

问：如果每天需求量为 9 吨颗粒状饲料，12 吨粉状饲料，则各种原材料应分别使用多少，怎样混合才能够使总成本最低？

案例讨论 5：生产战略

某健身公司在某自由港设有一个生产厂，最近公司设计了两种适合各种体型的家庭健身器材。这两种器材都使用了 Better 塑形专利技术，大大增加了健身者的活动范围，可以满足各种运动动作的需要。目前这种功能只有昂贵笨重的物理理疗器才具有。

在最近的贸易展览会上，由于这种器材的参与，公司的收效显著。事实上，订单要求的生产数量已经大大超过了公司现阶段的生产能力。于是公司的管理层决定生产这两种器材，分别叫贝贝加 100 型和贝贝加 200 型，这两种器材是由不同的原材料生产出来的。

贝贝加 100 型由一个框架单元、压力源和 pec-dec 源组成。制造每个框架单元需要用 4 个小时制形和焊接，2 个小时进行喷漆和成型。每个压力源需要 2 个小时制形和焊接，1

个小时进行喷漆和成型。每个 pec-dec 源需要 2 个小时制形和焊接，2 个小时进行喷漆和成型。此外对于每个贝贝加 100 型器材，还需要 2 个小时进行装配、调试和包装。框架单元的原材料价格是 450 元，压力源的原材料价格是 300 元，pec-dec 源的原材料价格是 250 元，包装的成本预算是每台 50 元。

贝贝加 200 型由一个框架单元、压力源、pec-dec 源和腿压源组成。制造每个框架单元需要用 5 个小时制形和焊接，4 个小时进行喷漆和成型。每个压力源需要 3 个小时制形和焊接，2 个小时进行喷漆和成型。每个 pec-dec 源需要 2 个小时制形和焊接，2 个小时进行喷漆和成型。每个腿压源需要用 2 个小时制形和焊接，2 个小时进行喷漆和成型。此外对于每个贝贝加 200 型器材，还需要 2 个小时进行装配、调试和包装。框架单元的原材料价格是 650 元，压力源的原材料价格是 450 元，pec-dec 源的原材料价格是 250 元，腿压源的原材料价格是 200 元，包装的成本预算是每台 75 元。

预计在下一个生产周期里，制形和焊接的可用时间是 600 小时，喷漆和成型的可用时间是 450 小时，装配、调试和包装的可用时间是 140 小时。现在制形和焊接的劳动力费用是每小时 20 元，喷漆和成型的劳动力费用是每小时 15 元，装配、调试和包装的劳动力费用是每小时 12 元。虽然公司是唯一能够生产这种器械的公司，但在市场上仍有竞争，预计贝贝加 100 型的市场价是 2400 元，贝贝加 200 型的市场价是 3500 元。公司正式委托的零售商可以以 70% 的市场价格进货。

该健身公司的老板相信贝贝加 200 型的独特魅力可以帮助公司成为行业的领先者。因此他设置贝贝加 200 型的产品生产量必须至少占总产量的 25%。

问题：

(1) 建议贝贝加 200 型和贝贝加 100 型运动器材各应该生产多少？

(2) 贝贝加 200 型器材至少要占总产量的 25% 这个要求会对利润产生什么影响？

(3) 为了增加利润还应该做什么努力？

案例讨论 6：某印染公司应如何合理使用技术培训费

1. 问题的提出

为适应现代科学技术的发展，提高工人的技术水平，公司必须下功夫搞好职工的技术培训工作，通过提高技术工人的水平，提高产品质量，获取最大的经济效益。因此要对可利用的有限资金进行合理的分配与利用，这就需要对智力投资的资金进行规划。

2. 有关数据

某印染公司需要的技术工人分为初级、中级和高级三个层次。统计资料显示：培养出来的每个初级工每年可为公司增加产值 1 万元，每个中级工每年可为公司增加产值 4 万元，每个高级工每年可为公司增加产值 5.5 万元。

公司计划在今后三年中拨出 150 万元作为培训费，其中第一年投资 55 万元，第二年投资 45 万元，第三年投资 50 万元。

通过公司过去培养初级工、中级工和高级工的经验，预计培养一名初级工，在高中毕业后需要一年，费用为 1000 元；培养一名中级工，在高中毕业后需要三年，第一年和第二年费用各为3000元，第三年的费用为1000元；培养一名高级工，在高中毕业后也需要三年，第一年的费用为3000元，第二年的费用为2000元，第三年的费用为4000元。

目前公司共有初级工226人，中级工560人，高级工496人。若通过提高目前技术工人的水平来增加中级工和高级工的人数，其培养时间和培养费用分别是由初级工培养为中级工，需要一年时间，费用为2800元；由初级工直接培养为高级工需要两年时间，第一年的费用为2000元，第二年的费用为3200元；由中级工培养为高级工需要一年时间，费用为3600元。

由于目前公司的师资力量不足，教学环境有限，每年可培养的职工人数受到一定限制。根据目前情况，每年在培的初级工不超过90人，在培的中级工不超过80人，在培的高级工不超过80人。

问题：为了利用有限的职工培训费培养更多的技术工人，并为公司创造更大的经济效益，要确定直接由高中毕业培养为初级工、中级工和高级工的人数为多少，通过提高目前技术工人的水平来增加中级工和高级工的初级工和中级工分别为多少，才能使企业增加的产值最多。

案例讨论7：北方化工厂月生产计划安排

1．问题的提出

根据经营现状和目标，合理制订生产计划和有效组织生产，是一个企业提高效益的核心，特别是对于一个化工厂而言，由于其原材料品种多，生产工艺复杂，原材料和成品储存费用较高，并有一定的危险性，所以对其生产计划做出合理安排就显得尤为重要。

现要求对北方化工厂的生产计划做出合理安排。

2．有关数据

（1）生产概况。

北方化工厂现有两套生产线，每套生产线容量为800千克，该厂每天24小时连续生产，从原材料投入到产品出线平均需要10小时，成品率约为60%，该厂有4吨容量的卡车一辆，可供原材料运输。

（2）产品结构及有关资料。

该厂目前的产品可分为五类，所有原材料共15种，根据厂方提供的资料，经整理如表1.18所示。

表1.18　各种产品含量及原材料价格、产品价格

	产品1/%	产品2/%	产品3/%	产品4/%	产品5/%	原材料价格/(元/千克)
原材料1	47.1	44.4	47.0	47.1	44.4	5.71
原材料2	19.2	19.7	20.3	19.7	19.2	0.45
原材料3	9.4	5.4	4.5	1.7	8.6	0.215
原材料4	5.5	18.7	20.7	1.9	19.7	0.8
原材料5	4.0	7.0	6.2	6.1	6.3	0.165
原材料6		0.2	0.6	13.9		4.5
原材料7	12.0	3.0				1.45

	产品 1/%	产品 2/%	产品 3/%	产品 4/%	产品 5/%	原材料价格/(元/千克)
原材料 8					0.1	16.8
原材料 9	0.7	1.6	0.6			0.45
原材料 10				5.8		1.5
原材料 11				2.5		52.49
原材料 12				0.3		1.2
原材料 13					1.3	1.45
原材料 14	2.1			1.0	0.4	1.8
原材料 15			0.1			11.4
产品价格/(元/千克)	7.5	8.95	8.3	31.8	9.8	

(3) 供销情况。

① 根据现有运输条件, 原材料 3 从外地购入, 每月只能购入一车;

② 根据前几个月的供销情况, 产品 1 和产品 3 应占总产量的 70%, 产品 2 的产量最好但不超过总产量的 5%, 产品 1 的产量不低于产品 3 和产品 4 的产量之和。

问题:

① 请制订该厂的月生产计划, 使得该厂的总利润最高。

② 找出阻碍该厂提高生产能力的瓶颈问题, 提出解决办法。

复习思考题

1. 试述线性规划的标准型需要满足的条件。

2. 试述线性规划图解法的基本步骤。

3. 简单叙述线性规划可行域的顶点与基本可行解之间的对应关系。

4. 试述单纯形算法的基本思想。

5. 试述线性规划问题最优解定理。

6. 试述影子价格的经济意义。

7. 某工厂准备生产三种型号的产品, 每种型号产品所消耗的材料、工时及销售利润如表 1.19 所示。

表 1.19　资源消耗及销售利润表

项目内容	产品型号		
	A	B	C
工时/(小时/件)	7	3	6
材料/(千克/件)	40	40	50
销售利润/(元/件)	40	20	30

工厂每天只能保证供应 2000 千克材料, 能利用的劳动力最多为 150 人(按每天每人工

作 8 小时计），为使该工厂利润最大化，每天应生产 A、B、C 三种型号的产品各多少件？试建立这个问题的数学模型。

8．某工厂准备将 30 万元现金进行债券投资，经咨询，现有五种债券是较好的投资对象，分别称为债券 1、债券 2、债券 3、债券 4、债券 5，它们的投资回报率如表 1.20 所示。为了减少投资风险，要求对债券 1、债券 2 的投资不超过 18 万元，对债券 3、债券 4 的投资不超过 12 万元，其中对债券 2 的投资不超过对债券 1、债券 2 投资的 65%，对债券 5 的投资不低于对债券 1、债券 2 投资的 20%。问该公司应如何投资，在满足以上要求的前提下使得总回报额最高？试建立这个问题的数学模型。

表 1.20　五种债券投资回报率

债券名称	债券 1	债券 2	债券 3	债券 4	债券 5
投资回报率/%	0.065	0.090	0.045	0.055	0.050

9．某公司是一家生产乳制品的公司，生产的产品有三种，即儿童奶粉、鲜牛奶和成人奶粉。由于近几年产品市场占有率不断下降，公司管理层希望通过一系列的促销措施来提高产品的市场占有率。具体要求如下：

(1)希望儿童奶粉市场占有率提高 8%；

(2)希望鲜牛奶市场占有率提高 13%；

(3)希望成人奶粉市场占有率提高 6%；

公司的促销措施有三种，即广播广告、电视广告和印刷媒体广告。通过调研或估算，每种促销措施(每单位)增加各种产品的市场占有率和单位成本如表 1.21 所示，最后一行表示各种促销措施的单位成本。

管理层的目的是以最小的总促销成本来提高各种产品的市场占有率。试建立其数学模型。

表 1.21　每单位各种促销措施增加产品市场占有率

产品	促销措施			市场占有率提高/%
	广播广告	电视广告	印刷媒体广告	
儿童奶粉	1	3	2	8
鲜牛奶	2	1	3	13
成人奶粉	2	0	2	6
单位成本/元	100	210	180	

10．将下述线性规划化为标准形式。

(1)
$$\max Z = x_1 + 2x_2 + 4x_3$$

$$\text{s.t.} \begin{cases} 2x_1 + x_2 - x_3 \leq 9 \\ -3x_1 + x_2 + 4x_3 \geq 25 \\ 4x_1 + x_2 - 4x_3 = -30 \\ x_1 \leq 0, x_2 \geq 0, x_3 取值无约束 \end{cases}$$

(2)
$$\min Z = x_1 + 2x_2 + 4x_3$$

$$\text{s.t.} \begin{cases} -3x_1 + 2x_2 + 2x_3 \leqslant 19 \\ -4x_1 + 3x_2 + 4x_3 \geqslant 14 \\ 5x_1 - 2x_2 - 4x_3 = -26 \\ x_1 \leqslant 0, x_2 \geqslant 0, x_3 取值无约束 \end{cases}$$

(3)
$$\max Z = x_1 + x_2$$

$$\text{s.t.} \begin{cases} 2x_1 + 3x_2 \leqslant 6 \\ x_1 + 7x_2 \geqslant 4 \\ 2x_1 - x_2 = 3 \\ x_1 \geqslant 0, x_2 取值无约束 \end{cases}$$

11. 用图解法求解下列线性规划问题。

(1)
$$\max Z = 8x_1 + 5x_2$$

$$\text{s.t.} \begin{cases} 8x_1 + 4x_2 \geqslant 20 \\ 3x_1 + 6x_2 \geqslant 18 \\ x_1 + 5x_2 \leqslant 16 \\ x_1, x_2 \geqslant 0 \end{cases}$$

(2)
$$\max Z = 42x_1 + 3x_2$$

$$\text{s.t.} \begin{cases} 2x_2 \leqslant 8 \\ x_1 \leqslant 6 \\ 2x_1 + 3x_2 \leqslant 18 \\ x_1, x_2 \geqslant 0 \end{cases}$$

12. 用单纯形算法求解下列线性规划问题。

(1)
$$\min Z = 5x_1 - 2x_2 + 3x_3 + 2x_4$$

$$\text{s.t.} \begin{cases} x_1 + 2x_2 + 3x_3 + 4x_4 \leqslant 7 \\ 2x_1 + 2x_2 + x_3 + 2x_4 \leqslant 3 \\ x_1, x_2, x_3, x_4 \geqslant 0 \end{cases}$$

(2)
$$\max Z = 2x_1 - x_2 + x_3$$

$$\text{s.t.} \begin{cases} 3x_1 + x_2 + x_3 \leqslant 60 \\ x_1 - x_2 + 2x_3 \leqslant 10 \\ x_1 + x_2 - 2x_3 \leqslant 20 \\ x_1, x_2, x_3 \geqslant 0 \end{cases}$$

13．用 Excel 表求解下列线性规划问题。

(1)
$$\min Z = 4x_1 + x_2$$

$$\text{s.t.} \begin{cases} 3x_1 + x_2 \leqslant 3 \\ 4x_1 + 3x_2 - x_3 \leqslant 6 \\ x_1 + 2x_2 + x_4 \leqslant 4 \\ x_1, x_2, x_3, x_4 \geqslant 0 \end{cases}$$

(2)
$$\max Z = 10x_1 + 15x_2 + 12x_3$$

$$\text{s.t.} \begin{cases} 5x_1 + 3x_2 + x_3 \leqslant 9 \\ -5x_1 + 6x_2 + 15x_3 \leqslant 15 \\ 2x_1 + x_2 + x_3 \geqslant 5 \\ x_1, x_2, x_3 \geqslant 0 \end{cases}$$

14．已知线性规划问题

$$\max Z = 4x_1 + x_2 + 2x_3$$

$$\text{s.t.} \begin{cases} 8x_1 + 3x_2 + x_3 \leqslant 2 \\ 6x_1 + x_2 + x_3 \leqslant 8 \\ x_1, x_2, x_3 \geqslant 0 \end{cases}$$

(1)用 Excel 表求解线性规划问题的最优解；

(2)在最优解的条件下，确定 x_1, x_3 目标函数系数的变化范围。

15．已知 Excel 求解线性规划的"敏感性报告"如下：

可变单元格

单元格	名称	终值	递减成本	目标式系数	允许的增量	允许的减量
B6	产品 A	4	0	4	3	2
C6	产品 B	3	0	5	7	4
D6	产品 C	0	−3	2	1E+30	1

约束

单元格	名字	终值	阴影价格	约束限制值	允许的增量	允许的减量
E2	原材料 A	19	3	21	5	8
E3	原材料 B	26	4	28	6	6
E4	原材料 C	13	0	13	1E+30	3

求：

(1)该线性规划的最优解及最优值；

(2)产品 A 的目标函数的系数在什么范围变化时最优解不变；

(3)原材料 B 增加 3 个单位，最优目标函数值是多少。

16．已知线性规划问题

$$\max Z = -5x_1 + 5x_2 + 13x_3$$

$$\text{s.t.} \begin{cases} -x_1 + x_2 + 3x_3 \leqslant 20 \\ 12x_1 + 4x_2 + 10x_3 \leqslant 90 \\ x_1, x_2, x_3 \geqslant 0 \end{cases}$$

用 Excel 表求解线性规划问题的最优解，分析在下列条件下，最优解分别有什么变化：

(1) 第一个约束条件右端的常数项由 20 变为 30；

(2) 第二个约束条件右端的常数项由 90 变为 70；

(3) 目标函数中 x_3 的系数由 13 变为 8；

(4) x_1 的系数列向量由 $(-1,12)^{\mathrm{T}}$ 变为 $(0,5)^{\mathrm{T}}$；

(5) 增加一个约束条件 $2x_1 + 3x_2 + 5x_3 \leqslant 50$。

第 2 章

运 输 问 题

在实际工作中，往往碰到一些特殊的线性规划问题，它们约束条件的系数矩阵具有特殊结构，这就有可能找到比单纯形算法更为简单的求解方法，从而节约大量的计算时间和相关费用。本章所要讨论的运输问题就属于这样一类特殊的线性规划问题。

在日常生产和经营管理过程中，常常遇到这样一类问题：公司有若干生产单位与销售单位，已知各生产单位的生产量及销售单位的销售量，并且知道各生产单位到各销售单位之间的运输单价，问该公司应如何将产品运到各销售单位而使总的运输费用最小。

2.1 运输问题的数学模型

例 2.1 某公司有三个生产同类产品的生产地点(以下称为产地)，运往四个销售地(以下称为销地)销售，各产地的生产量、各销地的销售量以及各产地到各销地的单位产品运价如表 2.1 所示。问该公司应如何调运产品，在满足各销地需求量的前提下，使总运费最小。

表 2.1 各产地和销地信息

地点	产地到销地的单位产品运价/元				生产量/吨
	B_1 销地	B_2 销地	B_3 销地	B_4 销地	
A_1 产地	3	11	3	10	7
A_2 产地	1	9	2	8	4
A_3 产地	7	4	10	5	9
销售量/吨	3	6	5	6	

可见，运输问题就是解决如何把某种产品从若干产地调运到若干销地，在每个产地的生产量和每个销地的销售量已知及各地之间运输单价已知的前提下，如何调运使得运输费用最小。

假设 x_{ij} 表示从 A_i 地点到 B_j 地点的调运量，Z 表示运输费用，得到其数学模型：

$$\min Z = 3x_{11} + 11x_{12} + 3x_{13} + 10x_{14} + x_{21} + 9x_{22} + 2x_{23} + 8x_{24} + 7x_{31} + 4x_{32} + 10x_{33} + 5x_{34}$$

$$\text{s.t.} \begin{cases} \sum_{i=1}^{3} x_{i1} = 3 & (1) \\ \sum_{i=1}^{3} x_{i2} = 6 & (2) \\ \sum_{i=1}^{3} x_{i3} = 5 & (3) \\ \sum_{i=1}^{3} x_{i4} = 6 & (4) \\ \sum_{j=1}^{4} x_{1j} = 7 & (5) \\ \sum_{j=1}^{4} x_{2j} = 4 & (6) \\ \sum_{j=1}^{4} x_{3j} = 9 & (7) \\ x_{ij} \geq 0 \ (i=1,2,3; \ j=1,2,3,4) & (8) \end{cases}$$

在该模型中，目标函数要求其极小化；前四个约束条件的意义是由各产地运往某一销地的物品数量之和等于该销地的销售量；(5)(6)(7)这三个约束条件表示由某一产地运往各销地的物品数量之和等于该产地的生产量；最后一个约束条件表示决策变量的非负条件。

由此可见运输问题是一种线性规划问题。

对于一般情况下，假设有 m 个产地，可以供应某种物资，用 A_i 表示，$i=1,2,\cdots,m$；有 n 个销地，用 B_j 表示，$j=1,2,\cdots,n$；产地的生产量和销地的销售量分别为 $a_i(i=1,2,\cdots,m)$ 和 $b_j(j=1,2,\cdots,n)$，从 A_i 到 B_j 运输单位物资的运价为 c_{ij}，这些数据可汇总于表 2.2。

表 2.2　各产地和销地信息

地点	产地到销地的单位产品运价/元				生产量/吨
	B_1 销地	B_2 销地	...	B_n 销地	
A_1 产地	c_{11}	c_{12}	...	c_{1n}	a_1
A_2 产地	c_{21}	c_{22}	...	c_{2n}	a_2
...	...	...	...	...	...
A_m 产地	c_{m1}	c_{m2}	...	c_{mn}	a_m
销售量/吨	b_1	b_2	...	b_n	

如果运输问题的总生产量等于其总销售量，即

$$\sum_{i=1}^{m} a_i = \sum_{j=1}^{n} b_j$$

则称该运输问题为产销平衡运输问题；反之，称为产销不平衡运输问题。

下面建立在产销平衡情况下运输问题的数学模型。

假设 x_{ij} 表示从 A_i 到 B_j 的运量，则所求的数学模型为

$$\min Z = \sum_{i=1}^{m} \sum_{j=1}^{n} c_{ij} x_{ij}$$

$$\text{s.t.} \begin{cases} \sum_{i=1}^{m} x_{ij} = b_j \ (j = 1, 2, \cdots, n) \\ \sum_{j=1}^{n} x_{ij} = a_i \ (i = 1, 2, \cdots, m) \\ x_{ij} \geqslant 0 \ (i = 1, 2, \cdots, m; j = 1, 2, \cdots, n) \end{cases}$$

下面建立在产销不平衡情况下运输问题的数学模型。

当产大于销时，即 $\sum_{i=1}^{m} a_i > \sum_{j=1}^{n} b_j$ 时，运输问题的数学模型可以写成

$$\min Z = \sum_{i=1}^{m} \sum_{j=1}^{n} c_{ij} x_{ij}$$

$$\text{s.t.} \begin{cases} \sum_{i=1}^{m} x_{ij} = b_j \ (j = 1, 2, \cdots, n) \\ \sum_{j=1}^{n} x_{ij} \leqslant a_i \ (i = 1, 2, \cdots, m) \\ x_{ij} \geqslant 0 \ (i = 1, 2, \cdots, m; j = 1, 2, \cdots, n) \end{cases}$$

当销大于产时，即 $\sum_{i=1}^{m} a_i < \sum_{j=1}^{n} b_j$ 时，运输问题的数学模型可以写成

$$\min Z = \sum_{i=1}^{m} \sum_{j=1}^{n} c_{ij} x_{ij}$$

$$\text{s.t.} \begin{cases} \sum_{i=1}^{m} x_{ij} \leqslant b_j \ (j = 1, 2, \cdots, n) \\ \sum_{j=1}^{n} x_{ij} = a_i \ (i = 1, 2, \cdots, m) \\ x_{ij} \geqslant 0 \ (i = 1, 2, \cdots, m; j = 1, 2, \cdots, n) \end{cases}$$

2.2 运输问题的基本可行解

针对运输问题数学模型结构的特殊性，它的约束方程组的系数矩阵具有如下特点：

(1)在该矩阵中，元素均等于 0 或 1；

(2)每列只有两个元素为 1，其余元素都是 0；

(3)对应于每个变量，在前 m 个约束方程中只出现一次，在后 n 个约束方程中也只出现一次。

$$x_{11}, \cdots, x_{1n}, x_{21}, \cdots, \; x_{2n}, \cdots, \; x_{m1}, \cdots, x_{mn}$$

$$A = \begin{bmatrix} 1 & \cdots & 1 & 0 & \cdots & 0 & \cdots & 0 & \cdots & 0 \\ 0 & \cdots & 0 & 1 & \cdots & 1 & \cdots & 0 & \cdots & 0 \\ \vdots & \cdots & \vdots & \vdots & \cdots & \vdots & \cdots & \vdots & \cdots & \vdots \\ 0 & \cdots & 0 & 0 & \cdots & 0 & \cdots & 1 & \cdots & 1 \\ 1 & \cdots & 0 & 1 & \cdots & 0 & \cdots & 1 & \cdots & 0 \\ \vdots & \ddots & \vdots & \vdots & \ddots & \vdots & \cdots & \vdots & \ddots & \vdots \\ 0 & \cdots & 1 & 0 & \cdots & 1 & \cdots & 0 & \cdots & 1 \end{bmatrix} \tag{2.1}$$

根据运输问题的数学模型求出的运输问题的解，代表一个运输方案，其中每个变量 x_{ij} 的值表示由 A_i 调运到 B_j 的物品数量。由于运输问题也是一个线性规划问题，因此在求解时，与使用单纯形算法类似，首先，应当确定该问题的基变量个数；其次，要知道这样一组基变量应当是由哪些变量来组成的(也就是要求出初始基可行解)。运输问题的解 X 必须要满足模型中的所有约束条件；基变量对应的约束方程组的系数列向量必须是线性无关的；可以证明系数矩阵(2.1)的秩是 $m+n-1$。一方面矩阵的前 m 行相加之和减去后 n 行之和结果是零向量，因此该矩阵的秩小于 $m+n$；另一方面由矩阵(2.1)的第 2 行至第 $m+n$ 行和前 n 列及 $x_{21}, x_{31}, \cdots, x_{m1}$ 对应的列交叉处的元素构成 $m+n-1$ 阶方阵 D，D 的行列式

$$D = \begin{vmatrix} & & & 1 & & & & \\ & & & & 1 & & & \\ & & & & & \ddots & & \\ & & & & & & 1 & \\ 1 & & & 1 & 1 & \cdots & 1 & \\ & 1 & & & & & & \\ & & \ddots & & & & & \\ & & & 1 & & & & \end{vmatrix} = (-1)^{m+1} \begin{vmatrix} & & & & 1 & & \\ & & & & & \ddots & \\ & & & & & & 1 \\ 1 & & & & & & \\ & & \ddots & & & & \\ & & & 1 & & & \end{vmatrix} \neq 0$$

按第1列展开

因此矩阵 A 的秩恰好等于 $m+n-1$，可以证明 $m+n$ 个方程中的任意 $m+n-1$ 个方程的系数向量都是线性无关的。

因此在运输问题中解的基变量个数应由 $m+n-1$ 个变量组成(即基变量的个数=产地个数+销地个数−1)。进一步而言，怎样的 $m+n-1$ 个变量会构成一组基变量？

为此需要引入一些基本概念，通过对这些基本概念的分析和讨论，结合单纯形算法的基本结果，便可得出所需要的结论。

定义 2.1 凡是能排成$x_{i_1j_1}, x_{i_1j_2}, x_{i_2j_2}, x_{i_2j_3}, \cdots, x_{i_sj_s}, x_{i_sj_1}$或$x_{i_1j_1}, x_{i_2j_1}, x_{i_2j_2}, x_{i_3j_2}, \cdots, x_{i_sj_s}, x_{i_1j_s}$ ($i_1, \cdots, i_s$互不相同，且$1 \leq i_k \leq m, k = 1, \cdots, s; j_1, \cdots, j_s$互不相同，且$1 \leq j_l \leq n, l = 1, \cdots, s$)形成的变量的集合称之为一个闭回路，而把出现在闭回路中的变量称为这个闭回路的顶点。

例 2.2 设$m = 3$，$n = 4$，决策变量x_{ij}表示由产地A_i调运到销地B_j的数量，如表 2.3 所示，x_{11}、x_{12}、x_{32}、x_{34}、x_{24}、x_{21}构成一个闭回路。这里有$i_1 = 1$，$i_2 = 3$，$i_3 = 2$；$j_1 = 1$，$j_2 = 2$，$j_3 = 4$。

表 2.3 例 2.2 的决策信息

产地	销地			
	B_1	B_2	B_3	B_4
A_1	x_{11}	x_{12}		
A_2	x_{21}			x_{24}
A_3		x_{32}		x_{34}

若把闭回路的顶点都在表中画出，并且把相邻的顶点都用一条直线连接起来，就可以得到一条封闭的折线，并且折线的每一条边是水平的，或者是垂直的。另外，表中每一行和每一列由折线相连的闭回路的顶点只有两个。

如表 2.4 所示，顶点为$\{x_{12}, x_{32}, x_{34}, x_{14}\}$，如表 2.5 所示，顶点为$\{x_{11}, x_{12}, x_{22}, x_{24}, x_{34}, x_{31}\}$，它们也分别构成两个闭回路。

表 2.4 顶点为$\{x_{12}, x_{32}, x_{34}, x_{14}\}$的闭合回路

产地	销地			
	B_1	B_2	B_3	B_4
A_1		x_{12}		x_{14}
A_2				
A_3		x_{32}		x_{34}

表 2.5 顶点为$\{x_{11}, x_{12}, x_{22}, x_{24}, x_{34}, x_{31}\}$的闭合回路

产地	销地			
	B_1	B_2	B_3	B_4
A_1	x_{11}	x_{12}		
A_2		x_{22}		x_{24}
A_3	x_{31}			x_{34}

定理 2.1 $m+n-1$个变量$x_{i_1j_1}, x_{i_2j_2}, \cdots, x_{i_sj_s}$ ($s = m+n-1$)构成基变量的充分必要条件为不包含任何闭回路。

该定理给出了运输问题基的一个重要特征，利用它可以判断$m+n-1$个变量是否构成基变量，这比直接判断这些变量所对应的系数列向量组是否线性无关要简单和直观。如果定理 2.1 中的$m+n-1$个基变量全部大于等于 0，这时是基本可行解。

2.3 运输问题表上作业法

表上作业法是单纯形算法在求解运输问题时的一种简化方法，其本质是单纯形算法，只是具体计算和术语有所不同，可归纳为

(1)找出初始基可行解，即在 $m \times n$ 产销平衡表上给出 $m+n-1$ 个有数字的格，这些有数字的格不能构成闭回路，且各行的和等于生产量，各列的和等于销售量；

(2)求各非基变量的检验数，即在表上求出空格的检验数，判断是否达到最优解。如果达到最优解，则停止计算，否则转入下一步；

(3)确定换入基变量和换出基变量，找出新的基可行解，在表上用闭回路法进行调整。

(4)重复(2)(3)步，直到求得最优解为止。

以下具体给出求解运输问题表上作业法的计算步骤。

2.3.1 确定初始基可行解

确定初始基可行解，即首先给出初始的调运方案，方法很多，这里只介绍其中的两种方法：

(1)最小元素法。

最小元素法的基本思想就是就近供应，即从单位运价表中最小的运价开始确定产销关系，依此类推，直到给出初始方案为止。下面通过例 2.3 来说明最小元素法确定初始基可行解的具体步骤。

例 2.3 用最小元素法求例 2.1 的初始运输方案。

第一步：从单位运价表 2.1 中找出最小的单位运价为 1 元，这表示先将 A_2 的产品供应给 B_1。由于 A_2 每天生产 4 吨，B_1 每天只需要 3 吨，即 A_2 除每日能满足 B_1 的需要外还剩余 1 吨。因此，在产销平衡表 (A_2, B_1) 交叉处填上 3(即 $x_{21}=3=\min(a_2, b_1)=\min(4，3)$)，表示 A_2 调运 3 吨给 B_1，再在单位运价表中将 B_1 这一列单位运价划去，即 B_1 的需求已满足，不需要继续调运。

第二步：从上述未划去的单位运价表的元素中再找出最小的单位运价为 2 元，即 A_2 把剩余的产品供应给 B_3；B_3 每天需要 5 吨，A_2 只剩余 1 吨，因此在上述产销平衡表的 (A_2, B_3) 交叉处填上 1，划去上述单位运价表中 A_2 这一行单位运价，表示 A_2 的产品已分配完毕，如表 2.6 所示。

表 2.6 最小元素法的第一步和第二步结果

地点	产地到销地的单位产品运价/元				生产量/吨
	B_1 销地	B_2 销地	B_3 销地	B_4 销地	
A_1 产地	3	11	3	10	7
A_2 产地	1 ③	9	2 ①	8	4
A_3 产地	7	4	10	5	9
销售量/吨	3	6	5	6	

第三步：在表2.6未划去的元素中找出最小单位运价为3元。这表示将A_1的产品供应给B_3，A_1每天生产7吨，B_3尚缺4吨，因此在产销平衡表的(A_1, B_3)交叉处填上4，由于B_3的需求已满足，将单位运价表中的B_3这一列单位运价划去。

如此，一步步进行下去，直到单位运价表中所有元素都划去为止，最终在产销平衡表上就可以得到一个初始调运方案。这个方案的总运费为86元，如表2.7所示。

表2.7　最小元素法得到的结果

地点	产地到销地的单位产品运价/元				生产量/吨
	B_1 销地	B_2 销地	B_3 销地	B_4 销地	
A_1 产地			4	3	7
A_2 产地	3		1		4
A_3 产地		6		3	9
销售量/吨	3	6	5	6	

检查全表，产销已平衡，得到初始调运方案为：$x_{13}=4$，$x_{14}=3$，$x_{21}=3$，$x_{23}=1$，$x_{32}=6$，$x_{34}=3$，其余$x_{ij}=0$。

有数字的格的总数应为6个（$m+n-1=6$），而这6个变量不包含有任何闭回路，满足定理2.1，所以是一个基本解，又因为满足模型的所有约束条件，所以是可行解。

该方案对应的解是一个基本可行解，调运方案的运费为86元。

应当注意的是，在用最小元素法确定初始基可行解的时候，可能出现以下两种特殊情况：

第一种是在中间步骤的未划去的单位运价表中寻找最小元素时，有多个元素同时达到最小，这时从这些最小元素中任意选择一个作为基变量。

第二种是在中间步骤的未划去的单位运价表中寻找最小元素时，发现该元素所在行的剩余生产量等于该元素所在列的剩余销售量。这时在产销平衡表相应的位置填上该剩余生产量数，而在单位运价表中要同时划去一行和一列。为了使调运方案中有数字的格仍为$m+n-1$个，需要在同时划去的行或列的任意空格位置添上一个"0"，这个"0"表示该变量是基变量，只不过它取值为0，即此时的调运方案是一个退化的基可行解。

（2）伏格尔法。

最小元素法的缺点是为了节省一处的费用，有时会造成在其他地方要多花几倍的运费。运用伏格尔法的好处是当一产地的产品，假如不能按最小运费就近供应时，就考虑次小运费。这就有一个差额，差额越大，说明不能按最小运费调运时，运费增加就越多。因此，针对差额最大处，优先采用最小运费调运。

例2.4　用伏格尔法求例2.1的初始运输方案。步骤如下：

第一步：在单位运价表中增加一行和一列，列的格位置相应填入该行的次小运费与最小运费之差，称之为行差额。行的格位置相应填入该列的次小运费与最小运费之差，称之为列差额，如表2.8所示。

第二步：从行差额和列差额中选出最大者，并选择它所在的行或列中的最小元素。比较该元素所在的行和列的生产量与销售量，取最小者填入产销平衡表相应的位置。同时在单位运价表中划去一行或一列。由于 B_2 的列差额最大，B_2 列中最小元素为 4(即 A_3 行)，可确定 A_3 产品优先供应给 B_2。比较生产量和销售量，可知产地 A_3 的生产量为 9 吨，销地 B_2 的销售量为 6 吨，因此在产销平衡表的(A_3, B_2)空格处填入 6，由于销地 B_2 的需求已经满足，因此在单位运价表中划去 B_2 列。

表 2.8 伏格尔法求解例 2.1

地点	产地到销地的单位产品运价/元				行差额/元
	B_1 销地	B_2 销地	B_3 销地	B_4 销地	
A_1 产地	3	11	3	10	0
A_2 产地	1	9	2	8	1
A_3 产地	7	4	10	5	1
列差额/元	2	5	1	3	

第三步：在上述未划去的元素中计算出各行、各列的差额。重复第一、二步的工作，直到给出初始解为止。

本问题利用伏格尔法给出的初始调运方案如表 2.9 所示。

表 2.9 伏格尔法给出的初始调运方案

地点	产地到销地的单位产品运价/元				生产量/吨
	B_1 销地	B_2 销地	B_3 销地	B_4 销地	
A_1 产地			5	2	7
A_2 产地	3			1	4
A_3 产地		6		3	9
销售量/吨	3	6	5	6	

由此可见伏格尔法同最小元素法除在确定供求关系的原则上不同外，其余步骤均相同，因而给出的初始调运方案也是基可行解。一般来说，用伏格尔法求出的初始解比用最小元素法求出的初始解更接近最优解。例 2.1 用伏格尔法给出的初始解的总运费为 85 元。

2.3.2 最优解的判别

得到运输问题的初始可行解后就要判别这个解是否为最优解，判别的方法是计算非基变量即空格的检验数。因运输问题的目标函数是要求实现其最小化，所以当所有的非基变量检验数全都大于等于 0 时为最优解。下面介绍两种求空格检验数的方法。

(1) 闭回路法。

在给出调运方案的计算表上，如表 2.7 所示，从每一空格出发，找一条闭回路。它以空格为起点，用水平线或垂直线向前划，每碰到一数字格就转 90 度后继续前进。直到回到起始空格处为止。该闭回路除起始顶点是非基变量外，其他顶点均为基变量(对应着数字格)。可以证明，如果对闭回路的方向不加区别，对于任意非基变量而言，以每个空格为起点的闭回路都存在且唯一。如(A_1, B_1)空格与(A_1, B_3)、(A_2, B_3)和(A_2, B_1)三个有数字的格构成一闭回路。

闭回路计算检验数的经济解释为在已给出初始解的表 2.7 中，可以从任意空格出发，如从(A_1, B_1)出发，若让A_1的产品调运1吨给B_1，为了保持产销平衡，就要依此做出调整：在(A_1, B_3)处减少1吨，(A_2, B_3)处增加1吨，(A_2, B_1)处减少1吨，即构成了以(A_1, B_1)空格为起点，其他为有数字的格的闭回路。如表2.10中的直线所示，各顶点所在格的右上角的数字是单位运价。

表2.10 调运方案的计算表

地点	产地到销地的单位产品运价/元				生产量/吨
	B_1销地	B_2销地	B_3销地	B_4销地	
A_1产地	3 (+1)		3 4(-1)	3	7
A_2产地	1 3(+1)		2 1(+1)		4
A_3产地		6		3	9
销售量/吨	3	6	5	6	

可见，这一调整方案使运费增加了

$$(+1) \times 3 + (-1) \times 3 + (+1) \times 2 + (-1) \times 1 = 1 \text{（元）}$$

这表明若这样调整运输方式将增加运费。将"1"这个数填入(A_1, B_1)格，即为该空格的检验数。

按以上所述，可以找出所有空格的检验数，如下表2.11所示。

表2.11 空格检验数表

空格	闭回路	检验数
(A_1, B_1)	$(1,1) \rightarrow (1,3) \rightarrow (2,3) \rightarrow (2,1) \rightarrow (1,1)$	1
(A_1, B_2)	$(1,2) \rightarrow (1,4) \rightarrow (3,4) \rightarrow (3,2) \rightarrow (1,2)$	2
(A_2, B_2)	$(2,2) \rightarrow (2,3) \rightarrow (1,3) \rightarrow (1,4) \rightarrow (3,4) \rightarrow (3,2) \rightarrow (2,2)$	1
(A_2, B_4)	$(2,4) \rightarrow (2,3) \rightarrow (1,3) \rightarrow (1,4) \rightarrow (2,4)$	-1
(A_3, B_1)	$(3,1) \rightarrow (3,4) \rightarrow (1,4) \rightarrow (1,3) \rightarrow (2,3) \rightarrow (2,1) \rightarrow (3,1)$	10
(A_3, B_3)	$(3,3) \rightarrow (3,4) \rightarrow (1,4) \rightarrow (1,3) \rightarrow (3,3)$	12

这时检验数还存在负数，如(A_2, B_4)空格的检验数为-1，这说明表2.7给出的调运方案还不是最优解，还需要进一步改进，改进方法见本节后面的基可行解的改进方法。

(2) 位势法。

用闭回路法求检验数时，需要给每一空格找一条闭回路。当产销点很多时，空格的数量很大，计算检验数将十分费时。下面介绍一种较为简便的方法——位势法。

设$x_{i_1 j_1}, \cdots, x_{i_s j_s} (s = m+n-1)$是一组基可行解，现在引进$m+n$个未知量$u_1, \cdots, u_m, v_1, \cdots, v_n$，由上述基本可行解可构造如下方程组：

$$\begin{cases} u_{i_1} + v_{j_1} = c_{i_1 j_1} \\ u_{i_2} + v_{j_2} = c_{i_2 j_2} \\ \quad \vdots \\ u_{i_s} + v_{j_s} = c_{i_s j_s} \end{cases} \tag{2.2}$$

其中 c_{ij} 为变量 x_{ij} 对应的单位运价。方程组(2.2)共有 $m+n$ 个未知数和 $m+n-1$ 个方程。方程组(2.2)的解存在且恰有一个自由变量。称 $u_1, \cdots, u_m$ 为行位势，$v_1, \cdots, v_n$ 为列位势。

定理 2.2 设给定一组基本可行解，则对每个非基变量 x_{ij} 来说，它所对应的检验数为

$$\sigma_{ij} = c_{ij} - (u_i + v_j) \tag{2.3}$$

下面，就以具体例子来说明这种方法的实施过程。

仍以例 2.3 所给出的初始基可行解表 2.7 为例。

第一步：在对应表 2.7 的数字格处填入单位运价，如表 2.12 所示。

表 2.12　例 2.3 给出的初始基可行解

地点	产地到销地的单位产品运价/元			
	B_1 销地	B_2 销地	B_3 销地	B_4 销地
A_1 产地			3 3	10 10
A_2 产地	1 1		2 2	
A_3 产地		4 4		5 5

第二步：在表 2.12 上增加一行和一列，列中填入行位势 u_i，行中填入列位势 v_j，得到表 2.13。

表 2.13　例 2.3 给出的初始基可行解

地点	产地到销地的单位产品运价/元				行位势 u_i
	B_1 销地	B_2 销地	B_3 销地	B_4 销地	
A_1 产地			3 3	10 10	0
A_2 产地	1 1		2 2		-1
A_3 产地		4 4		5 5	-5
列位势 v_j	2	9	3	10	

首先令 $u_1 = 0$（一般令行和列中数字格（基变量）多的行位势或列位势为 0），然后按 $u_i + v_j = c_{ij}(i, j) \in$ 基变量指标集，相继确定 u_i、v_j。由表 2.13 可见，当 $u_1 = 0$ 时，由 $u_1 + v_3 = c_{13} = 3$ 可得 $v_3 = 3$，由 $u_1 + v_4 = c_{14} = 10$，可得 $v_4 = 10$；在 $v_4 = 10$ 时，由 $u_3 + v_4 = c_{34} = 5$ 可得 $u_3 = -5$。依此类推可确定所有的 u_i、v_j 的值。

第三步：按 $\sigma_{ij} = c_{ij} - (u_i + v_j), (i, j) \in$ 非基变量指标集，计算所有的空格检验数。如：
$$\sigma_{11} = c_{11} - (u_1 + v_1) = 3 - (0 + 2) = 1$$
$$\sigma_{12} = c_{12} - (u_1 + v_2) = 11 - (0 + 9) = 2$$

这些计算可直接在表 2.13 上进行。为了方便，特设计如表 2.14 所示的过程计算表。右上角框内的数为单位运价。在表 2.14 中检验数还有小于 0 的，说明还未达到最优解，还得进一步进行改进。

表 2.14　过程计算表

地点	产地到销地的单位产品运价/元				行位势 u_i
	B_1 销地	B_2 销地	B_3 销地	B_4 销地	
A_1 产地	3 1	11 2	3 0	10 0	0
A_2 产地	1 0	9 1	2 0	8 -1	-1
A_3 产地	7 10	4 0	10 12	5 0	-5
列位势 v_j	2	9	3	10	

2.3.3　基可行解改进的方法——闭回路调整法

当计算完所有的空格检验数时，如果检验数还有小于 0 的，这表明还未达到最优解。若有两个或两个以上的检验数小于 0 时，一般选择小于 0 的检验数中最小的，以它对应的空格为调入格，即以它对应的非基变量为换入基变量。由表 2.14 可知 (A_2, B_4) 为调入格，即以它对应的非基变量 x_{24} 为换入基变量。以 x_{24} 为出发点，作一闭回路为 $x_{24} \to x_{14} \to x_{13} \to x_{23}$，如表 2.15 所示。

表 2.15　闭回路调整法计算表

地点	产地到销地的单位产品运价/元				生产量/吨
	B_1 销地	B_2 销地	B_3 销地	B_4 销地	
A_1 产地			4(+1)	3(−1)	7
A_2 产地	3		1(−1)	(+1)	4
A_3 产地		6		3	9
销售量/吨	3	6	5	6	

在闭回路上进行运量调整，称空格点 x_{24} 为第 1 顶点，x_{14}, x_{13}, x_{23} 分别称为第 2、3、4 顶点，(A_2, B_4) 格的调入量 θ 是选择闭回路上偶数格中运量的最小者，即 $\theta = \min\{1,3\} = 1$（其原理与单纯形算法中按 θ 规则来确定的换出基变量相同），然后在闭回路上的奇顶点加入该调整量，偶顶点减去该调整量，得到调整方案如表 2.16 所示。对表 2.16 给出的解，再用闭回路法或位势法求各空格的检验数，如表 2.17 所示，这时表中的所有检验数全都大于等于 0，所以以表 2.16 所给出的解为最优解。这时得到的总运费的最小值是 85 元。

表 2.16　解的调整表

地点	产地到销地的单位产品运价/元				生产量/吨
	B_1 销地	B_2 销地	B_3 销地	B_4 销地	
A_1 产地			5	2	7
A_2 产地	3			1	4
A_3 产地		6		3	9
销售量/吨	3	6	5	6	

表 2.17　检验数表

产地	销地			
	B_1	B_2	B_3	B_4
A_1	0	2		
A_2		2	1	
A_3	9		12	

应当指出的是，产销平衡的运输问题必定存在最优解。

2.4　运输问题的 Excel 求解方法

2.4.1　产销平衡运输问题

例 2.5　使用 Excel 规划求解工具求解例 2.1。方法如下：

第一步：根据题目条件，建立电子表格如图 2.1 所示，其中第 2～5 行是运费表，第 7～15 行是规划求解需要的表格。其中的 C8:F10 是规划求解的可变单元格区域，用于存放从三个产地发往四个销地的产品数量。

图 2.1　原始数据的电子表格

第二步：对电子表格的单元格编辑公式。

第 11 行对三个产地的供货数量进行求和，以便与存量目标进行对比。如图 2.2 所示，单击 C11 单元格后输入公式 C11=SUM（C8:C10），接着单击对号符号"√"，则完成对 C11 单元格的公式输入，并向右复制填充至 F11 单元格。

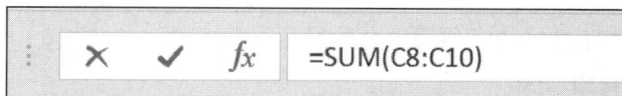

图 2.2　单元格公式输入

G 列用于对四个销地的实际到货数量进行求和，以便与产地的生产量进行对比。在 G8 单元格内输入公式 G8=SUM（C8:F8）并向下复制填充至 G10 单元格。

第 13 行用于计算实际到货量与需求量之间的差额，即缺货量。在 C13 单元格内输入公式 C13=C12-C11 并向右复制填充至 F13 单元格。

I 列用于计算三个产地的生产量与实际供货量之间的差额，在 I8 单元格内输入公式 I8=H8-G8 并向下复制填充至 I10 单元格。

C15 目标单元格用于计算实际产生的运输费用。

C15=SUMPRODUCT（C3:F5,C8:F10）

所有公式输入结束之后，数学模型的电子表格如图 2.3 所示。

C15 =SUMPRODUCT(C3:F5,C8:F10)

	B	C	D	E	F	G	H	I
2	运费标准	B_1	B_2	B_3	B_4			
3	A_1	3	11	3	10			
4	A_2	1	9	2	8			
5	A_3	7	4	10	5			
6								
7	运输量	B_1	B_2	B_3	B_4	实际供货量	生产量	剩余生产量
8	A_1					0	7	7
9	A_2					0	4	4
10	A_3					0	9	9
11	实际到货量	0	0	0	0			
12	需求量	3	6	5	6			
13	缺货量	3	6	5	6			
14								
15	运费合计	0						

图 2.3　数学模型的电子表格

当单击公式下的显示公式，会看到编辑的所有公式如图 2.4 所示。

运费标准	B_1	B_2	B_3	B_4			
A_1	3	11	3	10			
A_2	1	9	2	8			
A_3	7	4	10	5			
运输量	B_1	B_2	B_3	B_4	实际供货量	生产量	剩余生产量
A_1					=SUM(C8:F8)	7	=H8-G8
A_2					=SUM(C9:F9)	4	=H9-G9
A_3					=SUM(C10:F10)	9	=H10-G10
实际到货量	=SUM(C8:C10)	=SUM(D8:D10)	=SUM(E8:E10)	=SUM(F8:F10)			
需求量	3	6	5	6			
缺货量	=C12-C11	=D12-D11	=E12-E11	=F12-F11			
运费合计	=SUMPRODUCT(C3:F						

图 2.4　显示公式的电子表格

第三步：选中 C15 单元格，打开“规划求解参数”对话框，在“设置目标单元格”文本框中选择 C15 单元格，选中“最小值”按钮，在“可变单元格”文本框中选择 C8:F10 单元格区域。

第四步：单击“添加”按钮，打开“添加约束”对话框进行约束条件的添加，本例所包含的约束条件如下：

条件 1：C11:F11=C12:F12

条件 2：G8:G10=H8:H10

添加完成，单击“添加约束”对话框中的“确定”按钮，返回“规划求解参数”对话框，结果如图 2.5 所示。

因为供需平衡，所以“条件 1”表示需求全部满足，有实际到货总量=需求量；“条件 2”表示产量全部用完，即有实际供货量=生产量。

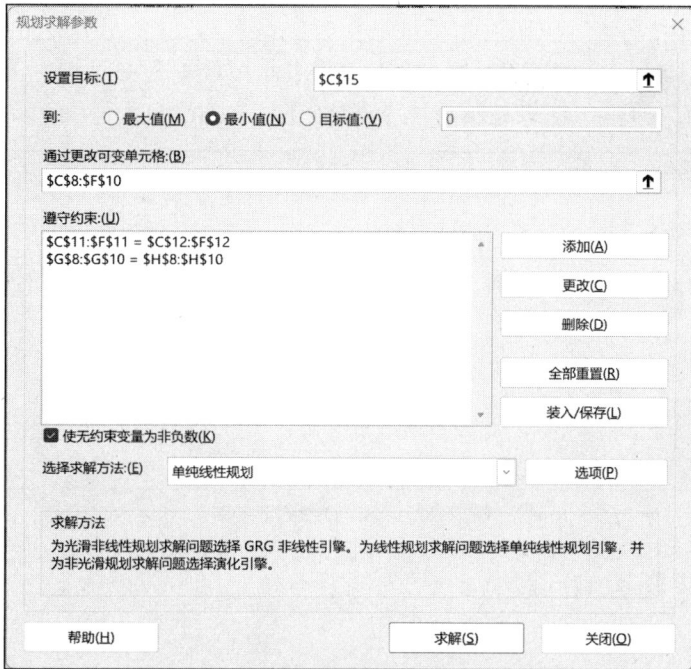

图 2.5　运输问题设置规划求解参数

第五步：因为所有变量的运算均是线性运算并且要求变量是正数，所以选择"使无约束变量为非负数"选项。为了提高规划求解的运算效率，可以单击"单纯线性规划"复选框旁的"选项"按钮，打开"所有方法"对话框，如图 2.6 所示。

图 2.6　采用线性模型和假定非负

第六步：单击"确定"按钮返回"规划求解参数"对话框，然后单击"求解"按钮开始求解运算过程，显示找到一个结果。单击"规划求解结果"对话框中的"确定"按钮保存此结果，如图2.7所示。结果显示总运费为85元。

运费标准	B_1	B_2	B_3	B_4			
A_1	3	11	3	10			
A_2	1	9	2	8			
A_3	7	4	10	5			
运输量	B_1	B_2	B_3	B_4	实际供货量	生产量	剩余生产量
A_1	2	0	5	0	7	7	0
A_2	1	0	0	3	4	4	0
A_3	0	6	0	3	9	9	0
实际到货量	3	6	5	6			
需求量	3	6	5	6			
缺货量	0	0	0	0			
运费合计	85						

图2.7 运输问题求解结果

2.4.2 产销不平衡运输问题

(1)生产量大于销售量

例2.6 若例2.1中 A_2 生产量增加到6吨，该运输问题如何用Excel求解呢？

解：此时，总生产量>总销售量。

使用Excel规划工具求解时按照例2.5的步骤操作，注意以下几个步骤：

第一步：将图2.3中H9数据单元格的值由4改为6。

第四步：添加2个约束如下

条件1：C11:F11=C12:F12；条件2：G8:G10<= H8:H10

因为是生产量大于销售量，

条件1：实际到货总量=需求量，表示需求全部满足；

条件2：实际供货总量<=生产量，表示生产量有剩余。

第六步：最后求解的结果如图2.8所示。

	B	C	D	E	F	G	H	I
7	运输量	B_1	B_2	B_3	B_4	实际供货量	生产量	剩余生产量
8	A_1	0	0	5	0	5	7	2
9	A_2	3	0	0	3	6	6	0
10	A_3	0	6	0	3	9	9	0
11	实际到货量	3	6	5	6			
12	需求量	3	6	5	6			
13	缺货量	0	0	0	0			
14								
15	运费合计	81						

图2.8 生产量大于销售量的求解结果

结果显示可以满足需求量的同时 A_1 的产能有点过剩，过剩了2吨，总运费为81元。

(2)生产量小于销售量

例2.7 若将例2.1中 B_3 的需求量调整为7吨，该运输问题如何用Excel求解呢？

解：此时，总生产量<总销售量。

使用 Excel 规划工具求解时按照例 2.5 的步骤操作，注意以下几个步骤：

第一步：将图 2.3 中 B_3 的需求量对应的数据单元格 E12 由 5 改为 7。

第四步：仍用例 2.6 的 2 个约束。

第六步：求解结果显示无解，如图 2.9 所示。

图 2.9　生产量小于销售量的求解结果

可以判断是供不应求的，而事实也确实如此。那该怎么做呢？注意：

第四步：选中要修改的约束，单击"更改"按钮，改变"条件 1"和"条件 2"。

条件 1：C11:F11<=C12:F12

条件 2：G8:G10=H8:H10

第六步：最后求解的结果如图 2.10 所示。

	B	C	D	E	F	G	H	I
7	运输量	B_1	B_2	B_3	B_4	实际供货量	生产量	剩余生产量
8	A_1	0	0	7	0	7	7	0
9	A_2	3	0	0	1	4	4	0
10	A_3	0	6	0	3	9	9	0
11	实际到货量	3	6	7	4			
12	需求量	3	6	7	6			
13	缺货量	0	0	0	2			
14								
15	运费合计	71						

图 2.10　改变条件后生产量小于销售量的求解结果

结果显示，产地的生产量没有剩余的同时 B_4 销地还缺货 2 吨，总运费为 71 元。

2.5　案例分析

案例分析 1（生产玩具销售）

某玩具公司分别生产 A、B、C 三种新型玩具，每月可供应量分别为 1000 件、2000 件、2000 件，分别被送到甲、乙、丙三个百货商店销售。已知每月各百货商店各类玩具总和的预期销售量均为 1500 件，由于经营方面的原因，各商店销售不同玩具的盈利额不同（见

表2.18）。又知道丙百货商店要求至少供应 C 玩具 1000 件，而拒绝 A 玩具。求满足上述条件下使总盈利额为最大的供销分配方案。

表 2.18　三种新型玩具有关数据

	甲百货商店	乙百货商店	丙百货商店	可供应量/件
A 玩具	5	4	—	1000
B 玩具	16	8	9	2000
C 玩具	12	10	11	2000

解：由于总供应量为 1000+2000+2000=5000 件，总需求量（预期销售量）为 1500+1500+1500=4500 件，总供应量大于总需求量，因此是生产量大于销售量的运输问题。

用 Excel 求解时其电子表格模型如图 2.11 所示。

图 2.11　生产玩具销售案例数学模型

单元格公式参照图 2.12 进行编辑。

图 2.12　生产玩具销售案例数学模型的公式编辑

模型的"规划求解参数"对话框如图 2.13 所示。在"设置目标"文本框中选择 B13 单元格，选中"最大值"按钮，在"通过更改可变单元格"文本框中选择 B6:D8 单元格区域。

添加 4 个约束：

条件 1：B9:D9=B10:D10

条件 2：D6=0

条件 3：D8>=1000

条件 4：E6:E8<=F6:F8

含义如下：

条件 1：到货总量=需求量，表示需求量全部满足；

条件 2：表示丙百货商店拒绝 A 玩具，所以 A 玩具运到丙百货商店的玩具数量是 0；

条件 3：表示丙百货商店要求至少供应 C 玩具 1000 件；

条件 4：供货总量<=生产量，表示生产量有剩余。

图 2.13　生产玩具销售案例"规划求解参数"设置

最后求解结果如图 2.14 所示。

	A	B	C	D	E	F	G
1	运费标准	甲	乙	丙			
2	A	5	4	-			
3	B	16	8	9			
4	C	12	10	11			
5	运输量	甲	乙	丙	实际供货量	可供量	剩余生产量
6	A	0	500	0	500	1000	500
7	B	1500	500	0	2000	2000	0
8	C	0	500	1500	2000	2000	0
9	实际销售量	1500	1500	1500			
10	预期销售量	1500	1500	1500			
11	缺货量	0	0	0			
12	利润小计	24000	11000	16500			
13	利润合计	51500					

图 2.14　生产玩具销售案例求解结果

案例分析 2（化肥调拨问题）

设有三个化肥厂（产地）供应四个地区（需求地）的农用化肥。假定等量的化肥在这些地区使用的效果相同。各产地年生产量、各需求地年需求量及从各产地到各需求地运送单位化肥的运价如表 2.19 所示。试求出总运费最省的化肥调拨方案。

表 2.19　化肥调拨问题有关数据

地点	产地到需求地的单位化肥运价/元				生产量/万吨
	B_1 需求地	B_2 需求地	B_3 需求地	B_4 需求地	
A_1 产地	16	13	22	17	50
A_2 产地	14	13	19	15	60
A_3 产地	19	20	23	—	50
最低需求/万吨	30	70	0	10	
最高需求/万吨	50	70	30	不限	

解：显然这是一个产销不平衡的问题。总生产量为 160 万吨，按照题意分析最多运往 B_4 地区 60 万吨。所以设 B_4 地区的最高需求是 60 万吨。

用 Excel 求解时其电子表格模型如图 2.15 所示。

图 2.15　化肥调拨问题数学模型

如图 2.16 所示对单元格进行公式编辑。

图 2.16　化肥调拨问题数学模型的公式编辑

选中 B16 单元格，打开"规划求解参数"对话框，在"设置目标"文本框中选择 B12 单元格，选中"最小值"按钮，在"通过更改可变单元格"文本框中选择 B6:E8 单元格区域，如图 2.17 所示。

添加 4 个约束：

条件 1：B10:E10<=B11:E11

条件 2：B10:E10>=B9:E9

条件 3：E8=0

条件 4：F6:F8=G6:G8

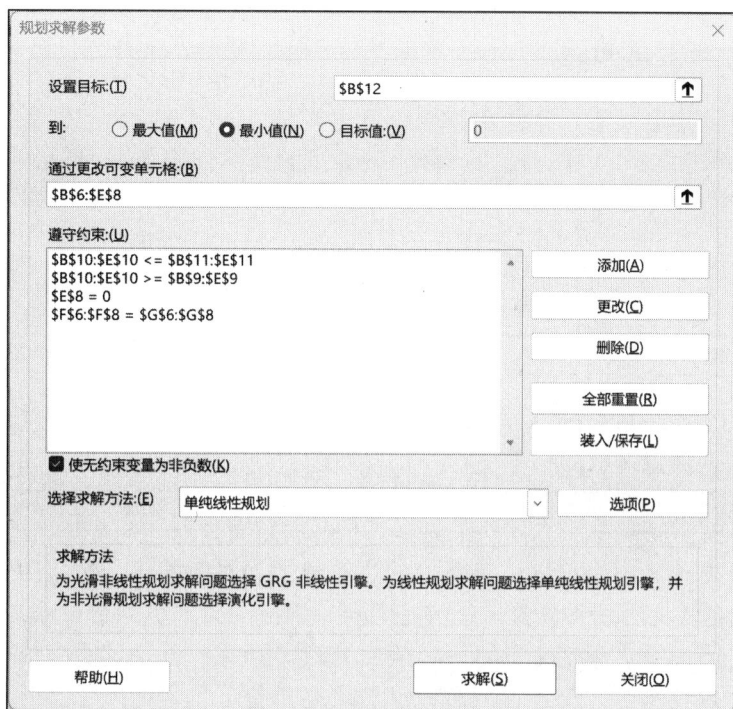

图 2.17 化肥调拨问题"规划求解参数"设置

含义如下:

条件 1：实际收到<=最高需求；

条件 2：实际收到>=最低需求；

条件 3：表示 A_3 不能运送化肥到 B_4 地区，所以该单元格运量是 0；

条件 4：因为最高需求总和大于生产量，所以有实际运送=生产量。

最后求解结果如图 2.18 所示。

	A	B	C	D	E	F	G	H
1	单位运价	B_1	B_2	B_3	B_4			
2	A_1	16	13	22	17			
3	A_2	14	13	19	15			
4	A_3	19	20	23				
5	运输量	B_1	B_2	B_3	B_4	实际运送	生产量	剩余生产量
6	A_1	0	50	0	0	50	50	0
7	A_2	0	20	0	40	60	60	0
8	A_3	50	0	0	0	50	50	0
9	最低需求	30	70	0	10			
10	实际收到	50	70	0	40			
11	最高需求	50	70	30	60			
12	运费合计	2460						

图 2.18 化肥调拨问题的求解结果

结果显示 B_1、B_2 地区的最高需求得到满足，B_3 地区的到货量是 0，B_4 地区的到货量是 40 万吨，均满足了最低需求。

人们常常尽可能把某些线性规划问题化为运输问题的数学模型。下面介绍如何把线性规划问题转化为运输问题。

案例分析3（生产安排问题）

某厂按合同规定必须于当年每个季度末分别提供 10、15、25、20 台同一规格的柴油机。已知该厂各季度的生产能力及生产每台柴油机的成本如表 2.20 所示。如果生产出来的柴油机当季不交货，每台每季度需要储存费、维护费等共 0.15 万元。要求在完成合同的情况下，做出使该厂全年生产（包括储存、维护等）费用最小的决策。

表 2.20　生产安排问题的数据信息

季度	生产能力/台	单位成本/万元
I	25	10.8
II	35	11.1
III	30	11.0
IV	10	11.3

解：四个季度作为四个产地，每季度的生产能力为对应的生产量；四个季度作为四个销地，按合同规定必须于每个季度末分别提供同一规格的柴油机的数量作为对应的需求量。第 i 季度生产的用于第 j 季度交货的每台柴油机的实际成本 c_{ij} 是该季度单位成本加上储存费、维护费等。这样得到一个运输问题，产销表与单位运价表如表 2.21 所示。

表 2.21　产销表与单位运价表

地点	产地到销地的单位产品运价/万元				生产量/台
	I 销地	II 销地	III 销地	IV 销地	
I 产地	10.8	10.95	11.10	11.25	25
II 产地		11.10	11.25	11.40	35
III 产地			11.00	11.15	30
IV 产地				11.30	10
销售量/台	10	15	25	20	

由于每个季度生产出来的柴油机不一定当季交货，所以设 x_{ij} 表示为第 i 季度生产的用于第 j 季度交货的柴油机数。根据合同要求，必须满足

$$x_{11} = 10$$
$$x_{12} + x_{22} = 15$$
$$x_{13} + x_{23} + x_{33} = 25$$
$$x_{14} + x_{24} + x_{34} + x_{44} = 20$$

又因为每季度生产的用于当季和以后各季交货的柴油机数不可能超过该季度的生产能力，故又有

$$x_{11} + x_{12} + x_{13} + x_{14} \leqslant 25$$
$$x_{22} + x_{23} + x_{24} \leqslant 35$$
$$x_{33} + x_{34} \leqslant 30$$
$$x_{44} \leqslant 10$$

第 i 季度生产的用于第 j 季度交货的每台柴油机的实际成本 c_{ij} 应该是该季度单位成本加上储存费、维护费等。实际成本 c_{ij} 的具体数值如表 2.22 所示，表中字母 M 表示充分大。

表 2.22　实际成本 c_{ij} 的数值表　　　　　　单位：万元

产地	销地			
	I	II	III	IV
I	10.8	10.95	11.10	11.25
II	M	11.10	11.25	11.40
III	M	M	11.00	11.15
IV	M	M	M	11.30

设用 a_i 表示该厂第 i 季度生产能力，b_j 表示第 j 季度的合同供应量，则问题可写成

$$\min Z = \sum_{i=1}^{4}\sum_{j=1}^{4} c_{ij}x_{ij}$$

$$\text{s.t.}\begin{cases} \sum_{j=1}^{4} x_{ij} \leqslant a_i \ (i=1,2,3,4) \\ \sum_{i=1}^{4} x_{ij} = b_j \ (j=1,2,3,4) \\ x_{ij} \geqslant 0 \end{cases}$$

显然，这是一个生产量大于销售量的运输问题模型。

用 Excel 求解时建立的规划求解的电子模型如图 2.19 所示。

	A	B	C	D	E	F	G	H
1	运费标准	销地 I	销地 II	销地 III	销地 IV			
2	产地 I	10.8	10.95	11.1	11.25			
3	产地 II		11.1	11.25	11.4			
4	产地 III			11	11.15			
5	产地 IV				11.3			
6	运费标准	销地 I	销地 II	销地 III	销地 IV	供货总量	生产量	剩余生产量
7	产地 I					0	25	25
8	产地 II					0	35	35
9	产地 III					0	30	30
10	产地 IV					0	10	10
11	到货总量	0	0	0	0			
12	需求量	10	15	25	20			
13	缺货量	10	15	25	20			
14	运费合计	0						

图 2.19　生产安排问题的数学模型

单元格公式按照图 2.20 进行编辑。

运费标准	销地 I	销地 II	销地 III	销地 IV	供货总量	生产量	剩余生产量
产地 I					=SUM(B7:E7)	25	=G7-F7
产地 II					=SUM(B8:E8)	35	=G8-F8
产地 III					=SUM(B9:E9)	30	=G9-F9
产地 IV					=SUM(B10:E10)	10	=G10-F10
到货总量	=SUM(B7:B10)	=SUM(C7:C10)	=SUM(D7:D10)	=SUM(E7:E10)			
需求量	10	15	25	20			
缺货量	=B12-B11	=C12-C11	=D12-D11	=E12-E11			
运费合计	=SUMPRODUCT(B2:E5,B7:E10)						

图 2.20　数学模型的公式编辑

求解时添加的约束条件有

条件 1：B8=0

条件 2：B9:C9=0

条件 3：B10:D10=0

条件 4：B11:E11=B12:E12

条件 5：F7:F10 <=G7:G10

其中

条件 1 表示产地 Ⅱ 不能向销地 Ⅰ 供货；

条件 2 表示产地 Ⅲ 不能向销地 Ⅰ、销地 Ⅱ 供货；

条件 3 表示产地 Ⅳ 不能向销地 Ⅰ、销地 Ⅱ 和销地 Ⅳ 供货。

最后求解的结果如图 2.21 所示。

图 2.21 生产安排问题的求解结果

结果显示，第 Ⅰ 季度生产 25 台，其中 10 台当季交货，10 台第 Ⅱ 季度交货；第 Ⅱ 季度生产 5 台用于第 Ⅱ 季度交货；第 Ⅲ 季度生产 30 台，其中 25 台当季交货，5 台用于第 Ⅳ 季度交货；第 Ⅳ 季度生产 10 台用于当季度交货。按此方案安排生产，可使该厂总的生产(包括储存费、维护费等)费用最省，即为 773 万元。

案例分析 4(生产成本问题)

某造船厂根据合同要求从当年起连续三年末各提供三条规格型号相同的大型客货轮。已知该造船厂三年内生产大型客货轮的有关数据，如表 2.23 所示。

表 2.23 造船厂三年内生产大型客货轮的有关数据

年度	正常生产时间内可完成的客货轮数/艘	加班生产时间内可完成的客货轮数/艘	正常生产时每艘客货轮的成本/万元
1	2	3	500
2	4	2	600
3	1	3	550

已知，加班生产时，每艘客货轮成本比正常生产时高出 70 万元。如果造出来的客货轮当年不交货，每艘每积压一年造成的积压损失为 40 万元。在签订合同时，该厂已储存了两艘客货轮，而该厂希望在第三年年末完成合同后还能储存一艘来备用。问该厂该如何安排

每年客货轮的生产量，能在满足上述各项要求的情况下，使总生产费用的积压损失为最少。

解：这是一个生产与储存的问题，可以转化为运输问题来做。根据已知条件可以列出生产能力(正常生产能力和加班生产能力)和合同要求的造船厂生产费用表，如表2.24所示。

表2.24　造船厂生产费用表

	年度1/万元	年度2/万元	年度3/万元	库存/万元	生产能力/艘
上年度库存	0	40	80	120	2
年度1正常生产	500	540	580	620	2
年度1加班生产	570	610	650	720	3
年度2正常生产		600	640	680	4
年度2加班生产		670	710	750	2
年度3正常生产			550	590	1
年度3加班生产			620	660	3
合同要求/艘	3	3	3	1	产大于销

(1)年度1至年度3，总的生产能力(包括上年年末储存)为17艘，合同要求总量为10艘(包括第三年年末储存)，为生产量大于销售量。

(2)上年年末库存2艘客货轮，只考虑每艘积压一年造成的积压损失40万元。

(3)当年生产当年交货，则只计算生产成本；如果当年生产出来的客货轮当年不交货，则将生产成本以及每艘每积压一年40万元所造成的积压损失一起计算。

(4)对于第三年年末的留出库存考虑生产成本以及每年的积压损失。

生产分成正常生产和加班生产两种。运用Excel求解时建立的电子表格模型如图2.22所示。

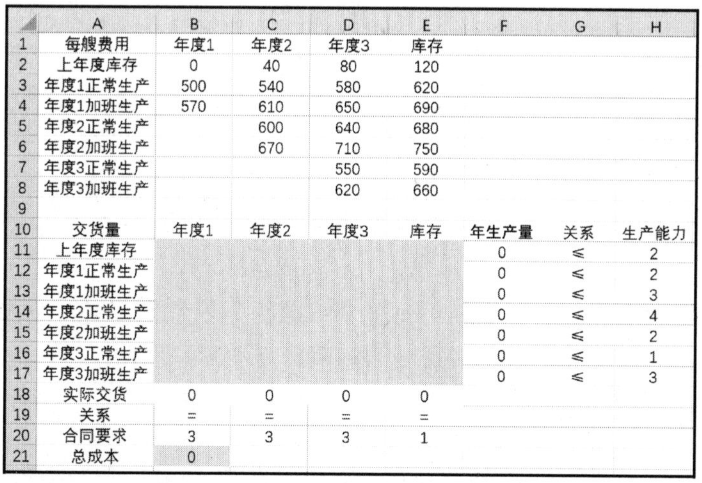

图2.22　造船厂生产问题的数学模型

单元格公式如图2.23所示。

求解时添加的约束有

条件1：B14:B17=0

条件 2：C16:C17=0

条件 3：B18:E18=B20:E20

条件 4：F11:F17<=H11:H17

交货量	年度1	年度2	年度3	库存	年生产量
上年度库存					=SUM(B11:E11)
年度1正常生产					=SUM(B12:E12)
年度1加班生产					=SUM(B13:E13)
年度2正常生产					=SUM(B14:E14)
年度2加班生产					=SUM(B15:E15)
年度3正常生产					=SUM(B16:E16)
年度3加班生产					=SUM(B17:E17)
实际交货	=SUM(B11:B17)	=SUM(C11:C17)	=SUM(D11:D17)	=SUM(E11:E17)	
关系	=	=	=	=	
合同要求	3	3	3	1	
总成本	=SUMPRODUCT(B2:E8,B11:E17)				

图 2.23　数学模型的公式编辑

最后结果如图 2.24 所示。

	A	B	C	D	E	F	G	H
1	每艘费用	年度1	年度2	年度3	库存			
2	上年度库存	0	40	80	120			
3	年度1正常生产	500	540	580	620			
4	年度1加班生产	570	610	650	690			
5	年度2正常生产	0	600	640	680			
6	年度2加班生产	0	670	710	750			
7	年度3正常生产	0	0	550	590			
8	年度3加班生产	0	0	620	660			
9								
10	交货量	年度1	年度2	年度3	库存	年生产量	关系	生产能力
11	上年度库存	1	1	0	0	2	≤	2
12	年度1正常生产	2	0	0	0	2	≤	2
13	年度1加班生产	0	0	0	0	0	≤	3
14	年度2正常生产	0	2	0	0	2	≤	4
15	年度2加班生产	0	0	0	0	0	≤	2
16	年度3正常生产	0	0	1	0	1	≤	1
17	年度3加班生产	0	0	2	1	3	≤	3
18	实际交货	3	3	3	1			
19	关系	=	=	=	=			
20	合同要求	3	3	3	1			
21	总成本	4690						

图 2.24　造船厂生产问题的求解结果

下面讨论运输问题中的转运问题。所谓的转运问题是运输问题的一个扩充，即在原来运输问题中的产地与销地之间再增加中转点。在运输问题中只允许物品从产地运往销地，而在转运问题中还允许把物品从一个产地运往另一个产地(中转点或销地)，允许把物品从一个中转点运往另一个中转点(产地或销地)，也允许把物品从一个销地运往另一个中转点或产地。每个产地的生产量都有限制，而每个销地的需求量也都有一个限制，在任意两点间单位物品运价已知的情况下，如何使总的运输费最小？

案例分析 5(物资调运问题)

宏达电子仪器公司，其生产线分别在大连和广州，大连分厂每月生产 400 台某种仪器，广州分厂每月生产 600 台某种仪器。在任意分厂生产的产品可能被随机运往到一个长沙或天津地区的仓库。利用这些仓库向南京、西安、济南和上海的零售商发货。将这些城市间每台仪器的运费标注在两个城市的线上，单位为万元；工厂和零售商的供给与需求在图的左侧和右侧标明，如图 2.25 所示。问：应该如何调运仪器，使总的运费最小？

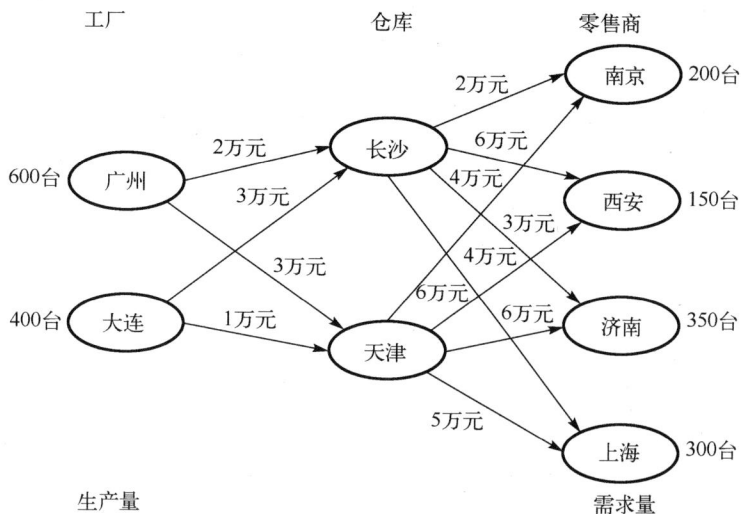

图 2.25　宏达电子仪器公司转运网络图

解： 该转运问题可以转化为两个运输问题。可做如下处理：

(1)由于问题中的所有产地、中转点都可以看成产地，而中转点与销地都可以看成销地，因此整个问题可以看成是一个由四个产地和六个销地组成的运输问题；

(2)对于扩大的运输问题建立运价表，表中的不可能运输方案的运价用 M 代替；

(3)所有中转点的生产量等于销售量，即流入量等于流出量。由于运费最小时不可能出现物资来回倒运的现象，因此每个中转点的运量不会超过 1000 台，所以可以规定中转点的生产量和销售量均为 1000 台，这样就可以得到扩大的产销平衡运输问题及其运价表，如表 2.25 所示。

表 2.25　扩大的产销平衡运输问题及其运价表

	长沙/万元	天津/万元	南京/万元	西安/万元	济南/万元	上海/万元	生产量/台
广州	2	3	M	M	M	M	600
大连	3	1	M	M	M	M	400
长沙	0	M	2	6	3	6	1000
天津	M	0	4	4	6	5	1000
销售量/台	1000	1000	200	150	350	300	

运用 Excel 求解：

建立的电子表格模型如图 2.26 所示，在模型中运价是 M 处均用 10000 替换(这个值要远远大于其他的单位运价，当求运费最小时，此处运量就是 0)。这样，求解时约束条件只有 2 个，即：供货总量=生产量；到货总量=需求量。

单元格公式如图 2.27 所示。

最后结果如图 2.28 所示。

运费标准	长沙	天津	南京	西安	济南	上海	供货总量	生产量	剩余生产量
广州	2	3	10000	10000	10000	10000			
大连	3	1	10000	10000	10000	10000			
长沙	0	10000	2	6	3	6			
天津	10000	0	4	4	6	5			
运量	长沙	天津	南京	西安	济南	上海	供货总量	生产量	剩余生产量
广州							0	600	600
大连							0	400	400
长沙							0	1000	1000
天津							0	1000	1000
到货总量	0	0	0	0	0	0			
需求量	1000	1000	200	150	350	300			
缺货量	1000	1000	200	150	350	300			
运费合计	0								

图 2.26　宏达电子仪器公司转运问题的数学模型

长沙	天津	南京	西安	济南	上海	供货总量	生产量	剩余生产量
						=SUM(B8:G8)	600	=I8-H8
						=SUM(B9:G9)	400	=I9-H9
						=SUM(B10:G10)	1000	=I10-H10
						=SUM(B11:G11)	1000	=I11-H11
=SUM(B8:B11)	=SUM(C8:C11)	=SUM(D8:D11)	=SUM(E8:E11)	=SUM(F8:F11)	=SUM(G8:G11)			
1000	1000	200	150	350	300			
=B13-B12	=C13-C12	=D13-D12	=E13-E12	=F13-F12	=G13-G12			
=SUMPRODUCT(B2:G5,B8:G11)								

图 2.27　数学模型的公式编辑

运费标准	长沙	天津	南京	西安	济南	上海	供货总量	生产量	剩余生产量
广州	2	3	10000	10000	10000	10000			
大连	3	1	10000	10000	10000	10000			
长沙	0	10000	2	6	3	6			
天津	10000	0	4	4	6	5			
运量	长沙	天津	南京	西安	济南	上海	供货总量	生产量	剩余生产量
广州	550	50	0	0	0	0	600	600	0
大连	0	400	0	0	0	0	400	400	0
长沙	450	0	200	0	350	0	1000	1000	0
天津	0	550	0	150	0	300	1000	1000	0
到货总量	1000	1000	200	150	350	300			
需求量	1000	1000	200	150	350	300			
缺货量	0	0	0	0	0	0			
运费合计	5200								

图 2.28　宏达电子仪器公司转运问题的求解结果

　　如图 2.28 所示最优运输方案为从广州运往长沙 550 台，从长沙再运往南京 200 台、济南 350 台；从广州运往天津 50 台、从大连运往天津 400 台，从天津再运往西安 150 台；直接从天津运往上海 300 台。总运费为 5200 万元。

　　如果公司认为从大连到上海的距离较近，可以直接从大连分厂向上海供货，且每台运费为 5 万元，如图 2.29 所示，这时的运输问题及其运价表，如表 2.26 所示。

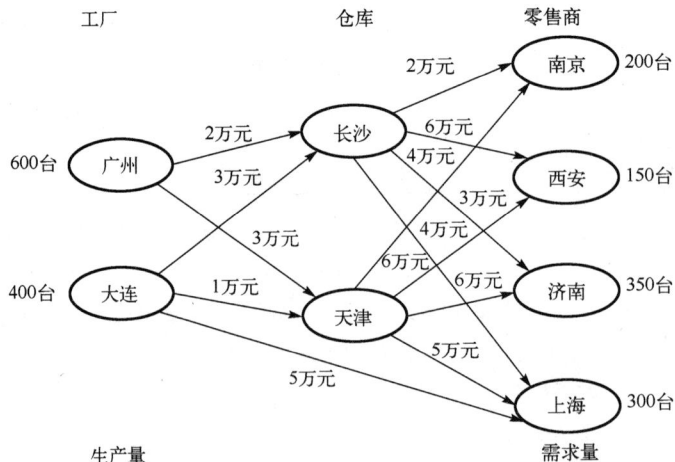

图 2.29　更新后的宏达电子仪器公司转运网络图

表 2.26　更新路线后的运输问题及其运价表

	长沙/万元	天津/万元	南京/万元	西安/万元	济南/万元	上海/万元	生产量/台
广州	2	3	M	M	M	M	600
大连	3	1	M	M	M	5	400
长沙	0	M	2	6	3	6	1000
天津	M	0	4	4	6	5	1000
销售量/台	1000	1000	200	150	350	300	

当采用 Excel 求解时只需将图 2.26 中电子模型单元格 G3 的值改为 5，参照上一问的步骤，最后求解结果如图 2.30 所示。

图 2.30　更新路线后的求解结果

这时的最优运输方案为从广州运往长沙 550 台，从长沙再运往南京 200 台、济南 350 台；从广州运往天津 50 台、从大连运往天津 100 台，从天津再运往西安 150 台；直接从大连运往上海 300 台。总运费为 4900 万元。

如果公司认为从大连到上海的距离较近，可以直接从大连分厂向上海供货，每台运费为 4 万元，也可以从济南向上海供货，每台运费为 1 万元，如图 2.31 所示。这时要把问题中的产地、销地、中转点都看成产地，中转点与销地看成销地，因此整个问题可以看成是一个由五个产地和六个销地组成的运输问题。

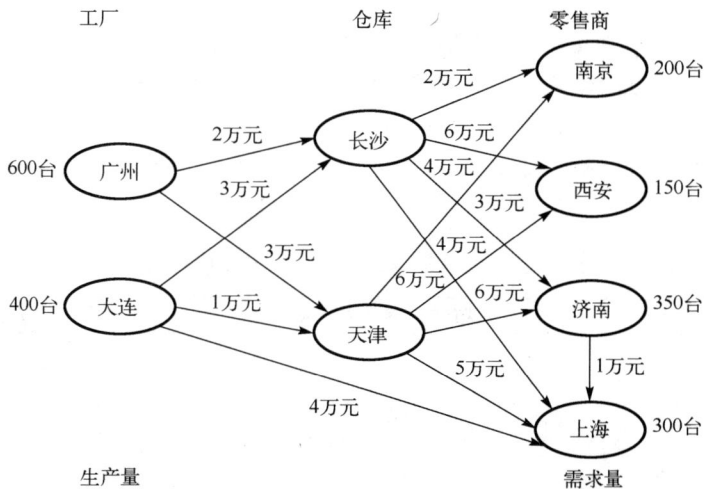

图 2.31　更新路线后的宏达电子仪器公司转运网络图

这时的运输问题及其运价表，如表 2.27 所示。此时济南作为产地承担了中转的作用，最多运出 1000 台，所以规定生产量是 1000 台；而济南作为销地需求量是 1000+350=1350 台。

表 2.27 更新路线后的运输问题及其运价表

	长沙/万元	天津/万元	南京/万元	西安/万元	济南/万元	上海/万元	生产量/台
广州	2	3	M	M	M	M	600
大连	3	1	M	M	M	5	400
长沙	0	M	2	6	3	6	1000
天津	M	0	4	4	6	5	1000
济南	M	M	M	M	0	1	1000
销售量/台	1000	1000	200	150	1350	300	

此时 Excel 求解建立的电子模型和求解结果如图 2.32 所示。

	A	B	C	D	E	F	G	H	I	J
1	运费标准	长沙	天津	南京	西安	济南	上海			
2	广州	2	3	10000	10000	10000	10000			
3	大连	3	1	10000	10000	10000	5			
4	长沙	0	10000	2	6	3	6			
5	天津	10000	0	4	4	6	5			
6	济南	10000	10000	10000	10000	0	1			
7										
8	运量	长沙	天津	南京	西安	济南	上海	供货总量	产量	剩余产量
9	广州	600	0	0	0	0	0	600	600	0
10	大连	0	150	0	0	0	250	400	400	0
11	长沙	400	0	200	0	400	0	1000	1000	0
12	天津	0	850	0	150	0	0	1000	1000	0
13	济南	0	0	0	0	950	50	1000	1000	0
14	到货总量	1000	1000	200	150	1350	300			
15	需求量	1000	1000	200	150	1350	300			
16	缺货量	0	0	0	0	0	0			
17	运费合计	4850								

图 2.32 最新路线的求解结果

这时的最优运输方案为从广州运往长沙 600 台，从长沙再运往南京 200 台、济南 400 台，从济南运往上海 50 台；从大连运往天津 150 台、运往上海 250 台，再从天津运往西安 150 台。总运费为 4850 万元。

案例分析 6(蔬菜供应问题)

某市是一个人口不到 15 万人的小城市，根据该市的蔬菜种植情况，分别在 A、B、C 地设立三个收购点，再由收购点分别送到全市的八个菜市场。按照往年情况，A、B、C 三个收购点每天的收购量分别是 200、170 和 160(单位：100 千克)，各菜市场每天的需求量及发生供应短缺时带来的损失如表 2.28 所示。各收购点至各菜市场的距离如表 2.29 所示。各收购点至各菜市场的单位运价为 1 元/(100 千克・100 米)。

表 2.28 各菜市场每天的需求量及缺货损失

菜市场	每天的需求量/100 千克	缺货损失/(元/100 千克)
1	75	10
2	60	8
3	80	5
4	70	10
5	100	10

菜市场	每天的需求量/100 千克	缺货损失/(元/100 千克)
6	55	8
7	90	5
8	80	8

表 2.29 各收购点至菜市场的距离

距离/100 米		菜市场							
		1	2	3	4	5	6	7	8
收购点	A	4	8	8	19	11	6	22	16
	B	14	7	7	16	12	16	23	17
	C	20	19	11	14	6	15	5	10

(1) 为该市设计一个从各收购点至菜市场的定点供应方案，使总费用(包括蔬菜运费、缺货损失)最小。

(2) 若规定各菜市场短缺量一律不超过需求量的 20%，重新设计定点供应方案。

(3) 为满足城市居民的蔬菜供应，该市规划增加蔬菜的种植面积，试问增产的蔬菜每天应分别向 A、B、C 三个收购点各供应多少最为经济合理。

解：

(1) 三个收购点每天总收购量为 200+170+160=530(单位：100 千克)，而菜市场每天总需求量为 75+60+ 80+70+100+55+90+80=610(单位：100 千克)，这是一个"销大于产"的运输问题。

① 假设 x_{ij} 表示从收购点 $i\,(i=\mathrm{A},\mathrm{B},\mathrm{C})$ 向菜市场 $j(\,j=1,2,\cdots,8)$ 调运的蔬菜量(单位：100 千克)，y_j 表示菜市场 j 的供应短缺量(单位：100 千克)。

② 目标函数：$\min Z = \sum_{i=\mathrm{A}}^{\mathrm{C}}\sum_{j=1}^{8}c_{ij}x_{ij} + \sum_{j=1}^{8}s_j y_j$

其中 c_{ij} 表示调运费用，s_j 表示缺货损失。

③ 约束条件：三个收购点每天运往八个菜市场的蔬菜量=每天的收购量。

$$\sum_{j=1}^{8}x_{\mathrm{A}j}=200,\ \sum_{j=1}^{8}x_{\mathrm{B}j}=170,\ \sum_{j=1}^{8}x_{\mathrm{C}j}=160$$

八个菜市场每天的需求量和短缺量：

$$x_{\mathrm{A}1}+x_{\mathrm{B}1}+x_{\mathrm{C}1}+y_1=75(\text{市场}1)$$
$$x_{\mathrm{A}2}+x_{\mathrm{B}2}+x_{\mathrm{C}2}+y_2=60(\text{市场}2)$$
$$x_{\mathrm{A}3}+x_{\mathrm{B}3}+x_{\mathrm{C}3}+y_3=80(\text{市场}3)$$
$$x_{\mathrm{A}4}+x_{\mathrm{B}4}+x_{\mathrm{C}4}+y_4=70(\text{市场}4)$$
$$x_{\mathrm{A}5}+x_{\mathrm{B}5}+x_{\mathrm{C}5}+y_5=100(\text{市场}5)$$
$$x_{\mathrm{A}6}+x_{\mathrm{B}6}+x_{\mathrm{C}6}+y_6=55(\text{市场}6)$$
$$x_{\mathrm{A}7}+x_{\mathrm{B}7}+x_{\mathrm{C}7}+y_7=90(\text{市场}7)$$
$$x_{\mathrm{A}8}+x_{\mathrm{B}8}+x_{\mathrm{C}8}+y_8=80(\text{市场}8)$$

变量非负 $x_{ij}, y_j \geq 0$ $\quad (i = \text{A}, \text{B}, \text{C}; j = 1, 2, \cdots, 8)$

采用 Excel 求解的电子表格如图 2.33 所示。

	A	B	C	D	E	F	G	H	I	J	K	L
1	调运费用	1	2	3	4	5	6	7	8			
2	收购点A	4	8	8	19	11	6	22	16			
3	收购点B	14	7	7	16	12	16	23	17			
4	收购点C	20	19	11	14	6	15	5	10			
5	缺货损失	10	8	5	10	10	8	5	8			
6												
7	供应方案	1	2	3	4	5	6	7	8	实际运出	关系	收购量
8	收购点A									0	=	200
9	收购点B									0	=	170
10	收购点C									0	=	160
11	实际送到菜场	0	0	0	0	0	0	0	0			
12	需求量	75	60	80	70	100	55	90	80			
13	缺货量	75	60	80	70	100	55	90	80			
14												
15	调运总费用	0										
16	缺货总损失	4860										
17	总费用	4860										

图 2.33　蔬菜供应和短缺问题的数学模型

按照图 2.34 编辑单元格公式得到电子模型。

	B	C	D	E	F	G	H	I
7	1	2	3	4	5	6	7	8
8								
9								
10								
11	=SUM(B8:B10)	=SUM(C8:C10)	=SUM(D8:D10)	=SUM(E8:E10)	=SUM(F8:F10)	=SUM(G8:G10)	=SUM(H8:H10)	=SUM(I8:I10)
12	75	60	80	70	100	55	90	80
13	=B12-B11	=C12-C11	=D12-D11	=E12-E11	=F12-F11	=G12-G11	=H12-H11	=I12-I11
14								
15	=SUMPRODUCT(B2:I4,B8:I10)							
16	=SUMPRODUCT(B5:I5,B13:I13)							
17	=B15+B16							

图 2.34　数学模型的公式编辑

模型的约束条件有 2 个：

条件 1：J8:J10==L8:L10

条件 2：B11:I11 <=B12:I12

最后求解结果如图 2.35 所示。

	A	B	C	D	E	F	G	H	I	J	K	L
1	调运费用	1	2	3	4	5	6	7	8			
2	收购点A	4	8	8	19	11	6	22	16			
3	收购点B	14	7	7	16	12	16	23	17			
4	收购点C	20	19	11	14	6	15	5	10			
5	缺货损失	10	8	5	10	10	8	5	8			
6												
7	供应方案	1	2	3	4	5	6	7	8	实际运出	关系	收购量
8	收购点A	75	0	0	0	70	55	0	0	200	=	200
9	收购点B	0	60	80	30	0	0	0	0	170	=	170
10	收购点C	0	0	0	0	30	0	90	40	160	=	160
11	实际送到菜场	75	60	80	30	100	55	90	40			
12	需求量	75	60	80	70	100	55	90	80			
13	缺货量	0	0	0	40	0	0	0	40			
14												
15	调运总费用	3890										
16	缺货总损失	720										
17	总费用	4610										

图 2.35　总费用最小的求解结果

(2) 在问题 (1) 的基础上，增加约束"各菜市场短缺量一律不超过需求量的 20%"。

$$y_1 \leqslant 75 \times 20\%(\text{市场1})$$
$$y_2 \leqslant 60 \times 20\%(\text{市场2})$$
$$y_3 \leqslant 80 \times 20\%(\text{市场3})$$
$$y_4 \leqslant 70 \times 20\%(\text{市场4})$$
$$y_5 \leqslant 100 \times 20\%(\text{市场5})$$
$$y_6 \leqslant 55 \times 20\%(\text{市场6})$$
$$y_7 \leqslant 90 \times 20\%(\text{市场7})$$
$$y_8 \leqslant 80 \times 20\%(\text{市场8})$$

用 Excel 求解时，对 (2) 中的条件进行文字和公式编辑，如图 2.36 所示。

	A	B	C	D	E	F	G	H	I
14	需求量20%	=0.2*B12	=0.2*C12	=0.2*D12	=0.2*E12	=0.2*F12	=0.2*G12	=0.2*H12	=0.2*I12

图 2.36　需要修改的公式

求解时约束条件有 3 个：

条件 1：J8:J10==L8:L10

条件 2：B11:I11<=B12:I12

条件 3：B13:I13<=B14:I14

条件 3 表示菜市场缺货量一律不超过需求量的 20%。

最后求解结果如图 2.37 所示。

	A	B	C	D	E	F	G	H	I	J	K	L
1	调运费用	1	2	3	4	5	6	7	8			
2	收购点A	4	8	8	19	11	6	22	16			
3	收购点B	14	7	7	16	12	16	23	17			
4	收购点C	20	19	11	14	6	15	5	10			
5	缺货损失	10	8	5	10	10	8	5	8			
6												
7	供应方案	1	2	3	4	5	6	7	8	实际运出	关系	收购量
8	收购点A	75	10	0	0	60	55	0	0	200	=	200
9	收购点B	0	50	64	56	0	0	0	0	170	=	170
10	收购点C	0	0	0	0	24	0	72	64	160	=	160
11	实际送到菜场	75	60	64	56	84	55	72	64			
12	需求量	75	60	80	70	100	55	90	80			
13	缺货量	0	0	16	14	16	0	18	16			
14	需求量20%	15	12	16	14	20	11	18	16			
15	调运总费用	4208										
16	缺货总损失	598										
17	总费用	4806										

图 2.37　满足需求量最低的求解结果

① 假设 x_{ij} 表示从收购点 i ($i=\text{A,B,C}$) 向菜市场 j ($j=1,2,\cdots,8$) 调运的蔬菜量(单位：100 千克)，增产的蔬菜每天应分别向 A、B、C 三个收购点各供应 y_A、y_B、y_C(单位：100 千克)。由于要满足八个菜市场每天的需求量，所以线性规划模型为

$$\min Z = \sum_{i=\text{A}}^{\text{C}} \sum_{j=1}^{8} x_{ij}$$

$$\begin{cases} \sum_{j=1}^{8} x_{Aj} = 210 + y_A, \sum_{j=1}^{8} x_{Bj} = 180 + y_B, \sum_{j=1}^{8} x_{Cj} = 170 + y_C \\ x_{A1} + x_{B1} + x_{C1} = 75(\text{市场}1) \quad x_{A2} + x_{B2} + x_{C2} = 60(\text{市场}2) \\ x_{A3} + x_{B3} + x_{C3} = 80(\text{市场}3) \quad x_{A4} + x_{B4} + x_{C4} = 70(\text{市场}4) \\ x_{A5} + x_{B5} + x_{C5} = 100(\text{市场}5) \quad x_{A6} + x_{B6} + x_{C6} = 55(\text{市场}6) \\ x_{A7} + x_{B7} + x_{C7} = 90(\text{市场}7) \quad x_{A8} + x_{B8} + x_{C8} = 80(\text{市场}8) \\ x_{ij} \geq 0(i = A, B, C; j = 1, 2, \cdots, 8) \end{cases}$$

数学模型如图 2.38 所示。

	A	B	C	D	E	F	G	H	I	J	K	L	M	N
1	调运费用	1	2	3	4	5	6	7	8					
2	收购点A	4	8	3	19	11	6	22	16					
3	收购点B	14	7	7	16	12	16	23	17					
4	收购点C	20	19	11	14	6	15	5	10					
5														
6	供应方案	1	2	3	4	5	6	7	8	实际运出	关系	收购量	增产	合计
7	收购点A									0	=	200		200
8	收购点B									0	=	170		170
9	收购点C									0	=	160		160
10	实际送到菜场	0	0	0	0	0	0	0	0					
11	需求量	75	60	80	70	100	55	90	80					
12														
13	总费用	0												

图 2.38　数学模型

其中，合计指收购量与增产之和。

对单元格编辑公式如图 2.39 所示。

	J	K	L	M	N
6	实际运出	关系	收购量	增产	合计
7	=SUM(B7:I7)	=	200		=L7+M7
8	=SUM(B8:I8)	=	170		=L8+M8
9	=SUM(B9:I9)	=	160		=L9+M9

图 2.39　数学模型的公式编辑

"规划求解参数"设置如图 2.40 所示，注意，"通过更改可变单元格"处，应输入 B7:I9，M7:M9。

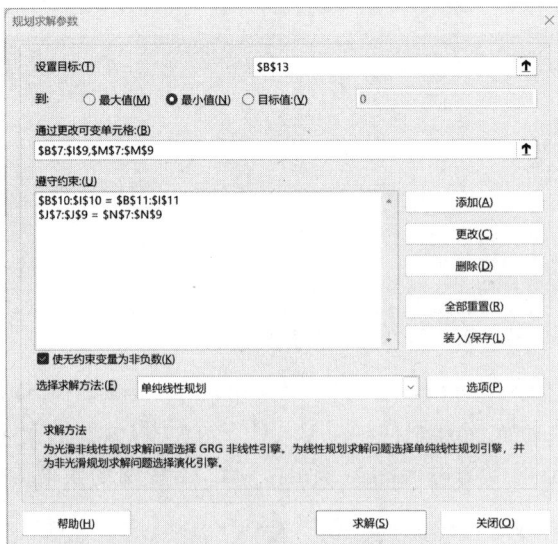

图 2.40　"规划求解参数"设置

求解结果如图 2.41 所示。

	A	B	C	D	E	F	G	H	I	J	K	L	M	N
1	调运费用	1	2	3	4	5	6	7	8					
2	收购点A	4	8	8	19	11	6	22	16					
3	收购点B	14	7	7	16	12	16	23	17					
4	收购点C	20	19	11	14	6	15	5	10					
5														
6	供应方案	1	2	3	4	5	6	7	8	实际运出	关系	收购量	增产	合计
7	收购点A	75	40	0	0	30	55	0	0	200	=	200	0	200
8	收购点B	0	20	80	70	0	0	0	0	170	=	170	0	170
9	收购点C	0	0	0	0	70	0	90	80	240	=	160	80	240
10	实际送到菜场	75	60	80	70	100	55	90	80					
11	需求量	75	60	80	70	100	55	90	80					
12														
13	总费用	4770												

图 2.41 增产之后的求解结果

可见增产的蔬菜只要向收购点 C 供应 8000 千克蔬菜就可以了。

复习思考题

1. 甲、乙两煤矿供应 A、B、C 三地用煤，煤矿生产量、三地需煤量及各煤矿到各地之间的距离如表 2.30 所示，问如何安排调运方案使总的运输费用最小？

表 2.30 煤矿生产量、三地需煤量及各煤矿到各地之间的距离

煤矿	各煤矿到各地之间的距离/千米			日生产量(供应量)/吨
	A 地	B 地	C 地	
甲煤矿	90	70	100	200
乙煤矿	80	65	80	250
日销售量(需煤量)/吨	100	150	200	

2. 甲、乙、丙三个煤矿供应 A、B、C、D 四地用煤，煤矿生产量、四地需煤量及各煤矿到各地之间的距离如表 2.31 所示，问如何安排调运方案使总的运输费用最小？

表 2.31 煤矿生产量、四地需煤量及各煤矿到各地之间的距离

煤矿	各煤矿到各地之间的距离/千米				日生产量(供应量)/吨
	A 地	B 地	C 地	D 地	
甲煤矿	40	120	40	110	160
乙煤矿	20	100	30	90	100
丙煤矿	80	50	110	60	220
日销售量(需煤量)/吨	80	140	120	140	

3. 某市有甲、乙、丙三个面粉厂，它们供应 A、B、C 三个面食厂所需要的面粉，面粉厂的生产量、面食厂的需要量及面粉厂到面食厂的单位运价如表 2.32 所示，假设在 A、B、C 三个面食厂制作单位面粉食品的利润分别为 12 元、16 元和 11 元，试问如何安排面粉的分配计划，使总利润最大？

表 2.32　面粉厂的生产量、面食厂的需求量及面粉厂到面食厂的单位运价

地点	面粉厂到面食厂的单位运价/元			面粉厂生产量/吨
	A 面食厂	B 面食厂	C 面食厂	
甲面粉厂	3	10	2	20
乙面粉厂	4	11	8	30
丙面粉厂	8	11	4	20
面食厂需求量/吨	15	25	20	

4. 某农民承包了五块土地共 206 亩，打算种植小麦、玉米和蔬菜三种农作物，各种农作物的计划播种面积以及每块土地种植各种农作物的亩产如表 2.33 所示，问如何安排种植计划，可以使总生产量达到最高。

表 2.33　农作物的计划播种面积及亩产

	各种农作物的亩产/千克					计划播种面积/亩
	土地 1	土地 2	土地 3	土地 4	土地 5	
小麦	500	600	650	1050	800	86
玉米	850	800	700	900	950	70
蔬菜	1000	950	850	550	700	50
土地面积/亩	36	48	44	32	46	

5. 甲、乙、丙三地所需要的煤炭由 A、B 煤矿供应，有关数据如表 2.34 所示，其中单位运价为(万元/万吨)，生产量与需求量的单位为万吨。由于需求量大于生产量，经研究决定，甲地需求量可减少 0～30 吨，乙地需求量应全部满足，丙地需求量不少于 290 万吨，试求将生产量全部分完又能使总运费最小的调运方案。

表 2.34　各地煤炭需求量及煤矿煤炭生产量和单位运价

地点	各煤矿到各地的单位运价/万元			生产量/万吨
	甲地	乙地	丙地	
A 煤矿	15	18	22	400
B 煤矿	21	25	16	450
需求量/万吨	320	250	350	

6. 某厂安排某种产品在今后四个月的生产计划，已知各月工厂的情况如表 2.35 所示，又知当月的产品如果当月不交货，每件产品每月需要的维护费和储存费是 30 元。试建立运输问题模型，制订使总成本最低的生产计划。

表 2.35　各月工厂的情况

项目	第一个月	第二个月	第三个月	第四个月
每月需求量/件	400	800	900	600
正常生产能力/件	700	700	700	700
加班生产能力/件	0	200	200	0
正常生产单件成本/元	100	120	140	160
加班生产单件成本/元	150	170	190	210

7. 某厂生产设备是以销定产的。已知 1～6 月各月的生产能力、销售量和单台设备的平均生产费用，如表 2.36 所示。

表 2.36　工厂 1～6 月份的有关数据

月份	正常生产能力	加班生产能力	销售量/台	单台费用/万元
1 月	60	10	104	15
2 月	50	10	75	14
3 月	90	20	115	13.5
4 月	100	40	160	13
5 月	100	40	103	13
6 月	80	40	70	13.5

已知上半年年末库存 103 台。如果当月生产出来的设备当月不交货，则需要运到分厂库房，每台增加运输成本 0.1 万元，每台设备每月的平均储存费、维护费为 0.2 万元。7～8 月份为销售淡季，全厂停产 1 个月，因此，在 6 月份完成销售量后还要留出库存 80 台。加班生产设备每台增加成本 1 万元，问应如何安排 1～6 月份的生产，使总的生产(包括运输、储存、维护)费用最少。

第 3 章
整 数 规 划

目前，世界上大多数航空公司都拥有多种机型的机队。每种机型都有其独特的设计特点，如座位数、着陆质量、机组成员、飞机维护和燃油消耗等。针对不同的运营航线，每种机型的运营成本也各不相同。因此，合理安排不同机型承担运输任务就成为航空公司生产运营中的一项重要工作。

机型的分配通常是对已经开航或计划开辟的各航线进行客流量预测，并通过对机队中各种机型在不同航线和航班上的运营成本来进行比较分析，最终的目标是为每个航班匹配合适的机型。机型的分配结果直接影响到航空公司的运营成本和飞行安全，对航空公司的正常运作和整体效益具有决定性的影响。

机型分配问题主要考虑飞机飞行时间、旅客数量、两地航班次数等约束条件，建立一个总成本最小化的目标函数，从而得到最优的机型配置方案。在这类问题中，最优解通常是各种类型飞机的班次，因此需要考虑整数值。航空公司通常采用基于整数规划算法的航班计划编制管理系统来解决机型分配问题。这种系统能提高飞机利用率、节省航班计划编制时间，从而提高航空公司整体的经济效益。

从上述情况可以看出，航空公司机型分配与前面介绍的线性规划问题最大的不同在于最优解必须是整数。因此，人们将决策变量必须取整数的线性规划问题称为整数线性规划问题。在整数线性规划问题中，如果所有决策变量都是整数，则称为纯整数规划；如果一部分决策变量是整数，一部分是非整数，则称为混合整数规划；而变量取值只能是 0 或 1 的问题称为 0-1 整数规划。这些分类主要是根据决策变量的整数要求和限制来进行区分的。

3.1 整数规划的求解

3.1.1 装箱问题

例 3.1 某厂拟用集装箱托运甲、乙两种货物，两种货物的体积、质量、单件利润以及集装箱托运限制情况如表 3.1 所示。问两种货物各托运多少箱，可使获得的利润为最大？

表 3.1　两种货物的体积、质量、单件利润以及集装箱托运限制情况

货物	体积/立方米	质量/百千克	单件利润/百元
甲	5	2	20
乙	4	5	10
集装箱托运限制	24	13	

解：设 x_1、x_2 分别为甲、乙两种货物的托运箱数，其数学模型可以表示为

$$\max Z = 20x_1 + 10x_2$$

$$\begin{cases} 5x_1 + 4x_2 \leqslant 24 \\ 2x_1 + 5x_2 \leqslant 13 \\ x_1, x_2 \geqslant 0, x_1, x_2 \text{为整数} \end{cases}$$

目标函数代表追求最大利润，约束条件是对集装箱的体积和质量限制，决策变量要求集装箱数量必须是整数。

3.1.2　分支定界算法

当涉及整数规划问题的求解时，可以使用单纯形算法来求得非整数约束下的最优解，然后通过四舍五入或取整法来获得最优整数解。然而，这种方法有时并不能保证得到整数规划的最优解。

为更好地理解，现举例说明。假设在例 3.1 中，先不考虑决策变量 x_1、x_2 必须为整数的条件，使用单纯形算法求解问题，得到解 $x_1 = 4.8, x_2 = 0, Z = 96$。如果采用四舍五入法来获得最优整数解，我们会得到 $x_1 = 5, x_2 = 0$，但是这个解并不是可行解。如果采用取整法，会得到 $x_1 = 4, x_2 = 0$，此时目标函数值 $Z = 80$，这个解也不是最优解。这表明通过四舍五入法或取整法得到的解并不是整数规划的最优解。

对于整数规划问题，如果可行域是有界的，那么整数解的数量应该是有限的。在这种情况下，可以使用枚举法计算所有可行整数解，并比较它们对应的目标函数值，从中选择最优解。当决策变量较少且取值范围不大时，枚举法是可行且有效的。然而，对于大型问题，当决策变量很多且取值范围较大时，采用枚举法将导致指数级增长的计算量。例如，如果有 20 个决策变量，每个变量的可能取值不超过 10 个，那么可行的整数组合将有数十亿个，即便使用每秒一万亿次计算的计算机，也需要数年的时间才能完成计算。因此，对于具有大量决策变量的整数规划问题，枚举法并不可行。

目前，解决整数规划问题的两种常用方法是分支定界算法和割平面法。分支定界算法是在 20 世纪 60 年代提出的一种灵活且适合计算机求解的方法。下面将通过例子说明分支定界算法的思想和步骤。

例 3.2　求解对下式的整数规划

$$\max Z = 40x_1 + 90x_2$$

$$\text{s.t} \begin{cases} 9x_1 + 7x_2 \leq 56 \\ 7x_1 + 20x_2 \leq 70 \\ x_1, x_2 \geq 0 \\ x_1, x_2 \text{为整数} \end{cases}$$

解：先不考虑整数条件，求解相应的线性规划问题，得最优解：$x_1 = 4.81, x_2 = 1.82$，$Z_0 = 356$。该解不符合整数条件。

对其中一个非整数变量解，如 $x_1 = 4.81$，显然，若要满足整数条件，x_1 必定有

$$x_1 \geq 5 \text{ 或 } x_1 \leq 4$$

于是，对原问题增加两个新约束条件，将原问题分为两个子问题，即有

$$\max Z = 40x_1 + 90x_2$$

$$\text{s.t.} \begin{cases} 9x_1 + 7x_2 \leq 56 \\ 7x_1 + 20x_2 \leq 70 \\ x_1 \leq 4 \\ x_1, x_2 \geq 0 \end{cases} \quad \text{(LP1)}$$

$$\max Z = 40x_1 + 90x_2$$

$$\text{s.t.} \begin{cases} 9x_1 + 7x_2 \leq 56 \\ 7x_1 + 20x_2 \leq 70 \\ x_1 \geq 5 \\ x_1, x_2 \geq 0 \end{cases} \quad \text{(LP2)}$$

问题(LP1)和问题(LP2)的可行域中包含了原整数规划问题的所有整数可行解，$4 < x_1 < 5$ 中不可能存在整数可行解的区域已被切除。分别求解这两个线性规划问题，得到的解是 $x_1 = 4, x_2 = 2.1, Z = 349$ 和 $x_1 = 5, x_2 = 1.57, Z = 341$。

变量 x_2 仍然不满足整数的条件，对问题(LP1)，必有 $x_2 \geq 3$ 或 $x_2 \leq 2$，将问题(LP1)增加约束条件，得到

$$\max Z = 40x_1 + 90x_2 \qquad\qquad \max Z = 40x_1 + 90x_2$$

$$\text{s.t.} \begin{cases} 9x_1 + 7x_2 \leq 56 \\ 7x_1 + 20x_2 \leq 70 \\ x_1 \leq 4 \\ x_2 \leq 2 \\ x_1, x_2 \geq 0 \end{cases} \text{(LP11)} \qquad \text{s.t.} \begin{cases} 9x_1 + 7x_2 \leq 56 \\ 7x_1 + 20x_2 \leq 70 \\ x_1 \leq 4 \\ x_2 \geq 3 \\ x_1, x_2 \geq 0 \end{cases} \text{(LP12)}$$

求解问题(LP11)，得到 $x_1 = 4, x_2 = 2, Z = 340$；求解问题(LP12)，得到 $x_1 = 1.42, x_2 = 3$，$Z = 327$。由于问题(LP12)的最优值小于问题(LP11)的最优值，故原问题的最优值必大于或等于340，尽管问题(LP12)的解仍然不满足整数条件，问题(LP12)已无必要继续分解。

对问题(LP2)，x_2 不满足整数条件，必有 $x_2 \geq 2$ 或 $x_2 \leq 1$，将这两个约束条件分别加到问题(LP2)中，得到问题(LP21)和问题(LP22)，求解得到问题(LP21)的最优解为 $x_1 = 5.44$，

$x_2 = 1, Z = 308$，问题(LP22)无可行解。

至此，原问题的最优解为 $x_1 = 4, x_2 = 2, Z = 340$。

上述求解过程称为分支定界算法，求解过程如图 3.1 所示。

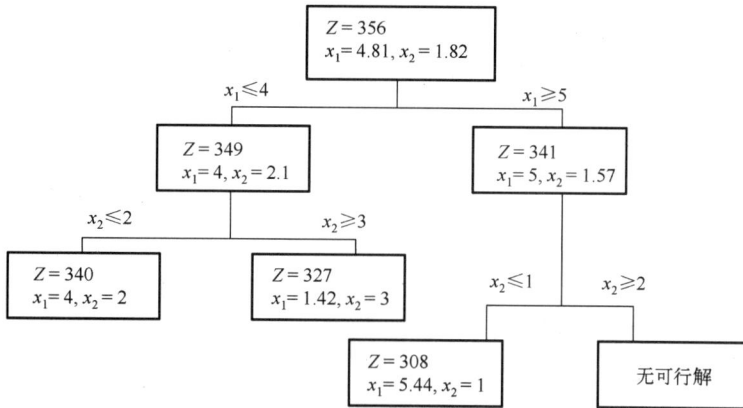

图 3.1　例 3.2 求解过程

将要求解的整数规划问题称为问题 A，将与之相应的线性规划问题称为问题 B(与问题 A 相比较，仅不含有变量为整数的约束条件)，问题 B 称为原问题 A 的松弛问题。解问题 B，可能得到以下情况之一：

问题 B 没有可行解，这时问题 A 也没有可行解，则停止。

问题 B 有最优解，并符合问题 A 的整数条件，问题 B 的最优解即为问题 A 的最优解，则停止。

问题 B 有最优解，并不符合问题 A 的整数条件，记它的目标函数值为 $\overline{z}_0$。

用观察法找问题 A 的一个整数可行解，一般可取 $x_j = 0, j = 1, \cdots, n$ 试探，求得其目标函数值，并记 $\underline{z}$。以 z^* 表示问题 A 的最优目标函数值；这时有 $\underline{z} \leqslant z^* \leqslant \overline{z}_0$，然后按下面步骤进行迭代。

步骤 1：分支定界过程

(1)分支过程。在问题 B 的最优解中任选一个不符合整数条件的变量 x_j，若其值为 b_j，以 $[b_j]$ 表示小于 b_j 的最大整数，构造两个约束条件：$x_j \leqslant [b_j]$ 和 $x_j \geqslant [b_j] + 1$。将这两个约束条件，分别加入问题 B，得到后续规划问题 B_1 和问题 B_2。不考虑整数条件，求解这两个后续规划问题。

(2)定界过程。将每个后续规划问题视为一个分支，并标明其求解结果。在其他问题的解集中，找到目标函数值最大的解作为新的上界 $\overline{z}$。在已符合整数条件的各分支中，找出目标函数值最大者作为新的下界 $\underline{z}$，若无可行解，则 $\underline{z} = 0$。

步骤 2：进行比较与剪支

各分支的目标函数最优解中若有小于 $\underline{z}$ 者，则剪掉这支，以后不再考虑这个分支。若大于 $\underline{z}$，且不符合整数条件，则重复步骤 1，直到得到 $z^* = \underline{z}$ 为止，得到最优整数解 $x_j^*, j = 1, \cdots, n$。

3.1.3　一般整数规划的 Excel 求解

下面以例 3.1 为例，介绍如何使用 Excel 求解整数规划问题。例 3.1 是一个集装箱托运货物问题，最终目标是确定货物甲和货物乙各需要装载多少个集装箱，以实现最大利润，而且同时满足集装箱的托运限制条件。基础数据的输入如图 3.2 所示，这是一个整数规划问题。

使用 Excel 计算例 3.1 的步骤与上述线性规划求解类似。需要注意的是，货物甲和货物乙的集装箱数必须指明是整数。如图 3.3 所示，在"添加约束"对话框中指明在"B7"位置上的第一个变量被限制为整数"int"。所有约束条件被添加完成后，整个参数设置的结果显示在图 3.4 中。

图 3.2　装箱问题电子表格

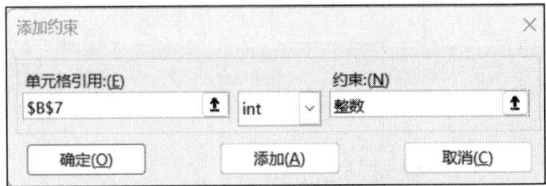

图 3.3　整数约束对话框

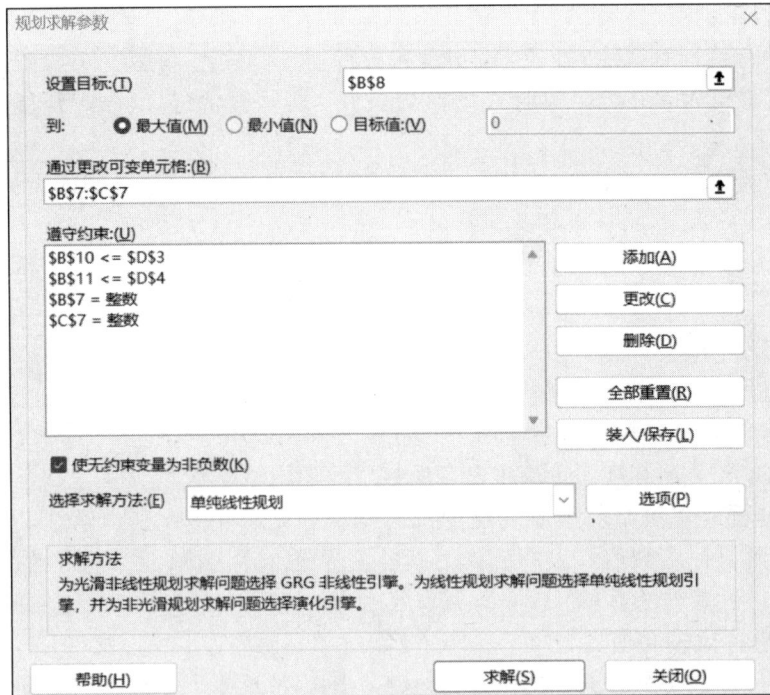

图 3.4　整数规划求解参数设置

在单击"求解"按钮后，得到整数规划最优解如图 3.5 所示。在可变单元格部分，"初值"栏显示的是任意输入的初始变量数值。"终值"栏显示的是最终的最优整数解，当货物甲装 4 箱和货物乙装 1 箱时可获得最大利润 9000 元。

Microsoft Excel 16.0 运算结果报告
工作表: [新建 Microsoft Excel 工作表.xlsx]Sheet1
报告的建立: 2023/6/12 19:29:54
结果: 规划求解找到一解，可满足所有的约束及最优状况。
规划求解引擎
规划求解选项

目标单元格 (最大值)

单元格	名称	初值	终值
$B$8	总利润 货物甲	90	90

可变单元格

单元格	名称	初值	终值	整数
$B$7	变量 货物甲	4	4	整数
$C$7	变量 货物乙	1	1	整数

约束

单元格	名称	单元格值	公式	状态	型数值
$B$10	体积 货物甲	24	$B$10<=$D$3	到达限制值	0
$B$11	质量 货物甲	13	$B$11<=$D$4	到达限制值	0
$B$7=整数					
$C$7=整数					

图 3.5　装箱问题的整数最优解

3.2　0-1 规划

3.2.1　工厂选址问题

例 3.1 中的整数规划问题，决策变量为装配货物甲和货物乙的箱数。在实际建模中，不同的整数规划问题可能涉及人数、机器台数等作为决策变量。此外，在建模过程中还经常遇到需要解决“是、否”或者“有、无”等问题的情况。对于这类问题，通常可以通过引入取值为 0 或 1 的决策变量来进行求解。下面通过举例来说明这一点。

例 3.3　某公司拟在市东、西、南三区建立门市部，有 7 个位置 $A_i(i=1,2,\cdots,7)$ 可供选择，考虑到各地区居民消费水平及居民居住密集程度，公司制定了如下规定：

在东区，由 A_1，A_2，A_3 三个点中至多选两个；

在西区，由 A_4，A_5 两个点中至少选一个；

在南区，由 A_6，A_7 两个点中至少选一个。

如选用 A_i 点，设备投资预计为 b_i 元，每年可获利润预计为 c_i 元，由于公司的投资能力及投资策略限制，要求投资总额不能超过 B 元。问应如何选择可使年利润为最大？

解： 设 $x_i(i=1,2,\cdots,7)$ 表示是否在位置 i 建立门市部，有

$$x_i=\begin{cases}1, & \text{当}A_i\text{点被选用}\\0, & \text{当}A_i\text{点没被选用}\end{cases}\quad(i=1,2,\cdots,7)$$

则可以建立如下数学模型：

$$\max Z = \sum_{i=1}^{7} c_i x_i$$

$$\text{s.t.} \begin{cases} \sum_{i=1}^{7} b_i x_i \leqslant B \\ x_1 + x_2 + x_3 \leqslant 2 \\ x_4 + x_5 \geqslant 1 \\ x_6 + x_7 \geqslant 1 \\ x_i = 0 \text{或} 1 \quad (i = 1, 2, \cdots, 7) \end{cases}$$

其中，目标函数表示寻求获利最大的设点方案，第一个约束条件表示投资总额限制，之后的三个约束条件分别表示在东、西和南三区的设点数限制，决策变量取值 0 或 1。

3.2.2 背包问题

例3.4 某科学实验卫星计划在下列仪器装置中选择若干件进行装载。已知仪器装置 A_i $(i = 1, 2, \cdots, 7)$ 的体积为 v_i，质量为 w_i，该装置在实验中的价值为 c_i。要求：

① 装入卫星的仪器装置总体积不超过 V，总质量不超过 W；

② A_1 与 A_3 中最多安装一件；

③ A_2 与 A_4 中至少安装一件；

④ A_5 与 A_6 或者都安装上，或者都不安装。

为了最大化科学实验卫星的实验价值，需要建立一个数学模型来确定装载哪些仪器装置。

解： 设 x_i $(i = 1, 2, \cdots, 7)$ 表示是否装载该仪器设备，有 $x_i = \begin{cases} 1, \text{装} A_i \\ 0, \text{不装} A_i \end{cases}$。则可以建立如下数学模型：

$$\max Z = \sum_{i=1}^{7} c_i x_i$$

$$\text{s.t.} \begin{cases} \sum_{i=1}^{7} x_i v_i \leqslant V \\ \sum_{i=1}^{7} x_i w_i \leqslant W \\ x_1 + x_3 \leqslant 1 \\ x_2 + x_4 \geqslant 1 \\ x_5 = x_6 \\ x_i = 0 \text{或} 1 \ (i = 1, 2, \cdots, 7) \end{cases}$$

其中，目标函数表示追求最大的卫星实验价值；第 1、2 个约束条件表示体积和质量的限制；第 3~5 个约束条件表示特定的卫星装载要求，该问题的决策变量是 0-1 整数变量。

3.2.3 隐枚举法

从上述两个例子可以观察到，这类问题属于整数规划中的特殊情形，其中决策变量的取值只能是 0 或 1。在这种情况下，变量 x_i 被称为 0-1 变量。因此，这类问题被称为 0-1 整数规划问题。对于变量 x_i 的 0-1 约束条件，可以转化为以下整数约束条件：

$$x_i \leqslant 1, x_i \geqslant 0, x_i \in Z$$

通过这样的转化，将 0-1 规划问题转化为一般的整数规划问题。可以利用解决一般整数规划问题的通用方法，如分支定界算法、割平面法等来求解该问题。

除通用的整数规划求解方法外，解决 0-1 规划问题最直接的方法是枚举法。枚举法考虑了变量 x_i 取值为 0 或 1 的所有可能组合情况。尽管相较于一般的整数规划问题，变量的取值范围大大缩小，但对于变量个数 n 较大的情况仍然需要进行大量的计算，这可能变得困难。

因此，为了降低计算复杂性，可以设计一些方法，只需要检查变量组合中的一部分就可找到最优解。隐枚举法就是一种满足这一要求的方法。

下面举例说明求解 0-1 整数规划的隐枚举法。

例 3.5 有 0-1 整数规划问题

$$\max Z = 3x_1 - 2x_2 + 5x_3$$

$$\text{s.t.} \begin{cases} x_1 + 2x_2 - x_3 \leqslant 2 & (3.1) \\ x_1 + 4x_2 + x_3 \leqslant 4 & (3.2) \\ x_1 + x_2 \leqslant 3 & (3.3) \\ 4x_1 + x_3 \leqslant 6 & (3.4) \\ x_1, x_2, x_3 = 0 \text{或} 1 \end{cases}$$

解： 采用试探的方法找到一个可行解，容易看出 $(x_1, x_2, x_3) = (1, 0, 0)$ 符合约束条件，目标函数值 $Z = 3$。

对于极大化问题，应有 $Z \geqslant 3$，于是增加一个约束条件

$$3x_1 - 2x_2 + 5x_3 \geqslant 3 \tag{3.5}$$

新增加的约束条件称为过滤条件。原问题的线性约束条件就变成 5 个，3 个变量共有 $2^3 = 8$ 个解，原来 4 个约束条件共需 32 次运算，增加了过滤条件后，将 5 个约束条件按 (3.1)～(3.5) 的顺序排好 (见表 3.2)，对每个解，依次代入约束条件左侧，求出数值，看是否满足不等式条件，如某一条件不适合，同行以下条件就不必再检查，这样可以减少运算次数。

于是求得最优解 $(x_1, x_2, x_3) = (0, 1, 0)$，$\max Z = 8$。

表 3.2 例 3.5 求解过程

点	条件					满足条件？是(√)否(×)	Z 值
	(3.1)	(3.2)	(3.3)	(3.4)	(3.5)		
(0,0,0)					0	×	
(0,0,1)	√	√	√	√	5	√	5
(0,1,0)					−2	×	
(0,1,1)	√	√			3	×	

点	条件					满足条件? 是(√)否(×)	Z 值
	(3.1)	(3.2)	(3.3)	(3.4)	(3.5)		
(1,0,0)	√	√	√	√	3	√	3
(1,0,1)	√	√	√	√	8	√	8
(1,1,0)					1	×	
(1,1,1)	√	√			6	×	

在计算过程中，若遇到 Z 值已超过条件(3.5)右边的值，应改变条件(3.5)，使右边为最大 Z，继续检查。例如，当检查点为(0,0,1)时，因 $Z=5>3$，所以应将条件(3.5)换成

$$3x_1 - 2x_2 + 5x_3 \geqslant 5 \tag{3.6}$$

这种对过滤条件的改进，可以减少计算量。

3.2.4 0–1 规划的 Excel 求解

以例 3.5 为例介绍如何使用 Excel 求解 0–1 整数规划问题。把基础数据输入 Excel 电子表格中，如图 3.6 所示。

用 Excel 进行 0–1 整数规划求解的步骤与一般的整数规划求解类似，不同点是需要指明所有变量是 0–1 决策变量。例如，说明在"B8"位置上的第一个变量是 0–1 形式的变量，在选择按钮处选择"bin"就意味着第一个变量被限制为"0–1"决策变量，如图 3.7 所示。

图 3.6 矩阵形式电子表格模型

图 3.7 二进制形式的约束

在所有参数被设置完后单击"求解"按钮，得到最优解报告。在可变单元格部分，"初值"栏是任意输入的初始变量数值 $(x_1,x_2,x_3) = (1,0,0)$。"终值"栏是最终的最优 0–1 整数解 $(x_1,x_2,x_3) = (1,0,1)$，最大值为 8。

利用 Excel 求解能有效地提高组织决策的速度和准确性，能进一步促进科学决策的信息化水平。

3.3 指派问题

3.3.1 指派问题模型

在现实生活中，经常会遇到一种问题：某个单位需要完成 n 项任务，而恰好有 n 个人

可承担这些任务。由于每个人的专业领域和能力不同，完成每项任务所需的时间也不同。现在面临的问题是，应该将哪个人分配到哪个任务上，可以使完成 n 项任务所需的总时间最少。这类问题被称为指派问题或分配问题（Assignment Problem）。

例 3.6 有一份中文说明书，需译成英、日、德、俄四种文字，分别记作 E、J、G、R。现有甲、乙、丙、丁四人，他们将中文说明书翻译成不同语种说明书所需时间如表 3.3 所示。若要求每一翻译任务只分配给一人去完成，每个人只接受一项任务，问应指派何人去完成何项工作，使所需时间最少？

表 3.3　例 3.6 的效率矩阵表

人员	任务			
	E	J	G	R
甲	2	15	13	4
乙	10	4	14	15
丙	9	14	16	13
丁	7	8	11	9

一般地，称表 3.3 为效率矩阵或者系数矩阵，其元素 $c_{ij} > 0(i,j=1,2,\cdots,n)$ 表示指派第 i 个人去完成第 j 项任务所需的时间，或者称为完成任务的工作效率（或时间、成本等）。

解： 引入 0-1 变量 x_{ij}，$x_{ij} = \begin{cases} 1, & \text{指派第}i\text{人去完成第}j\text{项任务} \\ 0, & \text{不指派第}i\text{人去完成第}j\text{项任务} \end{cases}$

由此可得到指派问题的数学模型：

$$\min Z = \sum_i \sum_j c_{ij} x_{ij}$$

$$\text{s.t.} \begin{cases} \sum_i x_{ij} = 1 (j=1,2,\cdots,n) \\ \sum_j x_{ij} = 1 (i=1,2,\cdots,n) \\ x_{ij} = 1\text{或}0 \end{cases}$$

目标函数表示 n 个人完成任务所需的时间最少（或效率最高）；第一个约束条件说明第 j 项任务只能由 1 人去完成；第二个约束条件说明第 i 人只能完成 1 项任务。

可得，上述问题可行解 x_{ij} 可写成表格或矩阵形式，如例 3.6 的一个可行解矩阵是

$$x_{ij} = \begin{bmatrix} 0 & 1 & 0 & 0 \\ 0 & 0 & 1 & 0 \\ 1 & 0 & 0 & 0 \\ 0 & 0 & 0 & 1 \end{bmatrix}$$

可以看出，解矩阵 $\boldsymbol{x}_{ij}$ 中各行（各列）只能有一个元素是 1。

回顾运输问题的数学模型，当生产量和销售量分别等于 1 时，实际上所得到的数学模型与指派问题完全相同，即指派问题是运输问题的特例，因此可以使用运输问题的表上作业法来解决指派问题。下面根据指派问题的特点介绍一种更为简便的算法。

3.3.2 匈牙利法

指派问题的最优解有这样的性质，若从系数矩阵 c_{ij} 的某一行(列)各元素中分别减去该行(列)的最小元素，得到新矩阵 b_{ij}，那么以 b_{ij} 为系数矩阵求得的最优解和用原系数矩阵求得的最优解相同。

以例 3.6 来理解上述内容，对甲来说，只能完成一项任务，若其无论完成哪项任务都减少相同的时间，这种时间变动并不改变甲在四项任务中的最佳选择；若完成某项任务的四个人都减少相同的时间，同样这种时间的节省并不改变任务对完成人的最佳选择。

利用这个性质，可使原系数矩阵变换为含有很多零元素的新系数矩阵，而最优解保持不变。在系数矩阵 b_{ij} 中，一般称位于不同行不同列的零元素为独立的零元素。若能在系数矩阵 b_{ij} 中找出 n 个独立的零元素，令解矩阵 x_{ij} 中对应这 n 个独立的零元素的取值为 1，其他元素取值为 0，则将其代入目标函数中得到的 $Z = 0$ 一定是最小的，这就是以 b_{ij} 为系数矩阵的指派问题的最优解，也就得到了原问题的最优解。

1955 年，库恩(W. W. Kuhn)利用匈牙利数学家康尼格(D. Konig)提出的一个关于矩阵中零元素的定理，提出了解决指派问题的算法，被称为匈牙利法。该定理证明了以下结论：

在系数矩阵中，独立的零元素的最大个数等于能覆盖所有零元素的最小直线数。

下面用例 3.6 来说明该方法的应用步骤。

第一步：通过变换，使指派问题中的系数矩阵的每行和每列都至少包含一个零元素。

(1)从系数矩阵的每行元素减去该行的最小元素；

(2)再从所得系数矩阵的每列元素中减去该列的最小元素。

例 3.6 的计算结果为

$$c_{ij} = \begin{bmatrix} 2 & 15 & 13 & 4 \\ 10 & 4 & 14 & 15 \\ 9 & 14 & 16 & 13 \\ 7 & 8 & 11 & 9 \end{bmatrix} \begin{matrix} 2 \\ 4 \\ 9 \\ 7 \end{matrix} \rightarrow \begin{bmatrix} 0 & 13 & 11 & 2 \\ 6 & 0 & 10 & 11 \\ 0 & 5 & 7 & 4 \\ 0 & 1 & 4 & 2 \end{bmatrix} \rightarrow \begin{bmatrix} 0 & 13 & 7 & 0 \\ 6 & 0 & 6 & 9 \\ 0 & 5 & 3 & 2 \\ 0 & 1 & 0 & 0 \end{bmatrix} = b_{ij}$$

第二步：进行试指派，以寻求最优解。

经过第一步的变换后，系数矩阵中每行和每列都至少有一个零元素。现在需要找到 n 个独立的零元素。如果成功找到这些独立的零元素，可以将这些零元素对应的解矩阵中的元素设置为 1，其余元素设置为 0，从而得到最优解。

当 n 的值较小时，可以使用观察法或试探法来寻找这 n 个独立的零元素。然而，当 n 的值较大时，就需要按照一定的步骤来进行查找。常用的步骤包括：

(1)从只有一个零元素的行(列)开始，给这个零元素加圈，记作 ◎。这表示对这行所代表的人，只有一种任务可指派。然后划去 ◎ 所在列(行)的其他零元素，记作 ϕ，这表示这列所代表的任务已指派完，不必再考虑其他人。

(2)反复进行步骤(1)，直到所有零元素都被圈出或划掉为止。

(3)若仍有没有画圈的零元素，且同行(列)的零元素至少有两个(表示对这个可以从两项任务中指派其一)。则从剩有零元素最少的行(列)开始，比较这行各零元素所在列中零元素的数目,选择零元素少的那列的这个零元素加圈(表示选择性多的要"礼让"选择性少的)。然后划掉同行同列的其他零元素。可反复进行,直到所有零元素都已圈出或划掉为止。

(4)若◎元素的数目 m 等于矩阵的阶数 n,那么指派问题的最优解已得到。若 $m < n$,则转入后面的第三步。

对于例3.6,按步骤(1),先给 b_{22} 加圈,然后给 b_{31} 加圈,划掉 b_{11},b_{41};按步骤(2),给 b_{43} 加圈,划掉 b_{44},最后给 b_{14} 加圈,得到

$$\begin{bmatrix} \phi & 13 & 7 & ◎ \\ 6 & ◎ & 6 & 9 \\ ◎ & 5 & 3 & 2 \\ \phi & 1 & ◎ & \phi \end{bmatrix}$$

由于 $m = n = 4$,所以得最优解为

$$x_{ij} = \begin{bmatrix} 0 & 0 & 0 & 1 \\ 0 & 1 & 0 & 0 \\ 1 & 0 & 0 & 0 \\ 0 & 0 & 1 & 0 \end{bmatrix}$$

这表示指定甲译出俄文,乙译出日文,丙译出英文,丁译出德文,所需总时间最少 $\min Z_b = \sum_i \sum_j b_{ij} x_{ij} = 0$。而 $\min Z = \sum_i \sum_j c_{ij} x_{ij} = c_{31} + c_{22} + c_{43} + c_{14} = 28$(小时)。

例3.7 求表3.4所示效率矩阵的指派问题的最小解。

表 3.4 例 3.7 的效率矩阵

人员	任务				
	A	B	C	D	E
甲	12	7	9	7	9
乙	8	9	6	6	6
丙	7	17	12	14	9
丁	15	14	6	6	10
戊	4	10	7	10	9

解: 按上述第一步,将这系数矩阵进行变换。

$$\begin{bmatrix} 12 & 7 & 9 & 7 & 9 \\ 8 & 9 & 6 & 6 & 6 \\ 7 & 17 & 12 & 14 & 9 \\ 15 & 14 & 6 & 6 & 10 \\ 4 & 10 & 7 & 10 & 9 \end{bmatrix} \begin{matrix} 7 \\ 6 \\ 7 \\ 6 \\ 4 \end{matrix} \rightarrow \begin{bmatrix} 5 & 0 & 2 & 0 & 2 \\ 2 & 3 & 0 & 0 & 0 \\ 0 & 10 & 5 & 7 & 2 \\ 9 & 8 & 0 & 0 & 4 \\ 0 & 6 & 3 & 6 & 5 \end{bmatrix}$$

按第二步,得到

$$\begin{bmatrix} 5 & ◎ & 2 & \phi & 2 \\ 2 & 3 & \phi & ◎ & \phi \\ ◎ & 10 & 5 & 7 & 2 \\ 9 & 8 & ◎ & \phi & 4 \\ \phi & 6 & 3 & 6 & 5 \end{bmatrix}$$

这里 ◎ 的个数 $m=4$，而 $n=5$；解题没有完成，应按以下步骤继续进行。

第三步：做最少的直线覆盖所有零元素，以确定该系数矩阵中能找到最多的独立元素数。为此按以下步骤进行：

(1) 对没有 ◎ 的行打√号；

(2) 对已打√号的行中所有含 ϕ 元素的列打√号；

(3) 再对打有√号的列中含 ◎ 元素的行打√号；

(4) 重复 (2) (3) 直到得不出新的打√号的行、列为止；

(5) 对没有打√号的行画一横线，已打√号的列画一纵线，这就得到覆盖所有零元素的最少直线数。

令这直线数为 l。若 $l<n$，说明必须再变换当前的系数矩阵，才能找到 n 个独立的零元素，为此转下面第四步；若 $l=n$，而 $m<n$，应回到第二步，另行试探。

在例 3.7 中，对矩阵按以下次序进行操作：

先在第五行旁打√号，接着在第一列打√号，接着在第三行旁打√号。经检查不能再打√号了。对没有打√行，画一直线以覆盖零元素，已打√的列画一直线以覆盖零元素。得

$$\begin{bmatrix} 5 & ◎ & 2 & \phi & 2 \\ 2 & 3 & \phi & ◎ & \phi \\ ◎ & 10 & 5 & 7 & 2 \\ 9 & 8 & ◎ & \phi & 4 \\ \phi & 6 & 3 & 6 & 5 \end{bmatrix} \begin{matrix} \\ \\ √ \\ \\ √ \end{matrix}$$

由此可见 $l=4<n$。所以应继续对矩阵进行变换，转第四步。

第四步：进行矩阵变换，增加零元素。在未被直线覆盖的部分中找出最小的元素。然后在打√行各元素中都减去这最小元素，而在打√列的各元素都加上这最小元素，以保证原来零元素不变。

如果找到了 n 个独立的零元素，则已得到最优解。否则，回到第三步重复进行操作。

在没有被覆盖部分 (第 3、5 行) 中找出最小元素为 2，然后将第 3、5 行各元素分别减 2，给第一列各元素加 2，得到新矩阵。按第二步，找出所有独立的零元素，得到

$$\begin{bmatrix} 7 & 0 & 2 & 0 & 2 \\ 4 & 3 & 0 & 0 & 0 \\ 0 & 8 & 3 & 5 & 0 \\ 11 & 8 & 0 & 0 & 4 \\ 0 & 4 & 1 & 4 & 3 \end{bmatrix}$$

它具有 5 个独立的零元素，由此得到最优解，相应的解矩阵为

$$\begin{bmatrix} 0 & 1 & 0 & 0 & 0 \\ 0 & 0 & 0 & 1 & 0 \\ 0 & 0 & 0 & 0 & 1 \\ 0 & 0 & 1 & 0 & 0 \\ 1 & 0 & 0 & 0 & 0 \end{bmatrix}$$

由解矩阵得到最优指派方案：甲—B，乙—D，丙—E，丁—C，戊—A。本例还可以得到另一最优指派方案：甲—B，乙—C，丙—E，丁—D，戊—A。所需总时间为 $\min Z = 32$。

当指派问题的系数矩阵，经过变换得到了同行和同列中都有两个或两个以上零元素时，可以任选一行（列）中某个零元素，再划去同行（列）的其他零元素。这时会出现多重解。

下面讨论几种特殊的情况，经过适当变换后，即可采用匈牙利法求解。

（1）目标函数求极大化的问题。

对例 3.6，若系数矩阵中各元素 c_{ij} 为翻译人员从事某种语言翻译工作后所得到的收益，要求一种指派，使翻译人员的收益最大，即求 $\max Z = \sum_i \sum_j c_{ij} x_{ij}$，可令 $b_{ij} = M - c_{ij}$，其中 M 是足够大的常数（如选 c_{ij} 中最大元素为 M），这时系数矩阵可变换为 $B = (b_{ij})$，这时 $b_{ij} \geq 0$，符合匈牙利法的条件。

目标函数经变换后，即解 $\min Z' = \sum_i \sum_j b_{ij} x_{ij}$，所得最小解就是原问题最大解，因为

$$\sum_i \sum_j b_{ij} x_{ij} = \sum_i \sum_j (M - c_{ij}) x_{ij} = \sum_i \sum_j M x_{ij} - \sum_i \sum_j c_{ij} x_{ij} = nM - \sum_i \sum_j c_{ij} x_{ij}。$$

因 nM 为常数，所以当 $\sum_i \sum_j b_{ij} x_{ij}$ 取最小值时，$\sum_i \sum_j c_{ij} x_{ij}$ 即为最大值。

（2）任务数 m 与工作人员数 n 不等。

当 $m > n$ 时，可设"虚工作人员"，"虚工作人员"从事各项任务的效率为 0，分配给"虚工作人员"的工作实际上无法安排；当 $m < n$ 时，可设"虚工作"，各工作人员从事"虚工作"的效率为 0，被指派做"虚工作"的人的状态，实际上是休息状态。此时，即可将问题进行转化。

若例 3.6 中，只有甲、乙、丙三个工作人员，则转化的矩阵如表 3.5 所示；若原四个工作人员只需要完成 E、J、G 三项工作，则转化的矩阵如表 3.6 所示。

表 3.5 转化矩阵表（一）

人员	任务			
	E	J	G	R
甲	2	15	13	4
乙	10	4	14	15
丙	9	14	16	13
"虚工作人员"	0	0	0	0

表 3.6 转化矩阵表(二)

人员	任务			
	E	J	G	"虚工作"
甲	2	15	13	0
乙	10	4	14	0
丙	9	14	16	0
丁	7	8	11	0

(3)不平衡指派问题的扩展。

三个工人从事四项工作,某一工人从事两项工作,求花费时间最少的指派。先不考虑"某一工人从事两项工作",则增加"虚工作人员",得到最优指派后,剩余工作必定由三人中完成该项任务花费时间最少的来从事。与(2)不同的是,该"虚工作人员"完成任务的时间花费等于各项任务中三人的最少花费时间,由该问题得到表 3.7。用匈牙利法求解该问题,若"虚工作人员"从事 G 工作,表明第四项工作由甲完成;若"虚工作人员"从事 J 工作,表明第四项工作由乙完成。

表 3.7 不平衡指派问题扩展表

人员	任务			
	E	J	G	R
甲	2	15	13	4
乙	10	4	14	15
丙	9	14	16	13
"虚工作人员"	2	4	13	4

不平衡指派问题中,在工人数大于工作数情况下,增加"虚工作":某人必须被指派工作。则该人从事"虚工作"的时间花费为"M",表示工作花费时间无穷大,其余人从事该"虚工作"的时间花费为 0。如果工人不能得到指派时存在一定赔偿损失费,则将各人得到的赔偿损失费作为从事该"虚工作"的时间花费。

当工作数大于工人数时,则增加"虚工作人员":若某项工作必须完成,则该"虚工作人员"从事必须完成工作的时间花费为"M",表示该项工作不得由"虚工作人员"从事,"虚工作人员"从事其他工作的时间花费为 0;若工作不能完成时存在惩罚损失费,则直接将惩罚损失费作为"虚工作人员"从事各项工作的时间;若某人不能完成某项工作,则在系数矩阵中,相应位置处填入"M"。

3.3.3 指派问题的 Excel 求解

首先将例 3.6 中各人完成不同任务的基础数据输入 Excel 电子表格中,如图 3.8 所示。在"规划求解参数"对话框中的参数设置如图 3.9 所示。

按照图 3.9 设置参数后,单击"求解"按钮,则可以得到指派问题的最优解,如图 3.10 所示。

根据图 3.10 可以看出可变单元格 E11、C12、B13 和 D14 的"终值"为 1,其余全为 0,由此可知任务分配的结果是指派甲从事任务 R,乙从事任务 J,丙从事任务 E,丁从事任务 G。目标单元格最小值为 28。

图 3.8　指派问题电子表格

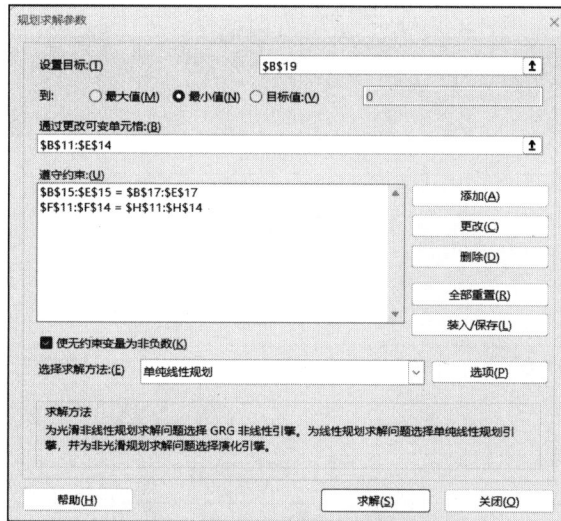

	A	B	C	D	E	F	G	H	I	J
1				效率矩阵						
2		任务E	任务J	任务G	任务R					
3	甲	2	15	13	4					
4	乙	10	4	14	15					
5	丙	9	14	16	13					
6	丁	7	8	11	9					
7										
8										
9				指派矩阵						
10		任务E	任务J	任务G	任务R	实际指派				
11	甲	0	0	0	0	=SUM(B11:E11)	=	1		
12	乙	0	0	0	0	=SUM(B12:E12)	=	1		
13	丙	0	0	0	0	=SUM(B13:E13)	=	1		
14	丁	0	0	0	0	=SUM(B14:E14)	=	1		
15	实际分配	=SUM(B11:B14)	=SUM(C11:C14)	=SUM(D11:D14)	=SUM(E11:E14)					
16		=	=	=	=					
17		1	1	1	1					
18										
19	总时间	=SUMPRODUCT(B3:B6,B11:B14)+SUMPRODUCT(C3:C6,C11:C14)+SUMPRODUCT(D3:D6,D11:D14)+SUMPRODUCT(E3:E6,E11:E14)								

图 3.9　指派问题求解参数设置

图 3.10　指派问题的最优解

3.4 案例分析

案例分析 1（分销中心选址问题）

A 公司在 D_1 处经营一家年生产量为 30 万件产品的工厂，产品被运输到位于 M_1、M_2、M_3 的分销中心。由于预期将有需求增长，该公司计划在 D_2、D_3、D_4、D_5 中的一个或多个城市建新工厂以增加生产能力。根据调查，被提议的四个城市中建立工厂的固定成本和年生产能力如表 3.8 所示。

表 3.8　各城市建立工厂的固定成本和年生产能力表

目标工厂	固定成本/万元	年生产能力/万件
D_2	17.5	10
D_3	30.0	20
D_4	37.50	30
D_5	50.0	40

该公司对三个地区分销中心的年需求量做了如下预测，如表 3.9 所示。

表 3.9　各分销中心的年需求量预测

分销中心	年需求量/万件
M_1	30
M_2	20
M_3	20

根据估计，每件产品从每个工厂到各分销中心的运费如表 3.10 所示。

表 3.10　每件产品从每个工厂到各分销中心的运费　　　　单位：万元

目标工厂	分销中心		
	M_1	M_2	M_3
D_1	5	2	3
D_2	4	3	4
D_3	9	7	5
D_4	10	4	2
D_5	8	4	3

请问：公司是否需要在四个地区中建厂，若建厂，各工厂到各分销中心如何配送调运？

解：引入 0-1 变量表示在 D_i 处是否建立工厂，$y_i = \begin{cases} 1, & D_i \text{处建立工厂}, \\ 0, & D_i \text{处不建立工厂}, \end{cases}$ $i = 2,3,4,5$

设 $x_{ij}, i = 1,2,3,4,5, j = 1,2,3$ 表示从每个工厂到分销中心的运输量（单位：万件）。年运输成本和经营新厂的固定成本之和为 $17.5y_2 + 30y_3 + 37.5y_4 + 50y_5 + \sum_{j=1}^{3}\sum_{i=1}^{5} c_{ij}x_{ij}$，$c_{ij}$ 表示从工厂 i 到分销中心 j 的单位运费；考虑被提议工厂的生产能力约束条件，以 D_2 为例，有 $\sum_{j=1}^{3} x_{2j} \leqslant 10y_2$，其余类似；考虑分销中心的需求量约束条件，以 M_1 为例，有 $\sum_{i=1}^{5} x_{i1} = 30$，其余类似。因此，有整数规划模型

$$\min Z = 17.5y_2 + 30y_3 + 37.5y_4 + 50y_5 + \sum_{j=1}^{3}\sum_{i=1}^{5} c_{ij}x_{ij}$$

$$\text{s.t.}\begin{cases} \sum_{j=1}^{3} x_{2j} \leqslant 10y_2, \sum_{j=1}^{3} x_{3j} \leqslant 20y_3, \sum_{j=1}^{3} x_{4j} \leqslant 30y_4 \\ \sum_{j=1}^{3} x_{5j} \leqslant 40y_5, \sum_{i=1}^{5} x_{i1} = 30 \\ \sum_{i=1}^{5} x_{i2} = 20, \sum_{i=1}^{5} x_{i3} = 20 \\ y_i = 0\text{或}1, i=2,3,4,5 \\ x_{ij} \geqslant 0, i=1,2,3,4,5; j=1,2,3 \end{cases}$$

利用 Excel 求解得到：$y_2 = 1, y_4 = 1$；$x_{11} = 20, x_{12} = 10, x_{21} = 10, x_{42} = 10, x_{43} = 20$，总费用为 295 万元。结果表明，在 D_2 和 D_4 处建立分厂，从 D_1 处运输给 M_1 的数量为 20 万件，D_1 处运输给 M_2 的数量为 10 万件；从 D_2 处运输给 M_1 的数量为 10 万件；从 D_4 处运输给 M_2 的数量为 10 万件；从 D_4 处运输给 M_3 的数量为 20 万件。实际上，这一模型可以应用于工厂与仓库之间、工厂与零售店之间的直接运输和产品分配系统。利用 0-1 变量的性质，有多种厂址的配置约束，比如，由于 D_1 和 D_4 两地距离较近，公司不愿意同时在这两地建厂等。

案例分析 2（航线的优化安排问题）

总部设在 H 市的 A 航空公司拥有 J1 型飞机 3 架、J2 型飞机 8 架和 J3 型飞机 2 架，飞往 A、B、C、D 四个城市，如图 3.11 所示。

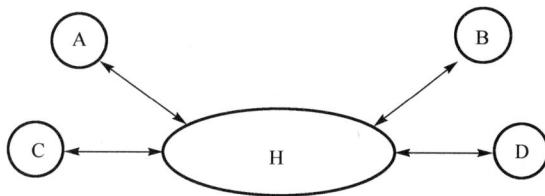

图 3.11　飞行路线表

通过收集相关数据，得到不同类型飞机由 H 市飞往各个城市的往返费用、往返飞行时间等数据如表 3.11 所示。

表 3.11　飞机类型、飞行总费用及飞行时间数据表

飞机类型	飞往城市	飞行总费用/万元	飞行时间/小时
J1	A	6	2
	B	7	4
	C	8	5
	D	10	10
J2	A	1	1
	B	2	4
	C	4	8
	D	—	20
J3	A	2	2
	B	3.5	2
	C	6	6
	D	10	12

　　假定每架飞机每天的最大飞行时间为 18 小时，城市 A 为每天 8 班，城市 B 为每天 11 班，城市 C 为每天 10 班，城市 D 为每天 6 班。管理层希望合理安排飞行，使得总费用为最低。

　　解：用 $i=1,2,3$ 分别表示三种类型飞机，$j=1,2,3,4$ 分别代表 A、B、C、D 四个城市，引入决策变量 x_{ij} 表示安排第 i 种飞机飞往城市 j 的次数（$i=1,2,3$；$j=1,2,3,4$），有如下约束：

（1）城市飞行班次约束

城市 A　　　　　　　　　　　$x_{11}+x_{21}+x_{31}=8$

城市 B　　　　　　　　　　　$x_{12}+x_{22}+x_{32}=11$

城市 C　　　　　　　　　　　$x_{13}+x_{23}+x_{33}=10$

城市 D　　　　　　　　　　　　　$x_{14}+x_{34}=6$

注意：由于 J2 型飞机飞往城市 D 需要 20 小时，超过 18 小时的最低要求，所以 $x_{24}=0$。

（2）每种飞机飞行时间约束

J1 型　　　　　　　$2x_{11}+4x_{12}+5x_{13}+10x_{14}\leqslant 3\times 18$

J2 型　　　　　　　　$x_{21}+4x_{22}+8x_{23}\leqslant 8\times 18$

J3 型　　　　　　　$2x_{31}+2x_{32}+6x_{33}+12x_{34}\leqslant 2\times 18$

（3）变量非负约束

$$x_{ij}\geqslant 0,\ i=1,2,3;\ j=1,2,3,4$$

目标函数为飞行总费用最小化：

$$Z=6x_{11}+7x_{12}+8x_{13}+10x_{14}+x_{21}+2x_{22}+4x_{23}+2x_{31}+3.5x_{32}+6x_{33}+10x_{34}$$

因此，该线性规划模型为

$$\min Z=6x_{11}+7x_{12}+8x_{13}+10x_{14}+x_{21}+2x_{22}+4x_{23}+2x_{31}+3.5x_{32}+6x_{33}+10x_{34}$$

$$\text{s.t.}\begin{cases} x_{11}+x_{21}+x_{31}=8 \\ x_{12}+x_{22}+x_{32}=11 \\ x_{13}+x_{23}+x_{33}=10 \\ x_{14}+x_{34}=6 \\ 2x_{11}+4x_{12}+5x_{13}+10x_{14}\leqslant 54 \\ x_{21}+4x_{22}+8x_{23}\leqslant 144 \\ 2x_{31}+2x_{32}+6x_{33}+12x_{34}\leqslant 36 \\ x_{ij}\geqslant 0(i=1,2,3;j=1,2,3,4;x_{ij}为整数) \end{cases}$$

利用 Excel 求解得到 $x_{14}=5,x_{21}=8,x_{22}=11,x_{23}=10,x_{34}=1$，最低的飞行费用为 130 万元。

案例分析3（投资项目选择问题）

某投资公司制订从 2015 年到 2019 年间五年的投资计划，根据公司资金的条件，未来五年每年年初可使用的投资额度分别是 150 万元、180 万元、200 万元、230 万元和 240 万元，合计 1000 万元。公司已经对多个五年期投资项目进行了考察，并确定了 10 个备选项目供选择。这些项目要求公司按照合同规定在未来五年的每年年初进行投资，并在最后一年年末一次性支付投资总额。每个项目的投资回报率已在合同中协商确定。公司备选项目及投资、收益详情如表 3.12 所示，问该投资公司应如何选择项目以获取最大收益。

表 3.12　备选项目投资详表

年度	项目年度所需投资额/万元										年度公司投资限额/万元
	1	2	3	4	5	6	7	8	9	10	
2015	34	18	26	11	52	43	26	38	71	38	150
2016	36	26	34	32	52	35	48	9	71	43	180
2017	39	42	46	45	52	32	26	24	71	52	200
2018	41	53	54	56	52	26	48	19	71	64	230
2019	45	68	58	87	52	14	26	35	71	72	240
各项目总投资额/万元	195	207	218	231	260	150	174	125	355	269	
回报率/%	0.1	0.16	0.08	0.12	0.25	0.11	0.14	0.15	0.2	0.18	

解：10 个项目均是盈利项目，但由于公司资金额度的限制，不能投资全部项目，所以公司希望能够充分利用已有的 1000 万元资金，正确选择投资项目，使得投资能够获得最大收益，即在第五年年末取得所确定注资项目投资回报总和的最大值。因此，该问题应主要解决如何选择所投资的项目，而对于项目的投资决策只能有两种可能性——是或否，因此该问题的决策变量可以假设为 10 个 0-1 变量，此时投资公司的五年投资规划可以看作一个背包问题，投资公司的背包容量即为投资限额 1000 万元。在投资过程中，每年的投资总额应该不能超过注资总额，所以又把上面的背包问题化为五个小背包问题，在满足了每一年的小背包限制后，投资总额的大背包问题也一定不会超过总容量。根据上述分析，引入 0-1 变量 x_i 表示投资的第 i 个项目，

$$x_i = \begin{cases} 1, & \text{投资第} i \text{个项目}, \\ 0, & \text{不投资第} i \text{个项目}, \end{cases} \quad i = 1, 2, \cdots, 10$$

该投资问题可有整数规划模型：

$$\max Z = 19.5x_1 + 33.12x_2 + 17.44x_3 + 27.72x_4 + 65x_5 + 16.5x_6 + 24.36x_7$$
$$+ 18.75x_8 + 71x_9 + 48.42x_{10}$$

$$\text{s.t.} \begin{cases} 34x_1 + 18x_2 + 26x_3 + 11x_4 + 52x_5 + 43x_6 + 26x_7 + 38x_8 + 71x_9 + 38x_{10} \leq 150 \\ 36x_1 + 26x_2 + 34x_3 + 32x_4 + 52x_5 + 35x_6 + 48x_7 + 9x_8 + 71x_9 + 43x_{10} \leq 180 \\ 39x_1 + 42x_2 + 46x_3 + 45x_4 + 52x_5 + 32x_6 + 26x_7 + 24x_8 + 71x_9 + 52x_{10} \leq 200 \\ 41x_1 + 53x_2 + 54x_3 + 56x_4 + 52x_5 + 26x_6 + 48x_7 + 19x_8 + 71x_9 + 64x_{10} \leq 230 \\ 45x_1 + 68x_2 + 58x_3 + 87x_4 + 52x_5 + 14x_6 + 26x_7 + 35x_8 + 71x_9 + 72x_{10} \leq 240 \\ x_i = 0 \text{ 或 } 1 \ (i = 1, 2, \cdots, 10) \end{cases}$$

利用 Excel 求解可以得到，$x_i = 1, i = 2, 5, 7, 10$，$x_j = 0, j = 1, 3, 4, 6, 8, 9$，即该公司应当投资第 2、5、7、10 个项目，实际总投资为 910 万元，五年后投资回报总额为 170.9 万元。

案例分析 4（值班人员安排问题）

某部门计划购买一台设备，并需要人员进行设备的监测工作。目前部门有四名工人和两名工程师可胜任该工作，但由于他们目前已承担其他工作，因此只能通过加班来安排他们的监测任务。关于设备，计划在周一到周五的上午 8 点至晚上 10 点期间运行，并且只需要一名人员值班。要求每名工人每周值班不少于 8 小时，工程师不少于 7 小时，每次值班不少于 2 小时，每天安排值班的人不超过三人，并且必须有一名工程师，由于工作强度的原因，每人每周值班不能超过三次。每人每天可以安排的值班时间和加班工资如表 3.13 所示。

表 3.13　每人每天可以安排的值班时间和加班工资表

人员	加班工资（元/小时）	每人每天可以安排的值班时间/小时				
		星期一	星期二	星期三	星期四	星期五
工人甲	18	6	0	6	0	7
工人乙	18	0	6	0	6	0
工人丙	16	4	8	3	0	5
工人丁	17	5	5	6	0	4
工程师甲	26	3	0	4	8	0
工程师乙	28	0	6	0	6	3

根据表 3.13 的数据，为该部门编排一张人员值班表，使得总支付的工资最少。

解： 用 $i = 1, 2, 3, 4$ 分别表示工人甲、乙、丙、丁，$i = 5, 6$ 分别表示工程师甲、乙，$j = 1, 2, 3, 4, 5$ 表示周一至周五，令 x_{ij} 表示值班人员 i 在星期 j 的值班时间，同时引入 $0-1$

变量

$$y_{ij} = \begin{cases} 1, & \text{安排} i \text{在周} j \text{值班} \\ 0, & \text{不安排} i \text{在周} j \text{值班} \end{cases}$$

根据要求有如下约束：

(1) 每次值班时间不少于 2 小时，且不能超过当天值班人员的可安排时间。

$$2y_{ij} \leqslant x_{ij} \leqslant a_{ij}y_{ij} \,(i=1,\cdots,6; j=1,\cdots,5, a_{ij}\text{表示每人每天可以安排的值班时间})$$

(2) 工人每周值班不少于 8 小时。

$$\sum_{j=1}^{5} x_{ij} \geqslant 8 \,(i=1,2,3,4)$$

(3) 工程师每周值班不少于 7 小时。

$$\sum_{j=1}^{5} x_{ij} \geqslant 7 \,(i=5,6)$$

(4) 设备每天运行时间从上午 8 点至晚上 10 点，共 14 小时。

$$\sum_{i=1}^{6} x_{ij} = 14 \,(j=1,\cdots,5)$$

(5) 每人每周值班不超过三次。

$$\sum_{j=1}^{5} y_{ij} \leqslant 3 \,(i=1,\cdots,6)$$

(6) 每天值班不超过三人。

$$\sum_{i=1}^{6} y_{ij} \leqslant 3 \,(j=1,\cdots,5)$$

(7) 每天至少有一名工程师值班。

$$y_{5j} + y_{6j} \geqslant 1 \,(j=1,\cdots,5)$$

变量非负约束：

$$x_{ij} \geqslant 0, \, y_{ij} = 0 \text{或} 1 \,(i=1,\cdots,6; j=1,\cdots,5)$$

目标函数为总支付工资最少：

$$\min Z = \sum_{i=1}^{6} \sum_{j=1}^{5} c_{ij} x_{ij}$$

因此，该问题的线性规划问题为

$$\min Z = \sum_{i=1}^{6} \sum_{j=1}^{5} c_{ij} x_{ij}$$

$$\begin{cases} 2y_{ij} \le x_{ij} \le a_{ij}y_{ij} \, (i=1,\cdots,6; j=1,\cdots,5, a_{ij}\text{表示每人每天可以安排的值班时间}) \\[2mm] \sum_{j=1}^{5} x_{ij} \ge 8 \, (i=1,2,3,4) \\[2mm] \sum_{j=1}^{5} x_{ij} \ge 7 \, (i=5,6) \\[2mm] \sum_{i=1}^{6} x_{ij} = 14 \, (j=1,\cdots,5) \\[2mm] \sum_{j=1}^{5} y_{ij} \le 3 \, (i=1,\cdots,6) \\[2mm] \sum_{i=1}^{6} y_{ij} \le 3 \, (j=1,\cdots,5) \\[2mm] y_{5j} + y_{6j} \ge 1 \, (j=1,\cdots,5) \\[2mm] x_{ij} \ge 0, \; y_{ij} = 0\text{或}1 \, (i=1,\cdots,6; j=1,\cdots,5) \end{cases}$$

利用 Excel 求解可以得到值班安排如表 3.14 所示。

表 3.14　值班安排表

人员	加班工资 (元/小时)	每人每天可以安排的值班时间/小时					各人 周工资/元
		星期一	星期二	星期三	星期四	星期五	
工人甲	18	6	0	6	0	7	342
工人乙	18	0	4	0	6	0	180
工人丙	16	0	8	0	0	5	208
工人丁	17	5	0	6	0	0	187
工程师甲	26	3	0	2	5	0	260
工程师乙	28	0	2	0	3	2	196
设备日工资/元		271	256	262	322	262	$\Sigma = 1373$

最低运行该设备所需的工资为 1373 元。

复习思考题

1. 某公司考虑在北京、上海、广州和武汉四个城市设立库房，这些库房负责向华北、华中和华南三个地区供货，每个库房每月可处理货物 1000 件。在北京设立库房的每月成本为 4.5 万元，上海为 5 万元，广州为 7 万元，武汉为 4 万元。每个地区的月平均需求量为华北 500 件，华中 800 件，华南 700 件。发运货物的费用（单位：元/件）如表 3.15 所示，公司希望在满足地区需求条件下使平均月成本最小，且满足以下条件：若在上海设立库房，则必须在武汉设立库房；最多设立两个库房；武汉和广州不能同时设立库房。试建立一个满足上述要求的整数规划模型，并求出最优解。

表 3.15　发运货物的费用表　　　　　　　　　　　　　　　　　　单位：元/件

	华北	华中	华南
北京	200	400	500
上海	300	250	400
广州	600	350	300
武汉	350	150	350

2．某地准备投资 D 元建民用住宅，可以建宅的地点有 $A_i, i=1,\cdots,n$ 处，在 A_i 处的造价为 d_i，最多可建 a_i 幢。问应当在哪几处建宅，分别建几幢才能使建造的住宅总数最多。试建立此问题的数学规划模型。

3．一个旅行者要在其背包中装一些最有用的旅行物品，背包的体积为 a，可携带的物品质量为 b，现有 10 件物品，第 $i(i=1,\cdots,10)$ 件物品的体积为 a_i，质量为 b_i，价值为 c_i。每件物品只能整件装入，不考虑物品放入背包中的相互间隙，问旅行者应携带哪几种物品才能使携带的物品总价值最大。

4．某公司制造大、中、小三种尺寸的金属容器，所需资源为金属板、劳动力及机器设备，制造一个容器所需的各种资源如表 3.16 所示。每种容器售出的利润分别为 4 万元、5 万元和 6 万元，可使用的金属板有 500 吨，劳动力有 300 人/月，设备有 100 台/月。不管每种容器制造的数量是多少，都需要支付一笔固定的费用，小号为 100 万元，中号为 150 万元，大号为 200 万元。现要制订一个生产计划，使获得的利润最大。

表 3.16　制造一个容器所需资源表

	小号容器	中号容器	大号容器	资源量
金属板/吨	2	4	8	500
劳动力/(人/月)	2	3	4	300
机器设备/(台/月)	1	2	3	100
利润/万元	4	5	6	

5．旅行商问题。某商人从某一城市出发，到其他 n 个城市去推销商品，规定每个城市均须到达且只能到达一次，然后回到原出发城市，已知城市 i,j 之间的距离为 d_{ij}，问商人应该选择一条什么样的路线旅行，使总的行走路程最短，并建立数学模型。

6．用分支定界算法求解下列问题。

$$\max Z = x_1 + x_2$$
$$(1)\begin{cases} 2x_1 + x_2 \leqslant 6 \\ 4x_1 + 5x_2 \leqslant 20 \\ x_1, x_2 \geqslant 0 且为整数 \end{cases}$$

$$\max Z = 2x_1 + x_2$$
$$(2)\begin{cases} x_1 + x_2 \leqslant 5 \\ -x_1 + x_2 \leqslant 0 \\ 6x_1 + 2x_2 \leqslant 21 \\ x_1, x_2 \geqslant 0 且为整数 \end{cases}$$

7．用割平面法求解下列整数规划问题。

$$(1) \begin{cases} \max Z = 3x_1 + 2x_2 \\ 2x_1 + 3x_2 \leqslant 14 \\ 2x_1 + x_2 \leqslant 9 \\ x_1, x_2 \geqslant 0 \text{且为整数} \end{cases}$$

$$(2) \begin{cases} \max Z = 7x_1 + 9x_2 \\ -x_1 + 3x_2 \leqslant 6 \\ 7x_1 + x_2 \leqslant 35 \\ x_1, x_2 \geqslant 0 \text{且为整数} \end{cases}$$

8．用隐枚举法求解下列 0−1 整数规划问题。

$$(1) \begin{cases} \max Z = 3x_1 + x_2 - x_3 \\ x_1 + 3x_2 + x_3 \leqslant 2 \\ 4x_2 + x_3 \leqslant 5 \\ x_1 + 2x_2 - x_3 \leqslant 2 \\ x_1, x_2, x_3 = 0 \text{或} 1 \end{cases}$$

$$(2) \begin{cases} \min Z = 6x_1 + 2x_2 + x_3 + 2x_4 \\ -4x_1 + x_2 + x_3 + x_4 \geqslant 0 \\ -2x_1 + 4x_2 + 2x_3 + 4x_4 \geqslant 4 \\ x_1 + x_2 - x_3 + x_4 \geqslant 1 \\ x_1, x_2, x_3, x_4 = 0 \text{或} 1 \end{cases}$$

9．用匈牙利法求解系数矩阵如下的指派问题。

$$(1) \begin{bmatrix} 15 & 18 & 21 & 24 \\ 19 & 23 & 22 & 18 \\ 26 & 17 & 16 & 19 \\ 19 & 21 & 23 & 17 \end{bmatrix}$$

$$(2) \begin{bmatrix} 3 & 8 & 2 & 10 & 3 \\ 8 & 7 & 2 & 9 & 7 \\ 6 & 4 & 2 & 7 & 5 \\ 8 & 4 & 2 & 3 & 5 \\ 9 & 10 & 6 & 9 & 10 \end{bmatrix}$$

10．学生 A、B、C、D 的各门成绩如表 3.17 所示，现将此四名学生派去参加各门课的单项竞赛，竞赛同时进行，每人只能参加一项。如果以他们的成绩作为选拔的标准，应如何分配最为有利？

表 3.17 学生 A、B、C、D 的各门成绩

学生	课程			
	数学	物理	化学	外语
A	89	92	68	81
B	87	88	65	78
C	95	90	85	72
D	76	78	89	96

11．某项目需要完成五项技术检查工作(A、B、C、D、E)，由四名技术人员(甲、乙、丙、丁)完成，其中某一名技术人员完成两项工作，其余技术人员各完成一项工作。已知不同技术人员完成不同检查工作所消耗的时间如表 3.18 所示。请利用 Excel 求解该问题的最优分配方案，使得所消耗的总时间最少。

表 3.18 不同技术人员完成不同检查工作所消耗的时间　　　单位：小时

	A	B	C	D	E
甲	15	18	21	24	26
乙	19	23	22	18	19
丙	26	17	16	19	16
丁	19	21	23	17	23

12. 已知 0 - 1 整数规划

$$\max Z = 3x_1 - 2x_2 + 5x_3$$

$$\text{s.t.} \begin{cases} x_1 + 2x_2 - x_3 \leqslant 2 \\ x_1 + 4x_2 + x_3 \leqslant 4 \\ x_1 + x_2 \leqslant 3 \\ 4x_2 + x_3 \leqslant 6 \\ x_j = 0 或 1 (j = 1, 2, 3) \end{cases}$$

试用 Excel 求解该 0 - 1 整数规划的最优解。

13. 五名游泳运动员的百米最好成绩如表 3.19 所示，应从中选哪四个人组成一个 4×100m 混合泳接力队？

表 3.19 五名游泳运动员的百米最好成绩表

	甲	乙	丙	丁	戊
蝶泳	1′06″8	57″2	1′18	1′01	1′07″4
仰泳	1′15″6	1′06	1′07″8	1′14″2	1′11
蛙泳	1′27	1′06″4	1′24″6	1′09″6	1′23″8
爬泳	58″6	53″	59″4	57″2	1′02″4

试用 Excel 求解该指派问题的最优解。

第4章

图论与网络计划

图论在运筹学中得到广泛应用，它通过使用图来描述庞大而复杂的工程系统和管理问题，以解决各种工程设计和管理决策的最优化问题。网络计划技术是一种基于时间因素和工序之间相互联系的网络图和简单算法的方法，用于全面规划和统一安排整个工程或任务，以寻求在既定条件下达到预定目标的最优实施方案。

图论与网络计划技术在许多领域得到广泛应用，包括计算机科学、物理学、化学、控制论、信息论以及经济管理科学等多个学科领域。它们在日常生活中可以解决各种决策问题，能提供优化方案和决策支持。无论是项目管理、资源分配、交通规划，还是电力网络优化，图论与网络计划技术都能提供有效的工具和方法来解决实际问题。

4.1 图与网络

在自然界和人类社会中，许多事物及其之间的关系可以用图形来描述。图形由点和线连接而成，点表示事物，线表示事物之间的关系。例如，可以用点表示城市，用线表示城市之间的道路，通过这样的图形可以描述城市之间的交通情况。如果在线旁标注城市之间的距离，形成带权重的图，就称为网络图，通过这样的图可以进一步研究从一个城市到另一个城市的最短路径。另外，如果在图中标注上单位运价，就可以分析出运输成本最小的运输方案。本节将介绍和图与网络相关的基本概念。

4.1.1 图的基本概念

1. 无向图

(1)无向图的概念。

定义 4.1 无向图是一个有序二元组 (V,E)，记为 $G=(V,E)$，其中 $V=(v_1,v_2,\cdots,v_p)$ 是 p 个点的集合，简称定点集；$E=(e_1,e_2,\cdots,e_q)$ 是 q 条边的集合，简称边集合，并且 e_i 是一个无序二元组，记为 $e_i=[v_i,v_j]=[v_j,v_i],v_i,v_j\in V$。

由点和边组成的图称为无向图，如图 4.1 所示。图中，$V = (v_1, v_2, v_3, v_4, v_5)$，$E = (e_1, e_2, \cdots, e_8)$。

点集 V 中元素的个数称为图 G 的顶点数，记为 $p(G) = |V|$。$p(G) = 5$。边集 E 中元素的个数称为图 G 的边数，记为 $q(G) = |E|$。$q(G) = 8$。对于边 $e_i = [v_i, v_j] \in E$，称 v_i, v_j 为 e 的端点，e 为 v_i, v_j 的关联边。v_1, v_2 为 e_2 的端点，e_2 为 v_1, v_2 的关联边，如图 4.1 所示。

若点 v_i, v_j 有边相连，即 $e = [v_i, v_j] \in E$，则称 v_i, v_j 相邻，v_i, v_j 与 e 关联。v_3, v_5 相邻，v_3, v_5 与 e_7 关联，如图 4.1 所示。

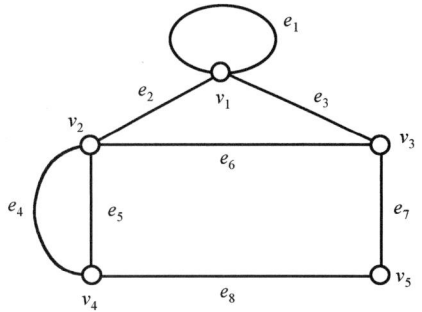

图 4.1 无向图

(2) 简单图。

一条边的两个端点如果相同，称此边为环（自回路），如图 4.1 中的 e_1。两个点之间多于一条边的，称为多重边，如图 4.1 中的 e_4, e_5。

不含环和多重边的图称为简单图，含有多重边的图称为多重图。

(3) 点的次（度）。

以点 v 为端点的边数叫作点 v 的次，记作 $d(v)$。$d(v_1) = 4$，$d(v_2) = 4$，如图 4.1 所示。若 $V = (v_1, v_2, \cdots, v_p)$，则称 $\{d(v_1), d(v_2), \cdots, d(v_p)\}$ 为图 G 的次序列。

次为 1 的点称为悬挂点，连接悬挂点的边称为悬挂边。次为 0 的点称为孤立点。次为奇数的点称为奇点，次为偶数的点称为偶点。

(4) 链。

对于无向图 $G = (V, E)$，称顶点和边交替的序列 $\{v_{i1}, e_{i1}, v_{i2}, e_{i2}, \cdots, v_{i(t-1)}, e_{i(t-1)}, v_{it}\}$ 为连接 v_{i1} 和 v_{it} 的一条链，简记为 $\{v_{i1}, v_{i2}, \cdots, v_{it}\}$。其中，$e_{ik} = (e_{ik}, e_{i(k+1)}), k = 1, 2, \cdots, t-1$。称 v_{i1} 和 v_{it} 为链的两个端点。$\{v_1, v_2, v_3\}$，$\{v_2, v_4, v_5\}$，$\{v_1, v_2, v_4, v_5\}$ 都是链，如图 4.1 所示。

两个端点重合的链，称为圈。如图 4.1 所示，$\{v_1, v_2, v_3, v_1\}$ 就是圈。

在一个图中，如果任何两个顶点之间都有一条链，该图称为连通图。

2. 有向图

(1) 有向图的概念。

定义 4.2 有向图是一个有序二元组 (V, A)，记为 $D = (V, A)$，其中 $V = (v_1, v_2, \cdots, v_p)$ 是 p 个顶点的集合，$A = (a_1, a_2, \cdots, a_q)$ 是 q 条弧的集合，并且 a_i 是一个有序二元组，记为 $a_{ij} = (v_i, v_j) \neq (v_j, v_i), v_i, v_j \in V$，并称 a_{ij} 是以 v_i 为始点，v_j 为终点的弧，i, j 的顺序不能颠倒，图中弧的方向用箭头标识。

由点和弧组成的图称为有向图，如图 4.2 所示。在图中：$V = \{v_1, v_2, v_3, v_4, v_5\}$，$A = (a_1, a_2, \cdots, a_9)$。

(2) 简单有向图。

两个端点重合的弧称为环，如图 4.2 所示的 a_1。

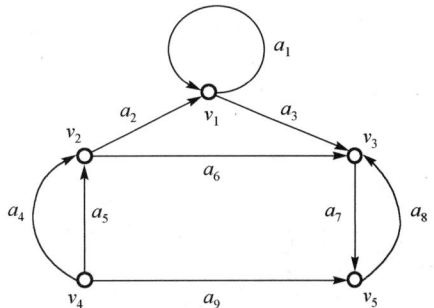

图 4.2 有向图

两个端点之间的同向弧数大于等于 2，称为多重弧。如图 4.2 所示的 a_4, a_5 为 v_2, v_4 之间的二重弧，而 a_7, a_8 不是 v_3, v_5 之间的二重弧。

无环也无多重弧的有向图称为简单有向图。

(3) 点的出次和入次。

以点 v 为起点的弧数叫作点 v 的出次，记作 $d^+(v)$。$d^+(v_5)=1$，如图 4.2 所示。

以点 v 为终点的弧数叫作点 v 的入次，记作 $d^-(v)$。$d^-(v_5)=2$，如图 4.2 所示。称 $d^+(v)+d^-(v)=d(v)$ 为点 v 的次。$d(v_5)=3$，如图 4.2 所示。

(4) 路。

在有向图 $D=(V,A)$ 中，点和弧交替的序列 $P=\{v_{i1}, a_{i1}, v_{i2}, a_{i2}, \cdots, v_{i(t-1)}, a_{i(t-1)}, v_{it}\}$，若有 $a_{it}=\{v_{it}, v_{i(t+1)}\}$ 或 $a_{it}=\{v_{i(t+1)}, v_{it}\}$，则称 P 是连接 v_{i1} 和 v_{it} 的一条路；若有 $a_{it}=\{v_{it}, v_{i(t+1)}\}$，则称 P 是一条从 v_{i1} 和 v_{it} 的有向路。

4.1.2 网络的基本概念

在实际问题中，仅仅使用图来描述对象之间的关系可能不够详细。为了更好地研究问题，可以给图中的边赋予一定的数值指标，通常称为"权重"，以下简称为"权"。根据问题的需要，权可以表示距离、时间、费用、容量、可靠性等不同的指标。当给图的边赋予权后，我们通常将其称为"网络"。

网络分为无向网络和有向网络，对应于无向图和有向图。无向网络中的边没有方向性，可以双向传递信息；而有向网络中的边具有方向性，信息只能单向传递。

除了使用图形表示图，为了方便数据处理和计算机存储，还可以使用矩阵来表示一个图。

定义 4.3 在图 $G=(V,E)$ 中，$V=(v_1, v_2, \cdots, v_p)$，$E=(e_1, e_2, \cdots, e_q)$。构造一个矩阵 $A=(a_{ij})_{p \times q}$，其中

$$a_{ij}=\begin{cases} 1, & \text{当点} v_i \text{与边} e_j \text{关联} \\ 0, & \text{否则} \end{cases}$$

则称 A 为 G 的关联矩阵。关联指顶点与边的关系。

图 4.3 的关联矩阵为

$$\begin{array}{c} \\ \begin{array}{c} v_1 \\ v_2 \\ v_3 \\ v_4 \\ v_5 \end{array} \end{array} \begin{array}{c} \begin{array}{cccccc} e_1 & e_2 & e_3 & e_4 & e_5 & e_6 \end{array} \\ \begin{pmatrix} 1 & 1 & 0 & 0 & 0 & 0 \\ 1 & 0 & 1 & 1 & 0 & 0 \\ 0 & 1 & 0 & 1 & 1 & 0 \\ 0 & 0 & 1 & 0 & 0 & 1 \\ 0 & 0 & 0 & 0 & 1 & 1 \end{pmatrix} \end{array}$$

定义 4.4 在图 $G=(V,E)$ 中，$V=(v_1, v_2, \cdots, v_p)$，$E=(e_1, e_2, \cdots, e_q)$。构造一个矩阵 $A=(a_{ij})_{p \times q}$，其中

$$a_{ij}=\begin{cases} 1, & \text{当点} v_i \text{与点} v_j \text{关联} \\ 0, & \text{否则} \end{cases}$$

则称 A 为 G 的邻接矩阵。邻接指顶点与顶点的关系。

图 4.3 的邻接矩阵为

$$
\begin{array}{c}
\begin{array}{ccccc} v_1 & v_2 & v_3 & v_4 & v_5 \end{array} \\
\begin{array}{c} v_1 \\ v_2 \\ v_3 \\ v_4 \\ v_5 \end{array}
\begin{pmatrix}
0 & 1 & 1 & 0 & 0 \\
1 & 0 & 1 & 1 & 0 \\
1 & 1 & 0 & 0 & 1 \\
0 & 1 & 0 & 0 & 1 \\
0 & 0 & 1 & 1 & 0
\end{pmatrix}
\end{array}
$$

关联矩阵和邻接矩阵是图论中常用来表示图结构的矩阵形式，可以方便地用于计算机的存储和处理。

定义 4.5 在网络(赋权图) $G = (V, E)$ 中，$V = (v_1, v_2, \cdots, v_p)$，$E = (e_1, e_2, \cdots, e_q)$，其边 $[v_i, v_j]$ 有权 w_{ij}。构造一个矩阵 $A = (a_{ij})_{p \times q}$，其中

$$
a_{ij} = \begin{cases} w_{ij}, & (v_i, \quad v_j) \in E \\ 0, & \text{否则} \end{cases}
$$

则称 A 为 G 的权矩阵。图 4.4 的权矩阵为

$$
\begin{array}{c}
\begin{array}{ccccc} v_1 & v_2 & v_3 & v_4 & v_5 \end{array} \\
\begin{array}{c} v_1 \\ v_2 \\ v_3 \\ v_4 \\ v_5 \end{array}
\begin{pmatrix}
0 & 7 & 4 & 0 & 0 \\
7 & 0 & 2 & 6 & 0 \\
4 & 2 & 0 & 0 & 3 \\
0 & 6 & 0 & 0 & 5 \\
0 & 0 & 3 & 5 & 0
\end{pmatrix}
\end{array}
$$

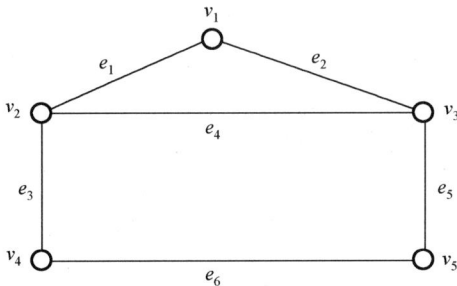

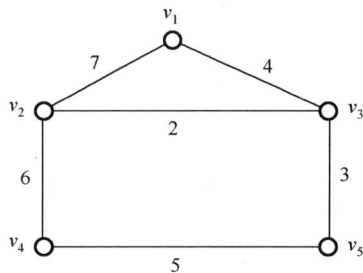

图 4.3 网络图   图 4.4 网络赋权图

4.2 最小生成树问题

4.2.1 最小生成树

1. 树的基本概念

先看一个具体的实例：

例 4.1 已知有 5 个城市，要在它们之间架设电话线网，要求任何两个城市都可以彼此通话（允许通过其他城市），并且电话线的条数最少。

用点 v_1、v_2、v_3、v_4、v_5 分别表示 5 个城市。设想一下，如果在 v_1 与 v_5、v_1 与 v_2、v_3 与 v_4 之间各架一条电话线，这个方案可用图 4.5(a) 表示出来。这个方案显然是不满足要求的，因为在这样的电话线网中，v_3、v_4 与 v_1、v_2、v_5 之间就不能通话。因此，根据要求，设计出来的电话线网方案必须是连通的。如果按照图 4.5(b) 来设计电话线网，虽然方案能满足不同城市之间通话的要求，但不能保证电话线的条数最少，原因是 $\{v_1, v_2, v_3, v_4, v_5\}$ 构成一个圈，如果从这个圈上，任意去掉一条，并不影响电话线网的连通性，同时又可节省一条线。所以图 4.5(b) 对应的方案不是线数最少的。因此，满足要求的电话线网必须是：①连通的；②不含圈的。满足这两点要求的图称为"树"。

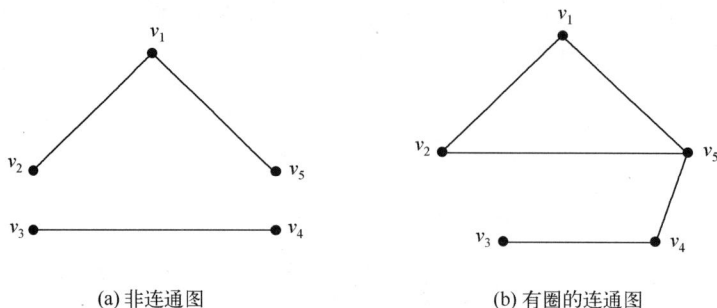

(a) 非连通图　　　　　(b) 有圈的连通图

图 4.5　电话线网实例

定义 4.6 连通且不含圈的无向图称为树。

树中次为 1 的顶点称为树叶（悬挂点），次大于 1 的顶点称为分枝点。

树是一种重要的简单图，在许多领域都有广泛的应用，如行政机构和军队建制中的隶属关系、图书分类、会计科目、决策过程等都可以用树表示。

下面研究树的性质。树的性质可用下面定理给出。

定理 4.1 设有图 $G = (V, E)$，n 和 m 分别为图 G 的顶点数和边数，则下列命题是等价的：

(1) G 是一棵树。

(2) G 无圈，且 $m = n - 1$。

(3) G 连通，且 $m = n - 1$。

(4) G 无圈，但每加一条新边即存在唯一一个圈。

(5) G 连通，但每舍去一条边就变成不连通。

(6) G 中任意两点，有唯一路相连。

证明（略）。

定理 4.1 中每一个命题均可作为树的定义，这使得判断和构造树变得非常方便。

2. 最小生成树概念

(1) 生成树定义。

定义 4.7 图 $G = (V, E)$，若 E' 是 E 的子集，V' 是 V 的子集，且 E' 中的边仅与 V' 中的

顶点相关联，则称 $G' = (V', E')$ 是 G 的一个子图。特别地，若 $V' = V$，则 G' 称为 G 的生成子图(或支撑子图)。

定义 4.8 若图 G 的生成子图是一棵树，则称该树为 G 的生成树，或称为图 G 的生成树。

图 G 中属于生成树的边称为树枝，不在生成树中的边称为弦。

定理 4.2 图 $G = (V, E)$ 有生成树的充分必要条件为 G 是连通图。

证明(略)。

(2)最小生成树定义。

设有一个连通图 $G = (V, E)$，每一条边 $e = [v_i, v_j]$ 有一个权 $w(e) = w_{ij}$，如果 $T = (V, E')$ 是 G 的一棵生成树，称 E' 中所有边的权之和为生成树 T 的权，记为

$$w(T) = \sum_{<v_i, v> \in T} w_{ij}$$

如果生成树 T^* 的权 $w(T^*)$ 是 G 的所有生成树中权最小的，则称 T^* 是 G 的最小生成树(也称最小树)，即

$$w(T^*) = \min\{w(T): T \text{是} G \text{的支撑树}\}$$

树的各条边称为树枝，一般图包含有多棵生成树，最小生成树是其中树枝总长最小的生成树。图的最小生成树一般不唯一。

生成树删去一条边后，形成两棵子树，所删边的两个端点分别属于两棵子树的顶点集合，原生成树中所删边连接两棵子树。

4.2.2 最小生成树算法

寻找最小生成树首先考虑构建生成树，但要在舍边和增边时，增加一些边的权的限制。

1. 破圈法

破圈法步骤：

从图 G 中任取一圈，去掉这个圈中权最大的一条边，得一支撑子图 G_1。在 G_1 中再任取一圈，再去掉圈中权最大的一条边，得 G_2。如此继续下去，一直到剩下的子图中不再含圈为止。该子图就是 G_1 的最小生成树 T^*。

2. Kruskal 算法(避圈法)

Kruskal 算法是 Kruskal 于 1956 年提出的一个产生最小树的算法，算法的基本思想是每次将一条权最小的弧加入子图 T 中，并保证不形成圈。即按照边长由小到大排序，如果当前弧加入后不形成圈，则加入这条弧。当弧有 $n-1$ 条时，即为最小生成树。

例 4.2 用 Kruskal 算法求解图 4.6(a)所示网络的最小生成树，每条边上的数表示该边的权。

解：通过对边由小到大排序，按照避圈法的原则，初步增加到子图 T 中。最小生成树如图 4.6(b)所示。

(a)原始图

(b)避圈法的最小生成树

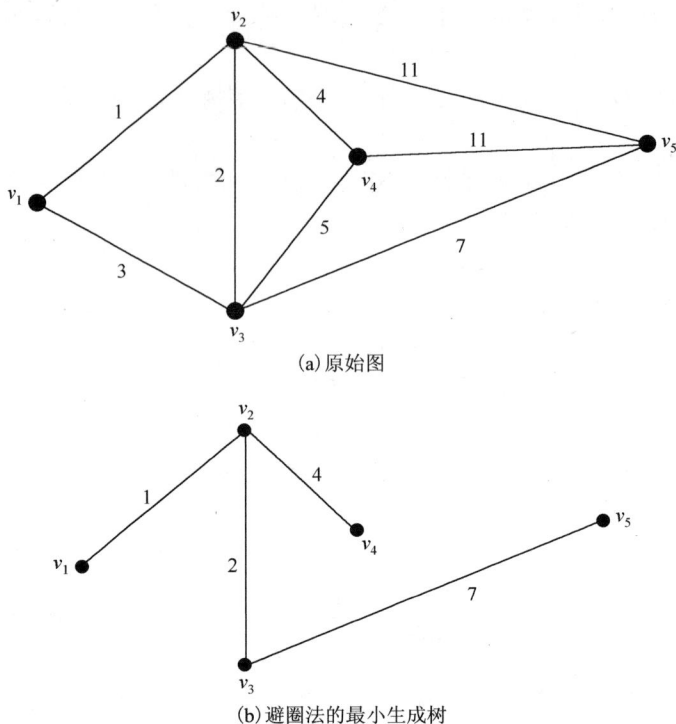

图 4.6　用 Kruskal 算法求解最小生成树示例

4.2.3　最小生成树 Excel 软件求解

树是一种重要的简单图，在许多领域都有广泛的应用。我们称连通且不含圈的无向图为树。若图 G 的生成了图是一棵树，则该树称为 G 的生成树。树的各条边称为树枝，一般图包含有多棵生成树，最小生成树是其中树枝总长最小的生成树。图的最小生成树一般不唯一。

最小生成树是网络优化中一个重要的概念，它在交通网、电话网、管道网、电力网等设计中均有广泛的应用。在城市间高速公路的建设、城市间通信网络线路的铺设、输油管线的架设、矿井通风设施的优化设计与改造等方面，可以应用最小生成树的原理使得建设的成本最小。尽管我们已经介绍了破圈法、Kruskal 算法求最小生成树，但是这几种方法对于复杂案例计算量太大，无法直接用来解决实际问题。因此，能方便快捷地产生最小生成树的系统软件引起了人们的关注。Excel 规划求解的功能十分强大，利用 Excel 的规划求解功能产生最小生成树将具有较大的意义。下面将前面的例 4.2 作为具体案例，用 Excel 软件求解最小生成树。

例 4.3　用 Excel 软件求解网络图 4.6(a)中的最小生成树。

解：使用 Excel 软件求解最小生成树的基本步骤如下：

(1)输入网络图 4.6(a)到 Excel 工作表中，如图 4.7 所示。表中左上角是一个 5×5 的对称权矩阵。如(1,2)位置的"1"代表从 v_1 点到 v_2 点的距离；同样，(2,1)位置的"1"

代表的是从 v_2 点到 v_1 点的距离。矩阵中"1000"代表距离为无穷大，意味着相应两点间没有路。

	A	B	C	D	E	F	G
1	1000	1	3	1000	1000		
2	1	1000	2	4	11		
3	3	2	1000	4	7		
4	1000	4	4	1000	11		
5	1000	11	7	11	1000		
6							
7							
8	0	0	0	0	0	=SUM(A8:E8)	
9	0	0	0	0	0	=SUM(A9:E9)	
10	0	0	0	0	0	=SUM(A10:E10)	
11	0	0	0	0	0	=SUM(A11:E11)	
12	0	0	0	0	0	=SUM(A12:E12)	
13	=SUM(A8:A12)	=SUM(B8:B12)	=SUM(C8:C12)	=SUM(D8:D12)	=SUM(E8:E12)		
14							
15	目标函数	=SUMPRODUCT(A1:E5,A8:E12)/2					
16	总边数	=SUM(A8:E12)/2					

图 4.7　最小生成树的 Excel 计算过程

(2)输入 5×5 的变量矩阵(可以输入任意数)在 Excel 工作表的 A8:E12 的单元格矩阵中。矩阵中的元素只能取"0"或"1"，"0"代表没有选中，"1"代表被选中。例如，结果中如果显示 B8 = 1，则意味着最优路径中包括了从 v_1 点到 v_2 点的路。

(3)输入约束条件。

①变量矩阵的每行的行和大于等于 1(见图 4.7 中的 F8:F12 单元格，取该行元素的和)。这意味着一个节点至少与其他一个节点相连。

②变量矩阵的每列的列和(A13:E13)等于相应的行和(对称矩阵)。

③总边数(B16)等于顶点数减 1(此例为 4)，这是树的定义。总边数就是 A8:E12 的所有元素和除以"2"(因为每条边有两个节点重复计算了一次，所以要除以"2")，如图 4.7 所示 B16 单元格。

(4)输入目标函数:总建设费用最小。总建设费用等于选中路径的权之和，即 SUMPRODUCT(A1:E5，A8:E12)/2(见图 4.7 中 B15 单元格)。

(5)求解。

目标函数：min(总建设费用最小)

约束条件：变量矩阵 = bin

　　　　　总边数 = 顶点个数-1 = 4

　　　　　行和大于等于 1

　　　　　行和等于列和

应用 Excel 的"规划求解参数"模块求解如图 4.8 所示。

(6)结果显示如图 4.9 所示，最小生成树为 (v_1,v_2)、(v_2,v_3)、(v_3,v_4)、(v_3,v_5) 构建成的，最小费用为三边的权之和，即 14，这与例 4.2 的结果一致。

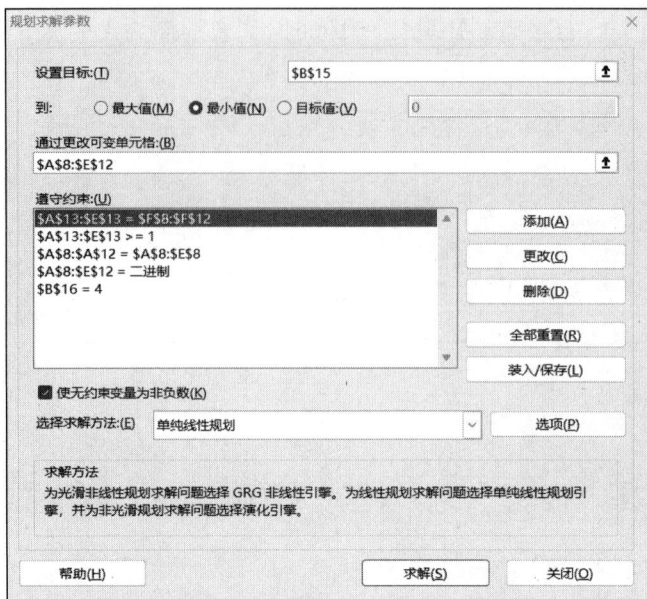

图 4.8 Excel 的"规划求解参数"模块

7						
8	0	1	0	0	0	1
9	1	0	1	0	0	2
10	0	1	0	1	0	3
11	0	0	1	0	0	1
12	0	0	1	0	0	1
13	1	2	3	1	1	
14						
15	目标函数	14				
16	总边数	4				

图 4.9 结果显示

4.3 最短路与最大流问题

最短路问题是网络理论中应用最广泛的问题之一。许多优化问题可以使用这个模型，如设备更新、管道铺设、线路安排、厂区布局等。图论方法是求最短路问题的有效方法。最大流问题是一类应用极为广泛的问题，例如在交通运输网络中有人流、车流、货物流，供水网络中有水流，金融系统中有现金流，通信系统中有信息流等。20 世纪 50 年代，福特(Ford)、富克逊(Fulkerson)建立的"网络流理论"是网络应用的重要组成部分。

所谓的最大流问题就是给一个带收发点的网络(一般收点用 v_t 表示，发点用 v_s 表示，其余为中间点)，其每条弧的权称之为容量，在不超过每条弧的容量的前提下，要求确定每条弧的流量，使得从发点到收点的流量最大。

4.3.1 最短路算法

最短路问题的一般提法是设 $N = (V, A, W)$ 为网络图，图中各边 (v_i, v_j) 有权 w_{ij} ($w_{ij} = \infty$,

表示 v_i、v_j 之间没有边），v_1 为起点，v_j 为图中任意一点。网络中有多条 $v_1 \to v_j$ 的路 P，每条路的权是其所有构成弧的权之和。最短路问题是求一条 $v_1 \to v_j$ 的路 $P_{1,j}^*$，该路为从 v_1 到 v_j 的所有路中总权最小的路。即优化问题 $\min\limits_{P_{1,j}} \{ w(P_{1,j}): P_{1,j} \text{是} v_1 \to v_j \text{的路} \}$。当然，$v_j$ 可以是一个固定的点，也可以是所有的点。

1959 年，E. W. Dijkstra 提出了求正权网络最短路径的标号法，用给节点记标号来逐步形成起点到各点的最短路径及其距离值，是目前较好的一种算法，也是许多变形算法的基础。

Dijkstra 算法也称为双标号法。所谓双标号，也就是对图中的每个点 v_j 赋予两个参数（通常称为标号）$(u_j, \mathrm{pred}(j))$：第一个标号 u_j 表示从起点 v_1 到 v_j 的最短路的长度，是距离标号；第二个标号 $\mathrm{pred}(j)$ 称作前趋标号，记录在 v_1 到 v_j 的最短路上，v_j 前面一个邻点的下标，用来标识最短路路径，从而可对终点到起点进行反向追踪，找到 v_1 到 v_j 的最短路。通过不断修改这些标号，进行迭代计算。

Dijkstra 算法分如下步骤。

步骤 1：给起点 v_1 标号 $(0, s)$，表示从 v_1 到 v_1 的距离为 0，v_s 为起点。$S = \varnothing$。

步骤 2：如果 $S = V$，则 u_j 即为 v_1 到 v_j 的最短路的长度，最短路可以按照 $\mathrm{pred}(j)$ 记录的信息，反向追踪获得。否则，转步骤 3。

步骤 3：求出弧集 $A = \{ (v_i, v_j) \mid v_i \in S, v_j \in \bar{S} \}$。若 $A = \varnothing$，表明从所有已经赋予标号的顶点出发，不再有这样的弧，它的另一顶点尚未标号，则计算结束。对于已有标号的顶点，可求得从 v_1 到达这个顶点的最短路，对于没有标号的顶点，则不存在从 v_1 到达这个顶点的路。若弧集 $A \neq \varnothing$，转步骤 4。

步骤 4：对弧集 A 中的每一条弧 (v_i, v_j)，计算 $\min \{ u_i + w_{ij}: <v_i, v_j> \in A \} = u_{i^*} + w_{i^* j^*}$。则 v_t 赋予双标号 (u_{j^*}, i^*)，其中 $u_{j^*} = u_{i^*} + w_{i^* j^*}$。$S = S \cup v_{j^*}$。转步骤 3。

经上述一个循环的计算，将求出 v_1 到一个顶点 v_j 的最短路及其长度，从而使一个顶点 v_j 得到双标号。若图中总共有 n 个顶点，则最多计算 $n - 1$ 个循环，即可得到最后结果。

例 4.4 求 v_1 到其余各点的最短路，如图 4.10 所示。

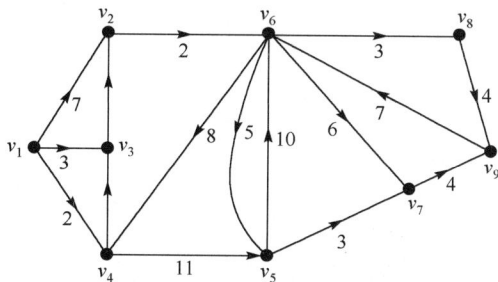

图 4.10 公路有向网络的示意图

解： 给起点 v_1 标号 $(0, s)$，表示从 v_1 到 v_1 的距离 $p(v_1) = 0$，v_1 为起点。

(1) 标号的点的集合 $S = \{ v_1 \}$，没标号的点的集合 $\bar{S} = \{ v_2, v_3, v_4, v_5, v_6, v_7, v_8, v_9 \}$，弧集

$A = \{(v_i, v_j) \mid v_i \in S, v_j \in \overline{S}\} = \{(v_1, v_2), (v_1, v_3), (v_1, v_4)\}$。$u_i + w_{ij}$：$<v_i, v_j> \in A$ 中，v_2 对应的是 0+7，v_3 对应的是 0+3，v_4 对应的是 0+2。v_4 最小，故 v_4 得到双标号 $(2,1)$。2 代表从 v_1 到 v_4 的最短路长度，1 代表前趋点 v_1。

(2) 标号的点的集合 $S = \{v_1, v_4\}$，没标号的点的集合 $\overline{S} = \{v_2, v_3, v_5, v_6, v_7, v_8, v_9\}$，弧集 $A = \{(v_i, v_j) \mid v_i \in S, v_j \in \overline{S}\} = \{(v_1, v_2), (v_1, v_3), (v_4, v_3), (v_4, v_5)\}$。$u_i + w_{ij}$：$<v_i, v_j> \in A$ 中，v_2 对应的是 0+7，v_3 对应的是 0+3 和 2+1，v_5 对应的是 2+11。v_3 最小，v_3 得到双标号 $(3,1)$ 或 $(3,4)$。假设标号为 $(3,1)$，其中 3 代表最短路长度，1 代表前趋点 v_1。

(3) 标号的点的集合 $S = \{v_1, v_3, v_4\}$，没标号的点的集合 $\overline{S} = \{v_2, v_5, v_6, v_7, v_8, v_9\}$，弧集 $A = \{(v_i, v_j) \mid v_i \in I, v_j \in J\} = \{(v_1, v_2), (v_3, v_2), (v_4, v_5)\}$。$v_2$ 对应的是 3+3，v_5 对应的是 2+11，给弧 (v_3, v_2) 的终点 v_2 以双标号 $(6,3)$。

(4) 标号的点的集合 $S = \{v_1, v_2, v_3, v_4\}$，没标号的点的集合 $\overline{S} = \{v_5, v_6, v_7, v_8, v_9\}$，弧集 $A = \{(v_i, v_j) \mid v_i \in I, v_j \in J\} = \{(v_2, v_6), (v_4, v_5)\}$。$v_6$ 对应的是 6+2，v_5 对应的是 2+11，给弧 (v_2, v_6) 的终点 v_6 以双标号 $(8,2)$。

(5) 标号的点的集合 $S = \{v_1, v_2, v_3, v_4, v_6\}$，没标号的点的集合 $\overline{S} = \{v_5, v_7, v_8, v_9\}$，弧集 $A = \{(v_i, v_j) \mid v_i \in I, v_j \in J\} = \{(v_6, v_8), (v_6, v_7), (v_6, v_5), (v_4, v_5)\}$。$v_8$ 对应的是 8+3，v_7 对应的是 8+6，v_5 对应的是 2+11，给弧 (v_6, v_8) 的终点 v_8 以双标号 $(11,6)$。

(6) 标号的点的集合 $S = \{v_1, v_2, v_3, v_4, v_6, v_8\}$，没标号的点的集合 $\overline{S} = \{v_5, v_7, v_9\}$，弧集 $A = \{(v_i, v_j) \mid v_i \in I, v_j \in J\} = \{(v_4, v_5), (v_6, v_5), (v_6, v_7), (v_8, v_9)\}$，$v_5$ 对应的是 8+5，v_7 对应的是 8+6，v_9 对应的是 11+4，给弧 (v_6, v_5) 的终点 v_5 以双标号 $(13,6)$。

(7) 标号的点的集合 $S = \{v_1, v_2, v_3, v_4, v_5, v_6, v_8\}$，没标号的点的集合 $\overline{S} = \{v_7, v_9\}$，弧集 $A = \{(v_i, v_j) \mid v_i \in I, v_j \in J\} = \{(v_5, v_7), (v_6, v_7), (v_8, v_9)\}$，$v_7$ 对应的是 8+6，v_9 对应的是 11+4，给弧 (v_6, v_7) 的终点 v_7 以双标号 $(14,6)$。

(8) 标号的点的集合 $S = \{v_1, v_2, v_3, v_4, v_5, v_6, v_7, v_8\}$，没标号的点的集合 $\overline{S} = \{v_9\}$，弧集 $A = \{(v_i, v_j) \mid v_i \in I, v_j \in J\} = \{(v_7, v_9), (v_8, v_9)\}$，$v_9$ 对应的是 11+4，给弧 (v_6, v_9) 的终点 v_9 以双标号 $(15,8)$。

至此，自顶点 v_1 至其余顶点的最短路都已求得，如图 4.11 所示。

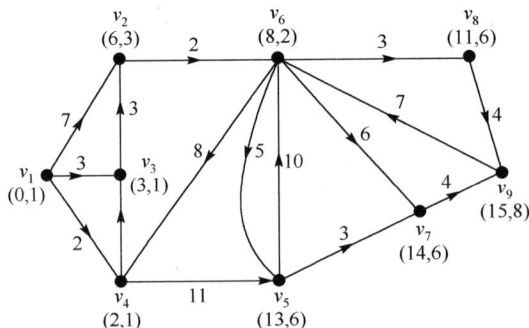

图 4.11 例 4.4 的 Dijkstra 双标号法图示

例如，根据 v_7 的标号 $(14,6)$ 可知从 v_1 到 v_7 的最短路路程长为 14，其最短路径中的 v_7 的

前面一点是 v_6，从 v_6 的标号 $(8,2)$ 可知 v_6 的前面一点是 v_2，从 v_2 的标号 $(6,3)$ 可知 v_2 的前面一点是 v_3，从 v_3 的标号 $(3,1)$ 可知 v_3 的前面一点是 v_1，即此最短路径为 $v_1 \rightarrow v_3 \rightarrow v_2 \rightarrow v_6 \rightarrow v_7$；同理，从 v_1 到 v_9 的最短路为 $v_1 \rightarrow v_3 \rightarrow v_2 \rightarrow v_6 \rightarrow v_8 \rightarrow v_9$，路程长为 15。

由上述步骤可以看出，标号法是一种按标号值从小到大的逐步外探法。

Dijkstra 算法（双标号法）是公认的好算法。在图论中，所谓"好算法"，即在任何图上使用这个算法所需要的计算步数都能以该图顶点数 n 和弧数 m 的一个多项式（如 $5n^3m$）为其上界。若一个算法的使用需要指数步数（如 3^n），则对某些大的图而言，它将是无效的。

最后再强调一下，Dijkstra 算法只适用于权为正实数的情况，如果权有负的，则算法失效。Dijkstra 算法都是求点到点之间的最短路径。

4.3.2 最短路问题 Excel 软件求解

最短路问题是网络计划问题中应用最广泛的问题之一。在前面的学习中，求解最短路问题的方法主要介绍了 Dijkstra 算法。不同于传统的 Dijkstra 算法，用 Excel 求解最短路问题，利用了 Excel "规划求解"在确定最优方案的计算方面有独到之处的优点，通过直接或间接把电子表格中与公式相联系的一组单元格中的数值进行调整，使某个与公式相关联的单元格达到期望的结果，由此来为电子表格中满足一定要求的单元格找到一个优化值。这是一个典型的图论中最短路问题，下面介绍使用 Excel 建模求解的具体思路。

在用 Excel 解决最短路问题时，起点相当于供应量为 1 的供应点，终点相当于需求量为 1 的需求点，所有其余的节点都是转运点，所以每一个点的净流量为 0；弧的长度可以看作网络流的单位成本；如果选择的路经过某一特定的弧，则认为该弧的流量为 1，否则流量为 0。这样一来，使某条路的总长度最短就等价于网络流的总费用最小。这就是 Excel 规划求解建模的基本原则。

Excel 求解具体过程：

(1)将网络图输入 Excel 表格中，在每一行记录每一条弧的起点、终点以及弧的权，留空一列（假设 C 列）代表是否选择此路径可以使路程最短："1"代表选择此路径，而"0"代表不选择此路径。

(2)确定目标函数。通过 C 列与距离（即权）分别相乘再相加后，就可求得最短路的总距离，而 C 列的数值代表使得路径最短而需走过的路线。

(3)确定约束条件。在网络图中，起点只有流出没有流入，终点只有流入没有流出，而中间各点的流入量、流出量均相等，根据这些条件，可以对图中每一个顶点做一个约束。指向一个顶点的弧对应 C 列的值之和即为该顶点的流入量。同理，从一顶点指出的弧对应 C 列的值之和即为该顶点的流出量，对于中间各点这两者应相等。另外，为了方便约束条件的书写，特将起点的流入量和终点的流出量设定为 1。

(4)设定规划求解参数。

①设置目标函数为最小值。

②设定可变单元格（即自变量）为 C 列的值。

③设定约束条件：C 列自变量只能取二进制 0 或 1 的形式，流出量与流入量相等。

④选择求解方法为单纯线性规划。

(5)计算得出规划求解结果。经过规划求解后，可以得到最短路径的最小总距离，也可以通过表格观察得到具体的路径，C 列中取 1 的即表示该弧被选入路径中。

倘若需要计算从起点到非终点的最短距离，则相应地改变约束条件即可。

在此，利用 Excel 软件对例 4.5 进行求解，展示如何用 Excel 求解最短路问题。

例 4.5 一个网络图 G 如图 4.12 所示。其中 v_1 为起点，v_8 为终点，其余各节点为中间点，各有向边上的数字权即为路程长度。用 Excel 软件求从起点 v_1 到终点 v_8 的最短路径。

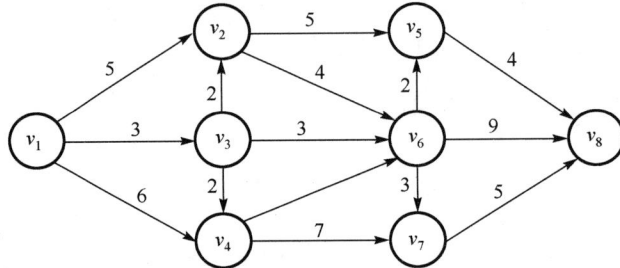

图 4.12　例 4.5 网络图

解： 下面是按照上述解释给出最短路问题的电子表格模型及其求解过程。

建立模型如图 4.13 所示。A 列与 B 列分别代表某条有向弧的起始节点和终止节点，D 列代表这条弧的权系数。C 列是一组 0-1 变量，用来表示是否经过某条弧。F 列分别代表图中的 8 个节点，由以上分析知，起始节点 v_1 的净流量(出度-入度)为 1，终止节点 v_8 的净流量为-1，其余中间点为 0，I 列即为设定好的净流量数值列，G 列为检测列，需要和 F 列相应行保持一致。其中，G 列设置如图 4.14 所示。

	A	B	C	D	E	F	G	H	I
1	最短路								
2									
3	从	至	是否最短路	距离		节点	检测列		净流量
4	v_1	v_2	0	5		v_1	C2+C3+C4	=	1
5	v_1	v_3	0	3		v_2	C5+C6-C2-C7	=	0
6	v_1	v_4	0	6		v_3	C7+C8+C9-C3	=	0
7	v_2	v_5	0	5		v_4	C10+C11-C4-C8	=	0
8	v_2	v_6	0	4		v_5	C12-C5-C13	=	0
9	v_3	v_2	0	2		v_6	C13+C14+C15-C6-C9-C10	=	0
10	v_3	v_4	0	2		v_7	C16-C15-C11	=	0
11	v_3	v_6	0	3		v_8	-C12-C14-C18	=	-1
12	v_4	v_6	0	3					
13	v_4	v_7	0	7					
14	v_5	v_8	0	4					
15	v_6	v_5	0	2					
16	v_6	v_8	0	9					
17	v_6	v_7	0	3					
18	v_7	v_8	0	5					
19									
20									
21	最短路：		0						

图 4.13　模型建立图

约束条件和目标函数设置。约束条件总共有两个，第一个约束需要将 C 列设为 0-1 变量；第二个约束需要使 G 列与 I 列数值一致以保证图形逻辑。目标函数变量即 C21，为 C 列与 D 列点乘之积。具体规划求解方案如图 4.15 所示。

v_1	C2+C3+C4
v_2	C5+C6-C2-C7
v_3	C7+C8+C9-C3
v_4	C10+C11-C4-C8
v_5	C12-C5-C13
v_6	C13+C14+C15-C6-C9-C10
v_7	C16-C15-C11
v_8	-C12-C14-C18

图 4.14 G 列设置

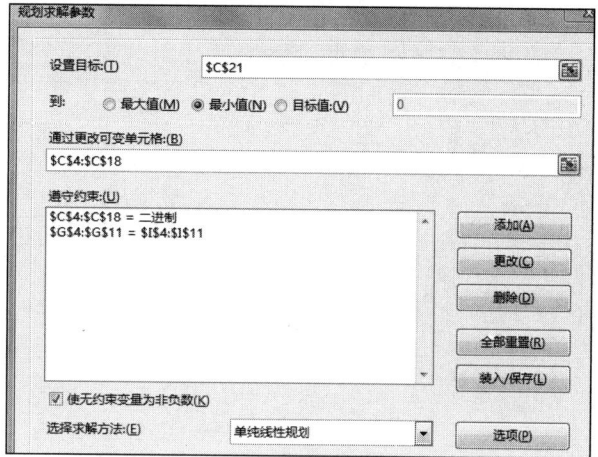

图 4.15 规划求解方案

规划求解结果如图 4.16 所示。

最短路

从	至	是否最短路	距离		节点	净流量		出度-入度
v_1	v_2	0	5		v_1	1	=	1
v_1	v_3	1	3		v_2	0	=	0
v_1	v_4	0	6		v_3	0	=	0
v_2	v_5	0	5		v_4	0	=	0
v_2	v_6	0	4		v_5	0	=	0
v_3	v_2	0	2		v_6	0	=	0
v_3	v_4	0	2		v_7	0	=	0
v_3	v_6	1	3		v_8	-1	=	-1
v_4	v_6	0	3					
v_4	v_7	0	7					
v_5	v_8	1	4					
v_6	v_5	1	2					
v_6	v_8	0	9					
v_6	v_7	0	3					
v_7	v_8	0	5					
最短路：		12						

图 4.16 规划求解结果

其中，C 列中 1 代表该弧被选中构成最短路，0 为未构成最短路，最短路即为 $v_1 \rightarrow v_3 \rightarrow v_6 \rightarrow v_5 \rightarrow v_8$，最短路长度为 12。

4.3.3 最大流算法

1. 最大流的基本概念

考虑这样一个问题：把一批货物从起点 v_1 通过铁路网运到终点 v_6 去，把铁路网上的车站看作顶点，两个车站间的铁路线看作弧，而每条铁路线上运送的货物总量(容量)总是有限的，把某路线上的最大可能运送量称为它的容量，即每条弧上通过的货物总量不能超过这条弧的容量。

问题：如何安排运输方案，使得从起点 v_1 运到终点 v_6 的总运量达到最大。

上面这个问题就是要在铁路网上，求最大流的问题。这里的"流"，是指铁路线（弧）上的实际运输量。如图 4.17 所示，每条弧旁的数字即为该弧的容量 c_{ij}，弧的方向就是允许流的方向。显然，在研究该问题时，把网络中指向起点 v_1 的弧以及从终点 v_6 出发的弧都去掉，不会影响问题的解。

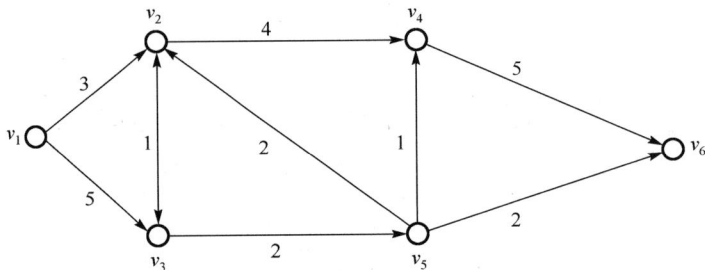

图 4.17　运输网络

下面以图 4.18 为例来介绍最大流问题的基本概念与模型。

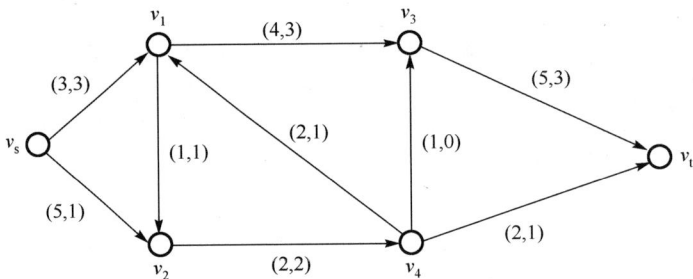

图 4.18　一个运输方案对应的网络流图

（1）容量网络与流。

在研究网络流问题时，首先应给出各弧的通过能力，各弧的权表示弧的容量，记为 c_{ij}，把标有弧容量 c_{ij} 的网络称为容量网络，记为 $D = (V, A, C)$。

一般地，对于一个容量网络 D，如果点集 V 中有一发点，记为 v_s，还有一收点，记为 v_t，其余均为中间点，且对弧集 A 的每条弧均赋权 $c_{ij} \geq 0$，则称这样的容量网络 D 为带收发点的容量网络，简称网络。

在网络 D 中，由于各弧容量的配置可能不协调，实际通过各弧的流量记为 f_{ij}，不可能处处都达到容量值 c_{ij}。把通过弧 (v_i, v_j) 的运量 f_{ij} 称为通过弧 (v_i, v_j) 的流量，所有弧上流量的集 $F = \{f_{ij}\}$ 称为该网络 D 的一个流。

v_s 为发点，v_t 为收点，v_1, v_2, v_3, v_4 为中间点，如图 4.18 所示。弧旁括号中的两个数字 (c_{ij}, f_{ij})，第一个数字 c_{ij} 表示弧容量，第二个数字 f_{ij} 表示通过该弧的流量，如弧 (v_s, v_2) 上的 $(5, 1)$，前者是可通过该弧的容量为 5，后者是目前通过该弧的流量为 1。

(2) 可行流与最大流。

网络流是实际能通过给定容量网络的流量集合，要满足以下两个约束条件：容量约束和节点流量平衡条件。以图 4.18 为例，这两个条件可用以下公式表达：

① 各弧最大输送能力约束（容量约束）条件：$0 \leqslant f_{ij} \leqslant c_{ij}$，即对每一条弧 (v_i, v_j) 的流量 f_{ij} 要满足流量的可行条件，应小于等于弧 (v_i, v_j) 的容量 c_{ij}，并大于等于零。例如，

$$0 \leqslant f_{s1} \leqslant 3, \quad 0 \leqslant f_{s2} \leqslant 5, \quad 0 \leqslant f_{12} \leqslant 1, \quad 0 \leqslant f_{13} \leqslant 4, \quad 0 \leqslant f_{24} \leqslant 2, \quad 0 \leqslant f_{3t} \leqslant 5。$$

② 节点流量平衡条件：网络中的流量必须满足守恒条件，对收发点来说，发点的总流出量 = 收点的总流入量；对中间点 v_1, v_2, v_3, v_4 来说，中间点的总流入量 = 总流出量。例如，

$$f_{s1} + f_{s2} = f_{3t} + f_{4t}, \quad f_{s2} + f_{12} = f_{24}, \quad f_{13} + f_{43} = f_{3t}。$$

对一个给定的容量网络，凡是满足以上两个条件的网络流 $\{f_{ij}\}$ 都称为可行流。显然，图 4.18 网络流为可行流。

寻求网络最大流就是找到一个可行流 $f = \{f_{ij}\}$，使得网络发点到收点的总流量 $v(f)$ 达到最大。网络最大流问题的线性规划表达式是

$$\max v(f)$$
$$\text{s.t.} \quad 0 \leqslant f_{ij} \leqslant c_{ij} \quad (v_i, v_j) \in A$$
$$\sum_{(v_i, v_j) \in A} f_{ij} - \sum_{(v_i, v_j) \in A} f_{ji} = \begin{cases} v(f), & i = \text{s} \\ 0, & i \neq \text{s, t} \\ -v(f), & i = \text{t} \end{cases}$$

显然，网络最大流问题是一个典型而又特殊的线性规划问题，一个可行流相当于线性规划中的一个可行解，而寻求最大流就相当于求网络容量的最优解，可用介绍过的单纯形算法进行求解。但利用单纯形算法得到网络最大流问题的解时计算量过大。由于这一问题的特殊性，用网络模型方法求解更直观、简便。

下面介绍由 Ford 和 Fulkerson 于 1956 年提出的算法。为此，先介绍与求解方法有关的概念和原理。

(3) 增广链。

设网络 $D = (V, A, C)$ 中，有一可行流 $f = \{f_{ij}\}$，按每条弧上流量的多少，可将弧分为 4 种类型：

饱和弧 $f_{ij} = c_{ij}$
非饱和弧 $f_{ij} < c_{ij}$
零流弧 $f_{ij} = 0$
非零流弧 $f_{ij} > 0$

$(v_s, v_1)(v_1, v_2)(v_2, v_4)$ 是饱和弧，也是非零流弧，(v_4, v_3) 是零流弧，其他各弧均为非饱和弧，也是非零流弧，如图 4.18 所示。

设 μ 是网络 D 中从 v_s 到 v_t 的一条链，沿此方向 μ 上的各弧可分为两类，一类是与链的方向一致的弧，称为前向弧，前向弧的全体记为 μ^+；另一类是与链的方向相反的弧，称为

后向弧，后向弧的全体记为 μ^-。在链 $\mu=\{v_s,v_2,v_1,v_4,v_3,v_t\}$ 中，$\mu^+=\{(v_s,v_2),(v_4,v_3),(v_3,v_t)\}$，$\mu^-=\{(v_1,v_2),(v_4,v_1)\}$，如图 4.18 所示。

对于可行流 f，μ 是一条从 v_s 到 v_t 的链，如果 μ^+ 中的每条弧均为非饱和弧，且 μ^- 中的每条弧均为非零流弧，则称链 μ 是关于 f 的增广链。上述条件也可用其反义来表达：正向饱和弧和反向零流弧都不是增广链。如图 4.18 中 $\mu_1=\{v_s,v_2,v_1,v_3,v_t\}$ 就是一条增广链，而 $\mu_2=\{v_s,v_1,v_3,v_4,v_t\}$ 却不是增广链。不难理解，如果 μ 是一条增广链，那么在 μ 上可以增加一定的流量，从而增加可行流的流值。

在图 4.18 中，还可以找出其他增广链，说明网络流非最大时，往往存在很多条增广链。

图 4.17 中增广链 μ_1 可以沿前向弧增加流量，即增广链上存在增大输送能力的潜力。同时，后向弧上减小流量，以保持中间节点的流量平衡。例如，对所有前向弧增加流量 1 个单位；对所有后向弧减少流量 1 个单位，也就是说，沿增广链方向调整 1 个单位流量，变成新可行流 $f_{3t}=3+1=4$，$f_{s2}=1+1=2$，$f_{12}=1-1=0$，$f_{13}=3+1=4$，则上图的新网络流仍是可行流，但总流量 $v(f)$ 增加了 1 个单位。增广链的这个性质是很重要的，可以利用增广链来调整给定的当前流，以求最大流。若可行流 f 不存在增广链，那么它就不能再调整增大，就可断定它就是最大流。

增广链的作用有两个，一是判断目前的可行流是否是最大流，如果不是最大流，通过增广链找到更大的可行流；二是与线性规划中检验数的作用相同。

定理 4.3　在网络 $D=(V,A,C)$ 中，可行流 f 是最大流的充分必要条件是网络中不存在从 v_s 到 v_t 的增广链。

从以上增广链概念及定理可知，要判断一个可行流 f 是否为最大流，看能否找出从 v_s 到 v_t 的增广链，若能，则说明 f 不是最大流；否则 f 就是最大流。在上述概念和定理的基础上，下面介绍如何寻求最大流的 Ford-Fulkerson 标号算法。

2．Ford-Fulkerson 标号算法

该算法由 Ford 和 Fulkerson 于 1956 年提出，其实质是判断是否有增广链存在，并设法把增广链找出来。

Ford-Fulkerson 标号算法的基本思想是从一个可行流 f 出发，由发点 v_s 开始，对网络 D 中的每个顶点进行标号，如 v_t 得到标号，这时可用反向追踪法在网络中找出一条从 v_s 到 v_t 的由标号点及相应的弧连接而成的增广链。若无，则 f 为所求的最大流；若有，则在增广链上进行调整，改变流量，得到新的可行流 f'，继续寻找相应于该可行流的增广链。

Ford-Fulkerson 标号算法的步骤如下。

步骤 1：给出一个初始可行流 f。

步骤 2：标号、检查过程。

给顶点标号，寻找增广链 μ。凡是标号的点用 $(v_i,l(v_j))$ 表示，其中第一个分量表示该标号是从哪个点得到的，以便反向追踪找出增广链 μ，第二个分量是为确定 μ 的调整量 θ 用的。在标号过程中，每个点属于且仅属于下列集合之一：已标号，但未检查的点集 V_0；已标号，已检查的点集 V_s；未标号的点集 $\bar{V}_s$。

首先给 v_s 标号 $(0,+\infty)$，因 v_s 是发点，故括号中第一个数字记为 0。括号中第二个数字

表示从上一标号点到这个标号点的流量的最大允许调整值。v_s 为发点，不限允许调整量，故为 $+\infty$。此时 $V_0 = \{v_s\}$，$V_s = \varnothing$，$\overline{V}_s = \{v_1, v_2, \cdots, v_t\}$。

如果 V_0 非空，则反复按以下①、②进行，否则转步骤3。

① 在 V_0 中任选一元素 v_i，检查 v_i 到 $\overline{V}_s$ 中的点 v_j 的弧 (v_i, v_j)，或 $\overline{V}_s$ 中的点 v_j 到 v_i 的弧 (v_j, v_i)，满足以下条件的给 v_j 标号：

（a）对于前向弧 (v_i, v_j)，若非饱和，则给点 v_j 标以 $(v_i, l(v_j))$，其中 $l(v_j) = \min\{l(v_i),$ $c_{ij} - f_{ij}\}$，同时把 v_j 从 $\overline{V}_s$ 中除去，归入 V_0。

（b）对于后向弧 (v_j, v_i)，若非零流，则给点 v_j 标以 $(-v_i, l(v_j))$，其中 $l(v_j) = \min\{l(v_i),$ $f_{ji}\}$，同时把 v_j 从 $\overline{V}_s$ 中除去，归入 V_0。

如果 v_t 归入 V_0，说明已找出 f 的增广链 μ，则转步骤3。

② 把已标号已检查的点 v_i 归入 V_s。

③ 若 v_t 得不到标号，说明该网络中不存在增广链，给定的可行流即为最大流。转步骤4。

步骤3：调整过程。

设 $v_t \in V_0$，利用 v_t 的标号和 v_s 中各点的标号中的第一分量，从 v_t 反向追踪到 v_s，得到一条从 v_s 到 v_t 的增广链 μ，按以下方法在增广链 μ 上进行调整，增加流量，得到新的可行流 f'。抹掉图上所有标号，重复步骤1～步骤3，直至图中找不到任何增广链，即出现步骤2中的③为止。

当 $(v_i, v_j) \in \mu^+$ 时，$f_{ij} < c_{ij}$；当 $(v_i, v_j) \in \mu^-$ 时，$f_{ji} > 0$，此时，取调整量

$$\theta = \min\{\min_{\mu^+}(c_{ij} - f_{ij}), \min_{\mu^-} f_{ji}\}$$

做调整

$$f'_{ij} = \begin{cases} f_{ij} + \theta, & (v_i, v_j) \in \mu^+ \\ f_{ij} - \theta, & (v_i, v_j) \in \mu^- \\ f_{ij}, & (v_i, v_j) \notin \mu \end{cases}$$

则调整之后仍为可行流，流值比原来的可行流流量增大了 $\theta(\theta > 0)$。

步骤4：写出最小截集 $(V_s^*, \overline{V}_s^*)$ 和最大流 $f^* = \{f_{ij}^*\}$ 的流量 $V(f^*) = C(V_s^*, \overline{V}_s^*)$，终止计算。

例 4.6 试用 Ford-Fulkerson 标号算法求图 4.19 所示的网络最大流，括号中，第一个数字是容量，第二个数字是流量。

解：第一步：图中已经给出可行流 f。

第二步：首先给 v_s 标以 $(0, +\infty)$，此时 $V_0 = \{v_s\}$，$V_s = \varnothing$，$\overline{V}_s = \{v_1, v_2, v_3, v_4, v_t\}$。检查点 v_s 如下：

弧 (v_s, v_1)，$f_{s1} = c_{s1} = 3$，为饱和弧，所以对 v_1 不标号。

弧 (v_s, v_2)，$f_{s2} < c_{s2}$，为非饱和弧，所以对 v_2 标号，$v_2(v_s, l(v_2))$。

其中，

$$l(v_2) = \min\{+\infty, (c_{s2} - f_{s2})\} = \min\{+\infty, (5-1)\} = 4$$

此时 $V_0 = \{v_2\}, V_s = \{v_s\}, \overline{V}_s = \{v_1, v_3, v_4, v_t\}$。

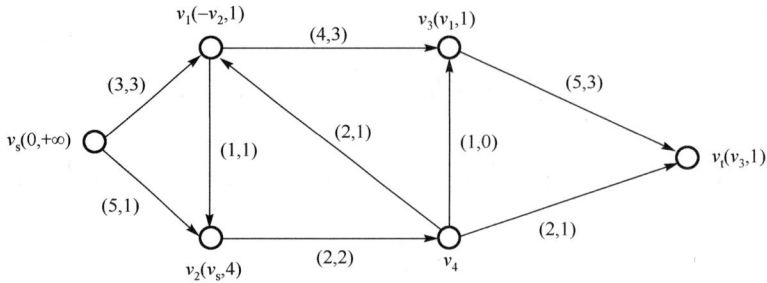

图 4.19　有增广链的网络流图

检查点 v_2：

弧 (v_2, v_4)，$f_{24} = c_{24} = 2$，为饱和弧，所以对 v_4 不标号。

弧 (v_1, v_2)，$f_{12} = 1 > 0$，为非零流弧，所以对 v_1 标号，$v_1(-v_2, l(v_1))$，其中

$$l(v_1) = \min\{l(v_2), f_{12}\} = \min\{4, 1\} = 1$$

此时

$$V_0 = \{v_1\}, V_s = \{v_s, v_2\}, \overline{V}_s = \{v_3, v_4, v_t\}$$

检查点 v_1：

弧 (v_1, v_3)，$f_{13} < c_{13}$，为非饱和弧，所以给点 v_3 标号，$v_3(v_1, l(v_3))$，其中

$$l(v_3) = \min\{l(v_1), (c_{13} - f_{13})\} = \min\{1, (4-3)\} = 1$$

弧 (v_4, v_1)，$f_{41} = 1 > 0$，为非零流弧，所以给点 v_4 标号，$v_4(-v_1, l(v_4))$，其中

$$l(v_4) = \min\{l(v_1), f_{41}\} = \min\{1, 1\} = 1$$

此时

$$V_0 = \{v_3, v_4\}, V_s = \{v_s, v_2, v_1\}, \overline{V}_s = \{v_t\}$$

检查点 v_3：

弧 (v_3, v_t)，$f_{3t} < c_{3t}$，为非饱和弧，所以给点 v_t 标号，$v_t(v_3, l(v_t))$，其中

$$l(v_t) = \min\{l(v_3), (c_{3t} - f_{3t})\} = \min\{1, (5-3)\} = 1$$

由于 v_t 已标号，不需要再检查 v_4。

第三步：利用各点已标号的第一个分量，从 v_t 反向追踪得到增广链 $\mu = \{v_s, v_2, v_1, v_3, v_t\}$，如图 4.19 所示，其中 $\mu^+ = \{(v_s, v_2), (v_1, v_3), (v_3, v_t)\}$，$\mu^- = \{(v_1, v_2)\}$。

由 v_t 标号的第二个分量知 $\theta = 1$，于是在 μ 上进行调整：

$$f'_{ij} = \begin{cases} f'_{s2} = f_{s2} + \theta = 1 + 1 = 2, & (v_s, v_2) \in \mu^+ \\ f'_{13} = f_{13} + \theta = 3 + 1 = 4, & (v_1, v_3) \in \mu^+ \\ f'_{3t} = f_{3t} + \theta = 3 + 1 = 4, & (v_3, v_t) \in \mu^+ \\ f'_{12} = f_{12} - \theta = 1 - 1 = 0, & (v_1, v_2) \in \mu^- \\ f_{ij}, & (v_i, v_j) \notin \mu \end{cases}$$

调整后的可行流如图 4.20 所示。对这个新的可行流重新在图中进行标号，寻找新的增广链。

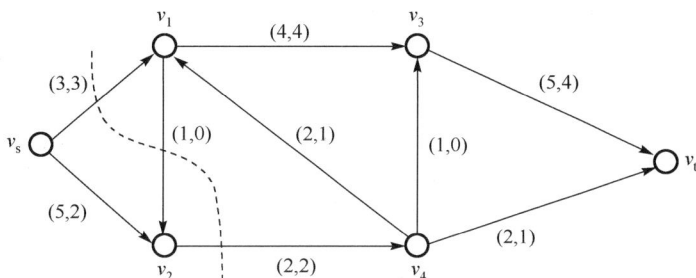

图 4.20　调整后的可行流

第四步：再标号。

同上述第二步标号，易见，当给 v_2 标号 $(v_s,3)$ 后，无法再进行下去，此时，$V_0 = \varnothing$，$V_s = \{v_s,v_2\}$，$\overline{V}_s = \{v_1,v_3,v_4,v_t\}$。因此，目前所得到的可行流就是最大流，最大流为 $V(f^*) = C(V_s^*,\overline{V}_s^*) = c_{s1} + c_{24} = 3 + 2 = 5$。

4.3.4　最大流算法的 Excel 软件求解

最大流问题也具有极为广泛的运用，通过前面的学习，了解到求解此问题的方法为最大流最小截集定理以及 Ford-Fulkerson 标号算法。由于最大流最小截集定理较为烦琐，在运用时也易出错，所以更为常用的方法是 Ford-Fulkerson 标号算法。

在本节，通过使用 Excel 对教材中例 4.7 进行求解，展示如何用 Excel 求解最大流问题。这是一个典型的最大流问题，在用 Excel 规划求解时，其思路不同于传统算法，最大流问题与最短路问题模型的构建是类似的，但有几个条件需要改变。首先是可行流量为小于或等于容量的关系；其次是起点与终点的逻辑判断值不再是 1 和–1，而变为无限制；最后是目标函数应该求最大值。

例 4.7　用 Excel 软件求图 4.19 所示的网络最大流，括号中第一个数字是容量，第二个数字是流量。

原理同求解最短路问题相同，将上述网络图输入 Excel 表格中，如图 4.21 所示。

其中，关于目标单元格的设置需要根据具体问题具体设置。在最大流问题中，最大流等于起点的流出量或终点的流入量之和，可变单元格即为流量，约束条件有以下 3 条：

(1) 各节点流量值小于等于各节点的容量值；

(2) 起点只有流出无流入，终点只有流入无流出，起点的流出量与终点的流入量相等；

(3) 各节点的流量和为 0，即流入量等于流出量。

如图 4.22 所示，通过规划求解，可得最大流为 5，求解结果如图 4.23 所示。这与例 4.6 用 Ford-Fulkerson 标号算法获得的结果是一致的。

例 4.8　某公司要运输一批物资。构建一个网络图 G 如图 4.24 所示。其中 v_1 是起点，v_8 为终点，其余各节点为中间点，各有向边上的数字权即为容量，括号中数字代表初始可行流。求从起点到终点的运输方案，使得运输量最大。

	A	B	C	D	E
1	起点	终点	流量		容量
2	v_s	v_1		<=	3
3	v_s	v_2		<=	5
4	v_1	v_2		<=	1
5	v_1	v_3		<=	4
6	v_2	v_4		<=	2
7	v_3	v_t		<=	5
8	v_4	v_1		<=	2
9	v_4	v_3		<=	1
10	v_4	v_t		<=	2
11					
12	最大流	=SUM(C2:C3)			

图 4.21　网络最大流 Excel 表

	G	H	I	J	K
	节点	流入量		流出量	
	v_s			=C2+C3	
	v_1	=C2	=	=C4+C5	
	v_2	=C3+C4	=	=C6	
	v_3	=C5+C9	=	=C7	
	v_4	=C6	=	=SUM(C8:C10)	
	v_t	=C10+C7			
	v_s 的流出量=v_t 的流入量				
	=C10+C7		=	=C2+C3	

图 4.22　目标单元格的设置

	A	B	C	D	E	F	G	H	I	J
1	起点	终点	流量		容量		节点	流入量		流出量
2	v_s	v_1	3	<=	3		v_s			5
3	v_s	v_2	2	<=	5		v_1	3	=	3
4	v_1	v_2	0	<=	1		v_2	2	=	2
5	v_1	v_3	3	<=	4		v_3	3	=	3
6	v_2	v_4	2	<=	2		v_4	2	=	2
7	v_3	v_t	3	<=	5		v_t	5		
8	v_4	v_1	0	<=	2		v_s 的流出量=v_t 的流入量			
9	v_4	v_3	0	<=	1			5	=	5
10	v_4	v_t	2	<=	2					
11										
12	最大流		5							

图 4.23　求解结果

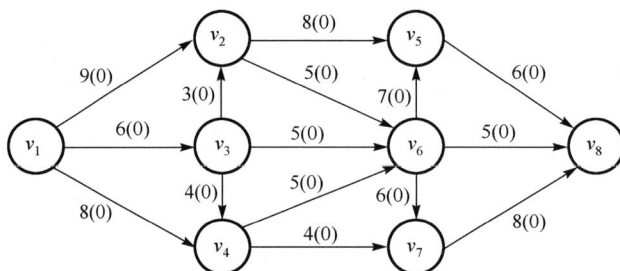

图 4.24　网络图 G

这是一个典型的最大流问题。把图 4.24 输入 Excel 建立模型，如图 4.25 所示。A 列与 B 列的含义与最短路一致；C 列代表路径流量，不再设限制；弧上的容量体现在 E 列中，E 列大于等于 C 列；H 列为各点的净流量，因而起点 v_1 与终点 v_8 不设限制而中间点应为 0，但起点与终点在数值上应为相反数关系。J 列即为逻辑判断值限制列。

H 列的设置与最短路问题十分相似，具体设置如图 4.26 所示。

约束条件和目标函数。约束条件共两个，即流量小于等于容量和净流量等于流出量减去流入量，目标函数即净流量起点 v_1 值最大。规划求解方案如图 4.27 所示。

规划求解结果如图 4.28 所示。

净流量不为 0 的弧所对应的净流量值即为最大流经过的流量值（如从 v_1 到 v_2 的弧流量为 9）；最大流为 19。

网络最大流问题

从	至	流量		容量		节点	净流量		逻辑判断值限制列
v_1	v_2	0	≤	9		v_1			
v_1	v_3	0	≤	6		v_2	0		
v_1	v_4	0	≤	8		v_3	0		
v_2	v_5	0	≤	8		v_4	0		
v_2	v_6	0	≤	5		v_5	0		
v_3	v_2	0	≤	3		v_6	0		
v_3	v_4	0	≤	4		v_7	0		
v_3	v_6	0	≤	5		v_8			
v_4	v_6	0	≤	5					
v_4	v_7	0	≤	4					
v_5	v_8	0	≤	6					
v_6	v_5	0	≤	7					
v_6	v_8	0	≤	5					
v_6	v_7	0	≤	6					
v_7	v_8	0	≤	8					
	最大流=	0							

图 4.25 Excel 模型

v_1	C2+C3+C4
v_2	C5+C6-C2-C7
v_3	C7+C8+C9-C3
v_4	C10+C11-C4-C8
v_5	C12-C5-C13
v_6	C13+C14+C15-C6-C9-C10
v_7	C16-C15-C11
v_8	-C12-C14-C16

图 4.26 目标单元格的设置

图 4.27 规划求解方案

网络最大流问题

从	至	流量		容量		节点	净流量		逻辑判断值限制列
v_1	v_2	9	≤	9		v_1	19		
v_1	v_3	3	≤	6		v_2	0		
v_1	v_4	7	≤	8		v_3	0		
v_2	v_5	6	≤	8		v_4	0		
v_2	v_6	5	≤	5		v_5	0		
v_3	v_2	2	≤	3		v_6	0		
v_3	v_4	0	≤	4		v_7	0		
v_3	v_6	1	≤	5		v_8	-19		
v_4	v_6	5	≤	5					
v_4	v_7	2	≤	4					
v_5	v_8	6	≤	6					
v_6	v_5	0	≤	7					
v_6	v_8	5	≤	5					
v_6	v_7	6	≤	6					
v_7	v_8	8	≤	8					
	最大流=	19							

图 4.28 规划求解结果

4.4 网络计划技术

用网络分析方法编制的生产计划称为网络计划。它是 20 世纪 50 年代发展起来的一种编制大型工程进度计划的有效方法。1956 年，美国杜邦公司在制定企业不同业务部门的系统规划时，制订了第一套网络计划。这种计划借助网络表示各项工序与所需要的时间，以及各项工序的相互关系。通过网络分析研究工程费用与工期的相互关系，并找出在编制计划时及计划执行过程中的关键路线。这种方法称为关键路线法（Critical Path Method，CPM）。1958 年，美国海军武器部在制订研制"北极星"导弹计划时，同样应用了网络分析方法的网络计划，但它注重对各项工序安排的评价和审查。这种方法称为计划评审方法（Program Evaluation and Review Technique，PERT）。

鉴于这两种方法的差别，CPM 主要应用于以往在类似工程中已取得一定经验的承包工程；PERT 更多地应用于研究与开发项目。在这两种方法得到应用推广之后，又陆续出现了最低成本估算计划法、产品分析控制法、人员分配法、物资分配和多种项目计划制订法等。虽然方法很多，各自侧重的目标有所不同，但都应用的是 CPM 和 PERT 的基本原理和基本方法。20 世纪 60 年代该方法被引入我国并开始进行推广应用。目前，这些方法被世界各国广泛应用于工业、农业、国防、科研等管理计划中，对缩短工期，节约人力、物力和财力，提高经济效益发挥了重要的作用。

网络计划的基本原理是从需要管理的任务的总进度着眼，以任务中各工序所需要的工时为时间因素，按照工序的先后顺序和相互关系画出网络图，以反映任务的全貌，实现管理过程的模型化。然后进行时间参数的计算，找出计划中的关键工序和关键路线，对任务的各项工序所需的人力、物力和财力通过改善网络计划做出合理安排，得到最优方案并付诸实践。

国内外应用网络计划的实践表明，它具有一系列优点，特别适用于生产技术复杂、工序项目繁多、联系紧密的一些跨部门的工作计划。例如，新产品研制开发、大型工程项目、生产技术准备、设备大修等计划。

网络计划内容包括网络图的绘制、网络图的编制、路线与关键路线的确定、网络时间参数的计算和网络计划技术的软件求解等环节。下面分别讨论这些内容。

4.4.1 网络图的绘制

为了编制网络计划，首先需要绘制网络图。网络图是由节点（点）、弧及权所构成的有向图，即有向的赋权图。

节点表示一个事项，是一个或若干个工序的开始或结束，是相邻工序在时间上的分界点。节点用圆圈和里面的数字表示，数字表示节点的编号，不需要占用时间和资源，只代表某项工序的开始或结束。

弧表示一个工序，工序是指为了完成工程项目，在工艺技术和组织管理上相对独立的活动。一项工程由若干个工序组成。工序需要一定的人力、物力等资源和时间。弧用箭线"→"表示。在网络图上，一项工序用一条箭线来表示，箭尾表示工序的开始，箭头表示工序的结束。

权表示为完成某个工序所需要的时间或资源等数据,通常标注在箭线下面或其他合适的位置上。

虚工序用虚箭线"---→"表示。它不是一项具体的工序,不需要人力、物力等资源和时间,即不消耗任何资源的虚构工序。在网络图中仅表明一个工序与另一个工序间的前行后继关系,或表示某个工序必须在另外一个工序结束后才能开始。

例4.9 某新产品工程项目的任务分解和分析如表4.1所示,要求编制该项工程的网络计划。

表4.1 某新产品工程项目的任务分解和分析

工序	工序代号	工序时间/天	紧后工序
产品设计与工艺设计	a	60	b, c, d, e
外购配套件	b	45	l
下料、锻件	c	10	f
工装制造1	d	20	g, h
木模、铸件	e	40	h
机械加工1	f	18	l
工装制造2	g	30	k
机械加工2	h	15	l
机械加工3	k	25	l
装配调试	l	35	—

根据表4.1的已知条件和数据,绘制的网络如图4.29所示。

在图4.29中,箭线a、b、$\cdots$、l分别代表10个工序。箭线下面的数字表示为完成该个工序所需要的时间(天数)。节点①、②、$\cdots$、⑧分别表示某个或某些工序的开始和结束。例如,节点②表示a工序的结束和b、c、d、e工序的开始,即a工序结束后,后4个工序才能开始。

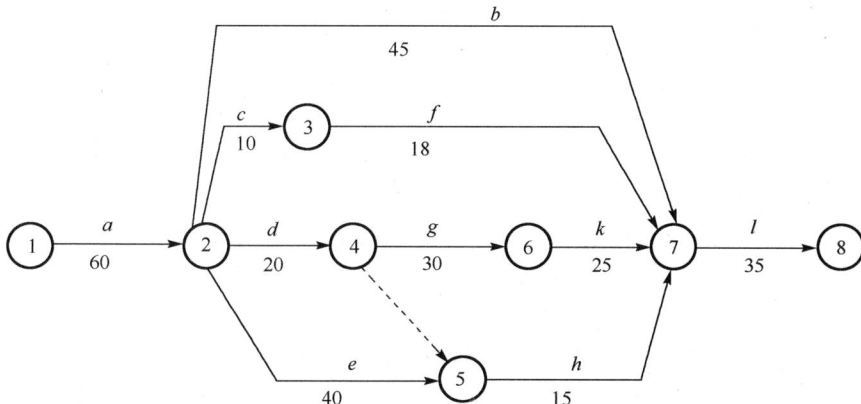

图4.29 某机械工程网络图

在绘制网络图中，用一条弧和两个节点表示一个确定的工序。例如，②→⑦表示一个确定的 b 工序。工序开始的节点称为箭尾节点，如 b 工序的②；工序结束的节点称为箭头节点，如 b 工序的⑦。②称为箭尾事项，⑦称为箭头事项。工序的箭尾事项与箭头事项称为该工序的相关事项。在一张网络图上只能有起点和终点两个节点，分别表示工程的开始和结束，其他节点既表示上一个(或若干个)工序的结束，又表示下一个(或若干个)工序的开始。

为正确反映工程中各工序的相互关系，在绘制网络图时，应遵循以下规则：

(1)方向、时序与节点编号。

网络图是有向图，按照工艺流程的顺序，规定工序从左向右排列。网络图中的各个节点都有一个时间(某个或若干个工序开始或结束的时间)，一般按各个节点的时间顺序编号。为了便于修改编号及调整计划，可以在编号过程中留出一些编号。起点编号可以从 1 开始，也可以从 0 开始。网络图应从左向右延伸，编号应从小到大，且不重复。箭头事项编号大于箭尾事项编号。

(2)紧前工序与紧后工序。

例如，在图 4.29 中，只有在 a 工序结束以后，b、c、d、e 工序才能开始。a 工序是 b、c、d、e 工序的紧前工序，而 b、c、d、e 工序则是 a 工序的紧后工序。

(3)虚工序。

虚工序是用来表达相邻工序之间的衔接关系，而实际上并不存在而虚设的工序。虚工序不需要人力、物力等资源和时间，只表示某工序必须在另外一个工序结束后才能开始。如图 4.29 所示，虚工序④----→⑤只表示在 d 工序结束后，h 工序才能开始。

(4)相邻两个节点之间只能有一条弧。

一个工序用确定的两个相关事项表示，某两个相邻节点只能是一个工序的相关事项。在计算机上计算各个节点和各工序的时间参数时,相关事项的两个节点只能表示一个工序，否则将造成逻辑上的混乱。如图 4.30 的画法是错误的，图 4.31 的画法是正确的。

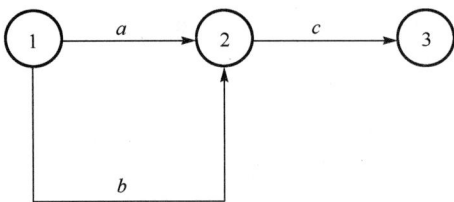

图 4.30　工序的错误画法示例　　　　图 4.31　工序的正确画法示例

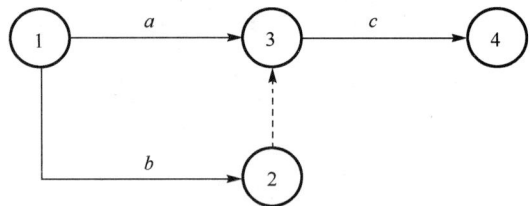

(5)网络图中不能有缺口和回路。

在网络图中，除起点和终点外，其他各个节点的前后都应有弧相连接，即图中不能有缺口，使网络图从起点经任何路线都可到达终点。否则，将使某些工序失去与其紧后(或紧前)工序应有的联系。

在本章讨论的网络图中不能有回路，即不可能有循环现象。否则，将使组成回路的工序永远不能结束，工程永远不能完工。有回路的错误网络图，如图 4.32 所示。

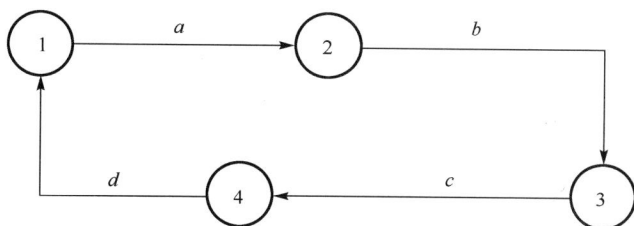

图 4.32 有回路的错误网络图

(6)平行作业。

为缩短工程的完工时间,在工艺流程和生产组织条件允许的情况下,某些工序可以同时进行,即可采用平行作业的方式。b、c、d、e 四个工序即可平行作业,如图 4.29 所示。在有几个工序平行作业结束后转入下一个工序时,考虑到便于计算网络时间和确定关键路线,选择在平行作业的几个工序中所需要时间最长的一个工序,直接与其紧后工序衔接,而其他工序则通过虚工序与其紧后工序衔接。d、e 工序平行作业,这两个工序都结束后,紧后工序 h 才可能开始,如图 4.29 所示。在 d、e 工序中,e 工序所需要时间(40 天)比 d 工序所需要时间(20 天)长,则 e 工序直接与 h 工序连接,而 d 工序则通过虚工序与 h 工序连接。

(7)交叉作业。

对需要较长时间才能完成的一些工序,在工艺流程与生产组织条件允许的情况下,可以不必等待工序全部结束后再转入其紧后工序,而是分期分批转入。这种方式称为交叉作业。交叉作业可以缩短工程周期。将工装制造分为两批,将一个工序分为 d、g 两个工序,分别与紧后工序 h、k 连接,如图 4.29 所示。

(8)起点和终点。

为表示工程的开始和结束,在网络图中只能有一个起点和一个终点。当工程开始时有几个工序平行作业,或在几个工序结束后完工,用一个起点、一个终点表示。当这些工序不能用一个起点或一个终点表示时,可用虚工序把它们与起点或终点连起来。

(9)网络图的分解与综合。

根据网络图的不同需要,一个工序所包括的工序内容可以多一些,即工序综合程度较高,也可以使一个工序中所包括的工序内容少一些,即工序综合程度较低。一般情况下,工程总指挥部制订的网络计划是工序综合程度较高的网络图(母网络图)的下一级部门,根据工序综合程度较高的网络图的要求,制定本部门的工序综合程度较低的网络图(子网络图)。将母网络分解为若干个子网络,称为网络图的分解。而将若干个子网络综合为一个母网络,则称为网络图的综合。若将图 4.29 视为一个母网络,它可以分解为 a 工序,b、c、d、e、f、g、h、k 工序,以及 l 工序三个子网络。a 工序和 l 工序都可以再分解为综合程度较低的若干个工序。

(10)网络图的布置。

在网络图中,尽可能将关键路线布置在中心位置,并尽量将联系紧密的工序布置在相近的位置。为使网络图清楚和便于在图上填写有关的时间数据与其他数据,弧尽量用水平线或具有一段水平线的折线。

4.4.2 网络图的编制

网络图的编制一般可以分为三步：

(1)确定目标，做好编制网络计划的准备工序。确定目标就是确定是哪一项任务，明确任务最后要达到的目的和目标。

(2)进行任务分解和分析。

(3)绘制网络图。

例 4.10 一项任务首先要分解成若干个工序，并分析清楚这些工序在工艺上和组织上的联系及制约关系，确定各工序的先后顺序，列出工序项目明细表，如表 4.2 所示。

表 4.2 工序项目明细

工序代号	工序	工序时间/天	紧前工序
a	系统地提出问题	4	—
b	研究选点问题	7	a
c	准备调研方案	10	a
d	收集资料，安排工作	8	b
e	挑选和训练调研人员	12	b、c
f	准备有关表格	7	c
g	实地调查	5	d、e、f
h	分析调查数据，撰写调查报告	4	g

按照工序项目明细表中所示的工序，遵照前面所讲的网络图的绘制规则，在箭线下标出工序时间，绘制调查项目的网络图，如图 4.33 所示。

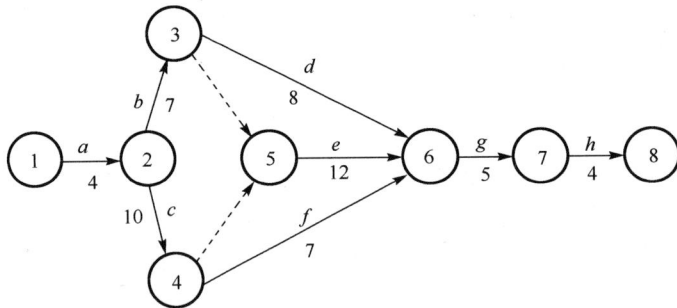

图 4.33 调查项目的网络图

4.4.3 路线与关键路线的确定

在网络图中，从起点开始，按照各工序的顺序，连续到达终点的一条通路称为路线。如图 4.29 所示，共有 5 条路线，新产品工程项目的路线及其时间如表 4.3 所示。

表 4.3　新产品工程项目的路线及其时间

路线	路线的组成	各工序所需要的时间之和/天
1	①→②→⑦→⑧	60+45+35 = 140
2	①→②→③→⑦→⑧	60+10+18+35 = 123
3	①→②→④→⑥→⑦→⑧	60+20+30+25+35 = 170
4	①→②→④→⑤→⑦→⑧	60+20+15+35 = 130
5	①→②→⑤→⑦→⑧	60+40+15+35 = 150

在各条路线上，各工序所需要的时间之和是不完全相等的。其中，时间最长的路线称为关键路线，或称为主要矛盾线。如表 4.3 所示，第 3 条路线就是关键路线，组成关键路线的工序称为关键工序。如果能缩短关键工序所需要的时间，就可以缩短工程的完工时间。而缩短非关键路线上的各工序所需要的时间，不能使工程的完工时间提前，即使在一定范围内延长非关键路线上各工序所需要的时间，也不至于影响整个工程的完工时间。编制网络计划的基本思想是在一个庞大的网络图中找出关键路线。对各关键工序优先安排资源，挖掘其潜力，并采取相应措施尽量压缩所需要的时间。而对非关键路线上的各工序，只要在不影响工程完工时间的条件下，就可以抽出适当的人力、物力等资源用在关键工序上，以达到缩短工程工期、合理利用资源等目的。在执行计划过程中，可以明确工作重点，对各关键工序加以有效控制和调度。关键路线是相对的，也是可以变化的。在采取一定的技术组织措施之后，关键路线有可能变为非关键路线，而非关键路线也有可能变为关键路线。

从起点①到终点⑥共有 8 条路线，可以分别计算出这 8 条路线所需的总工时，如图 4.34 所示。

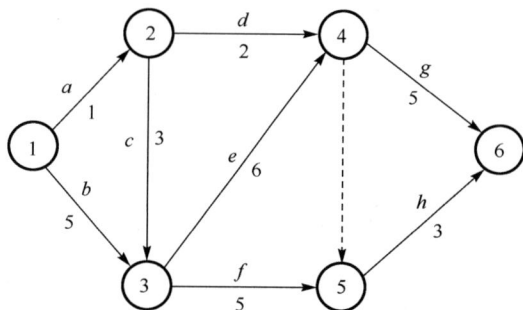

图 4.34　调整前的关键路线和关键工序

这 8 条路线分别为：

①→②→④→⑥　　　　　　　　1+2+5 = 8（天）
①→②→④→⑤→⑥　　　　　　1+2+0+3 = 6（天）
①→②→③→⑤→⑥　　　　　　1+3+5+3 = 12（天）
①→②→③→④→⑥　　　　　　1+3+6+5 = 15（天）
①→②→③→④→⑤→⑥　　　　1+3+6+0+3 = 13（天）

$$① \to ③ \to ④ \to ⑤ \to ⑥ \qquad\qquad 5+6+0+3 = 14(天)$$
$$① \to ③ \to ④ \to ⑥ \qquad\qquad\qquad 5+6+5 = 16(天)$$
$$① \to ③ \to ⑤ \to ⑥ \qquad\qquad\qquad 5+5+3 = 13(天)$$

可以看出①→③→④→⑥所需要的时间最长，总共需要16天。则该路线就是关键路线，其所对应的工序为关键工序，如图4.35所示。

图 4.35　关键路线

当某些工序的时间调整后，可能引起关键路线的变化和工期的变化。例如，将工序 e 的时间缩短为2天，则工期缩短为12天，关键路线将变为图4.36所示内容。

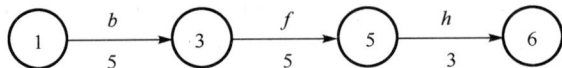

图 4.36　调整后的关键路线

因此，关键路线是随着时间、情况的变化而发生变化的。

4.4.4　网络时间参数的计算

为了编制网络计划和找出关键路线，要计算网络图中各事项及各工序的有关时间，称这些有关时间为网络时间。

计算网络图中有关的时间参数，其主要目的就是找出关键路线，为网络优化、调整和执行提供明确的时间概念。下面分别介绍各种网络时间参数。

(1) 作业时间。

为完成某个工序 (i, j) 所需要的时间称为该工序的作业时间，用 T_{ij} 表示。

(2) 事项时间。

① 事项最早时间 $T_E(j)$。

通常是按箭头事项计算事项最早时间，用 $T_E(j)$ 表示，它等于从起点事项起到本事项最长路线的时间长度。计算事项最早时间是从起点事项开始，自左向右逐个事项向前计算的。假定起点事项的最早时间等于零，即 $T_E(1) = 0$。箭头事项的最早时间等于箭尾事项最早时间加上作业时间。当同时有两个或若干个箭线指向箭头事项时，选择各工序的箭尾事项最早时间与各工序作业时间之和的最大值。即

$$T_E(1) = 0$$

$$T_E(j) = \max \{ T_E(i) + T(i, j) \} \quad (j = 2,3,\cdots,n)$$

式中，$T_E(j)$ 为箭头事项的最早时间；$T_E(i)$ 为箭尾事项的最早时间。

例如，在网络图4.29中各事项的最早时间为

$$T_E(1) = 0$$

$$T_E(2) = T_E(1) + T(1,2) = 0 + 60 = 60$$

$$T_E(3) = T_E(2) + T(2,3) = 60 + 10 = 70$$

$$T_E(4) = T_E(2) + T(2,4) = 60 + 20 = 80$$

$$T_E(5) = \max\{T_E(2) + T(2,5), T_E(4) + T(4,5)\} = \max\{60 + 40, 80 + 0\} = 100$$

$$T_E(6) = T_E(4) + T(4,6) = 80 + 30 = 110$$

$$T_E(7) = \max\{T_E(2) + T(2,7), T_E(3) + T(3,7), T_E(6) + T(6,7), T_E(5) + T(5,7)\} =$$

$$\max\{60 + 45, 70 + 18, 110 + 25, 100 + 15\} = 135$$

$$T_E(8) = T_E(7) + T(7,8) = 135 + 35 = 170$$

将上述计算结果计入各事项左下方的方框内，如图4.37所示。

② 事项最迟时间 $T_L(i)$。

通常是按箭头事项各工序的最迟必须结束时间，或箭尾事项各工序的最迟必须开始时间计算事项最迟时间的，用 $T_L(i)$ 表示。事项最迟时间通常按箭尾事项的最迟时间计算，从右向左反顺序进行。箭尾事项的最迟时间等于箭头事项的最迟时间减去该工序的作业时间。当箭尾事项同时引出两个以上箭线时，该箭尾事项的最迟时间必须同时满足这些工序的最迟必须开始时间。所以在这些工序的最迟必须开始时间中选一个最早（时间值最小）的时间，即

$$T_L(n) = T_E(n) \quad (n \text{ 为终点事项})$$

$$T_L(i) = \min\{T_L(j) - T(i,j)\} \quad (i = n-1, \cdots, 2, 1)$$

式中，$T_L(i)$ 为箭尾事项的最迟时间；$T_L(j)$ 为箭头事项的最迟时间。

例如，在网络图4.29中各事项的最迟时间为

$$T_L(8) = T_E(8) = 170$$

$$T_L(7) = T_L(8) - T(7,8) = 170 - 35 = 135$$

$$T_L(6) = T_L(7) - T(6,7) = 135 - 25 = 110$$

$$T_L(5) = T_L(7) - T(5,7) = 135 - 15 = 120$$

$$T_L(4) = \min\{T_L(6) - T(4,6), T_L(5) - T(4,5)\} = \min\{110 - 30, 120 - 0\} = 80$$

$$T_L(3) = T_L(7) - T(3,7) = 135 - 18 = 117$$

$$T_L(2) = \min\{T_L(7) - T(2,7), T_L(3) - T(2,3), T_L(4) - T(2,4), T_L(5) - T(2,5)\}$$

$$= \min\{135 - 45, 117 - 10, 80 - 20, 120 - 40\} = 60$$

$$T_L(1) = T_L(2) - T(1,2) = 60 - 60 = 0$$

将各事项的最迟时间记入该事项的右下角的三角框内，如图 4.37 所示。

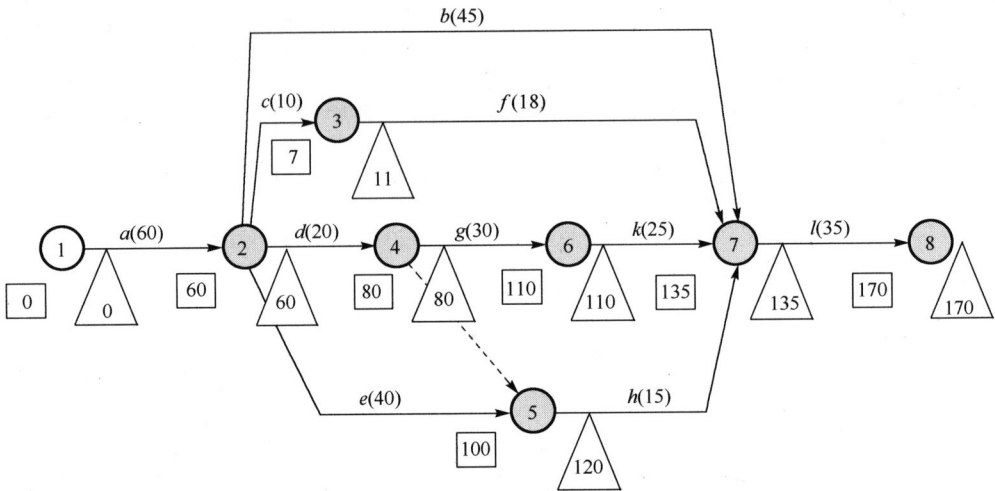

图 4.37　事项的时间参数

(3) 工序的最早开始时间、最早结束时间、最迟结束时间与最迟开始时间。

① 工序最早开始时间 $T_{ES}(i,j)$。

任何一个工序都必须在其紧前工序结束后才能开始。紧前工序最早结束时间即为工序最早可能开始时间，简称为工序最早开始时间，用 $T_{ES}(i,j)$ 表示。它等于该工序箭尾事项的最早时间，即

$$T_{ES}(i,j) = T_E(i)$$

在图 4.29 中：

$$T_{ES}(1,2) = 0, \quad T_{ES}(2,3) = T_{ES}(2,4) = T_{ES}(2,5) = T_{ES}(2,7) = 60,$$

$$T_{ES}(3,7) = 70, \quad T_{ES}(4,6) = 80, \quad T_{ES}(5,7) = 100, \quad T_{ES}(6,7) = 110, \quad T_{ES}(7,8) = 135。$$

② 工序最早结束时间 $T_{EF}(i,j)$。

工序最早结束时间是工序最早可能结束时间的简称，它等于工序最早开始时间加上该工序的作业时间。即

$$T_{EF}(i,j) = T_{ES}(i,j) + T(i,j)$$

在图 4.29 中：

$$T_{EF}(1,2) = 0 + 60 = 60, \quad T_{EF}(2,3) = 60 + 10 = 70, \quad T_{EF}(2,4) = 60 + 20 = 80,$$

$$T_{EF}(2,5) = 60 + 40 = 100, \quad T_{EF}(2,7) = 60 + 45 = 105, \quad T_{EF}(3,7) = 70 + 18 = 88,$$

$$T_{EF}(4,6) = 80 + 30 = 110, \quad T_{EF}(5,7) = 100 + 15 = 115, \quad T_{EF}(6,7) = 110 + 25 = 135,$$

$$T_{EF}(7,8) = 135 + 35 = 170。$$

③ 工序最迟结束时间 $T_{LF}(i,j)$。

在不影响工程最早结束时间的条件下，工序的最迟必须结束时间，简称为工序最迟结束时间，用 $T_{LF}(i,j)$ 表示。它等于工序箭头事项的最迟时间，即

$$T_{LF}(i,j) = T_L(j)$$

在图 4.29 中：

$$T_{LF}(7,8) = 170, \quad T_{LF}(6,7) = T_{LF}(5,7) = T_{LF}(3,7) = T_{LF}(2,7) = 135,$$

$$T_{LF}(4,6) = 110, \quad T_{LF}(2,5) = 120, \quad T_{LF}(2,4) = 80,$$

$$T_{LF}(2,3) = 117, \quad T_{LF}(1,2) = 60。$$

④ 工序最迟开始时间 $T_{LS}(i,j)$。

在不影响工程最早结束时间的条件下，工序的最迟必须开始时间，简称为工序最迟开始时间，用 $T_{LS}(i,j)$ 表示。它等于工序最迟结束时间减去工序的作业时间，即 $T_{LS}(i,j) = T_{LF}(i,j) - T(i,j)$。

在图 4.29 中：

$$T_{LS}(1,2) = 60-60 = 0, \quad T_{LS}(2,3) = 117-10 = 107,$$

$$T_{LS}(2,4) = 80-20 = 60, \quad T_{LS}(2,5) = 120-40 = 80,$$

$$T_{LS}(2,7) = 135-45 = 90, \quad T_{LS}(3,7) = 135-18 = 117,$$

$$T_{LS}(4,6) = 110-30 = 80, \quad T_{LS}(5,7) = 135-15 = 120,$$

$$T_{LS}(6,7) = 135-25 = 110, \quad T_{LS}(7,8) = 170-35 = 135。$$

⑤ 工序总时差 $TF(i,j)$。

在不影响工程总工期的条件下，工序最早开始（或结束）时间可以推迟的时间，称为该工序的总时差（即工序的完工期可以推迟的时间），即

工序总时差 = 最迟开始时间－最早开始时间　　　　$TF(i,j) = T_{LS}(i,j) - T_{ES}(i,j)$

或：工序总时差 = 最迟结束时间－最早结束时间　　$TF(i,j) = T_{LF}(i,j) - T_{EF}(i,j)$

工序总时差越大，表明该工序在整个网络中的机动时间越大，可以在一定范围内将该工序的人力、物力资源利用到关键工序上去，以达到缩短工程结束时间的目的。

⑥ 工序单时差 $FF(i,j)$。

在不影响紧后工序最早开始时间的条件下，工序最早结束时间可以推迟的时间，称为该工序的单时差，即

$$FF(i,j) = T_{ES}(j,k) - T_{EF}(i,j)$$

式中，$T_{ES}(j,k)$ 为工序 $(i \to j)$ 的紧后工序的最早开始时间。工序总时差、单时差及其紧后工序的最早开始时间、最迟开始时间的关系如图 4.38 所示。

从图 4.38 中可以看出，b 工序与 c 工序同为 a 工序的紧后工序。a 工序的单时差不影响紧后工序的最早开始时间，而其总时差不仅包含了本工序的单时差，而且包含了 b 工序与 c 工序的时差，使 c 工序失去了部分时差，而使 b 工序失去了全部自由机动时间。占用

某个工序的总时差虽然不影响整个任务的最短工期，却有可能使其紧后工序失去自由机动的余地。

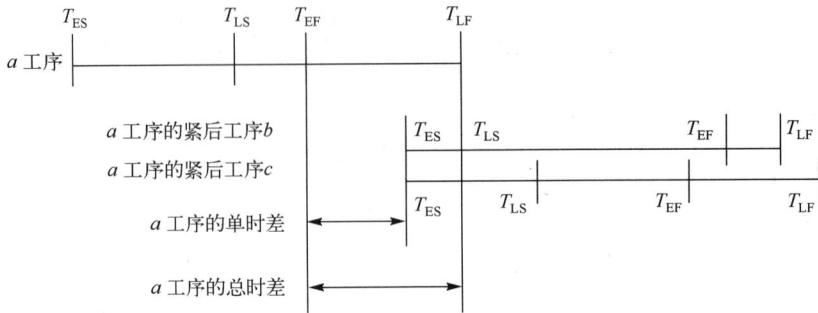

图 4.38　工序总时差、单时差及其紧后工序的时间参数关系

总时差为零的工序，它的开始和结束的时间没有一点机动的余地。由这些工序所组成的路线就是网络中的关键路线，这些工序就是关键工序。用计算工序总时差的方法确定网络中的关键工序和关键路线是确定关键路线最常用的方法。a、d、g、k、l 工序的总时差为零，由这些工序组成的路线就是图 4.29 中的关键路线。

通过上述的网络时间参数计算过程可以看出，计算过程具有一定的规律和严格的程序，可以在计算机上进行计算，也可以用表格法计算。

按表 4.4 的格式将工序代号、工序时间填入表格前二列，然后按以下顺序计算各工序的时间参数。

表 4.4　工序时间参数计算

工序代号	工序时间 $T(i,j)$	最早时间		最迟时间		总时差
		开始	结束	开始	结束	
a	60	0	60	0	60	0
b	45	60	105	90	135	30
c	10	60	70	107	117	47
d	20	60	80	60	80	0
e	40	60	100	80	120	20
f	18	70	88	117	135	47
g	30	80	110	80	110	0
h	15	100	115	120	135	20
k	25	110	135	110	135	0
l	35	135	170	135	170	0

第一步：计算工序的最早开始时间和最迟结束时间。

由表 4.4 中事项的最早时间和事项的最迟时间可得各工序的最早开始时间和最早结束时间。由 $T_{ES}(i,j) = T_E(i)$，$T_{LF}(i,j) = T_L(j)$ 可得表 4.4 中的第 3 列和第 6 列数据。

第二步：计算工序的最早结束时间和最迟开始时间。

由表 4.4 的第 3 列数据加上第 2 列相应数据，可得该工序的最早结束时间，第 6 列数据减去第 2 列相应数据，可得该工序的最迟开始时间，并分别列入表 4.4 中第 4 列和第 5 列。

第三步：计算各工序的总时差。

由表 4.4 的第 6 列数据减去第 4 列相应数据(第 5 列数据减去第 3 列相应数据)，可得各工序的总时差。

例 4.11 以图 4.33 为例，计算各工序的时间参数及关键路线如图 4.39 所示。

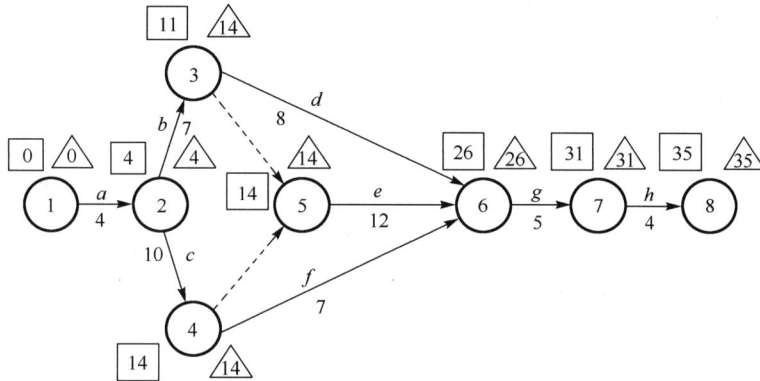

图 4.39 各工序的时间参数及关键路线

工序时间参数计算结果如表 4.5 所示。

表 4.5 工序时间参数计算

工序代号	工序时间 $T(i,j)$	紧前工序	最早时间		最迟时间		总时差
			开始	结束	开始	结束	
a	4	—	0	4	0	4	0
b	7	a	4	11	7	14	3
c	10	a	4	14	4	14	0
d	8	b	11	19	18	26	7
e	12	b,c	14	26	14	26	0
f	7	c	14	21	19	26	5
g	5	d,e,f	26	31	26	31	0
h	4	g	31	35	31	35	0

由表 4.5 可得各工序的时间参数，总时差为 0 的 a、c、e、g、h 工序为关键工序，由关键工序组成的路线就是所求的关键路线。

4.4.5 网络计划技术的软件求解

网络计划的编制在工程项目中进行计划管理、进度控制、资源管理的应用中可以发挥极大的作用。在现代化庞大的复杂系统中，如何使系统中各环节相互配合，协调一致，使任务完成得既快又好又省，就需要运用网络计划技术。通过前几节的学习，掌握了网络图的绘制、网络图的编制、关键路线的寻找和网络时间参数的计算。本节中，为了方便快捷地绘制网络计划图并求解其关键路线，以 4.4.1 节中的例 4.9 为例，介绍如何通过翰文进度计划编制系统绘制网络计划图，并利用软件求解各工序的相关时间参数。

(1)翰文进度计划编制系统介绍及其安装步骤。

翰文进度计划编制系统采用图形编辑的方式，可以直接在网络图中对工程项目进行添加和逻辑关系的调整，而不用回到特定的画面输入和修改工序信息及紧前、紧后关系，能实时计算关键路线，自动添加时标和生成横道图。下载安装包后，安装步骤如图 4.40 所示。

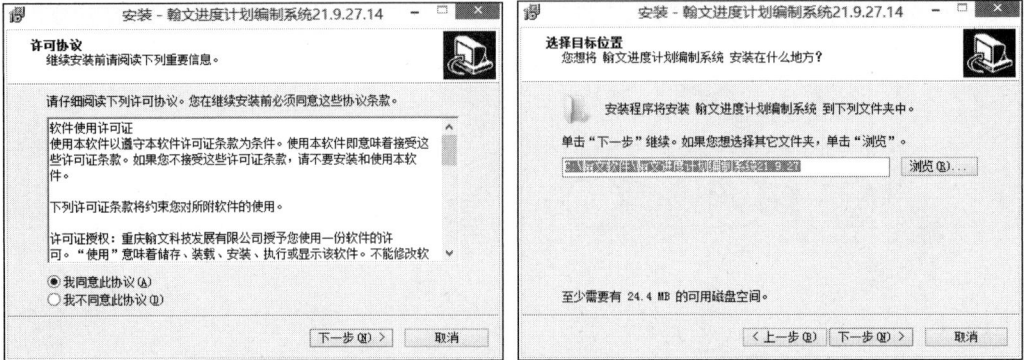

图 4.40 翰文进度计划编制系统软件安装界面

安装完成后，打开软件界面如图 4.41 所示。

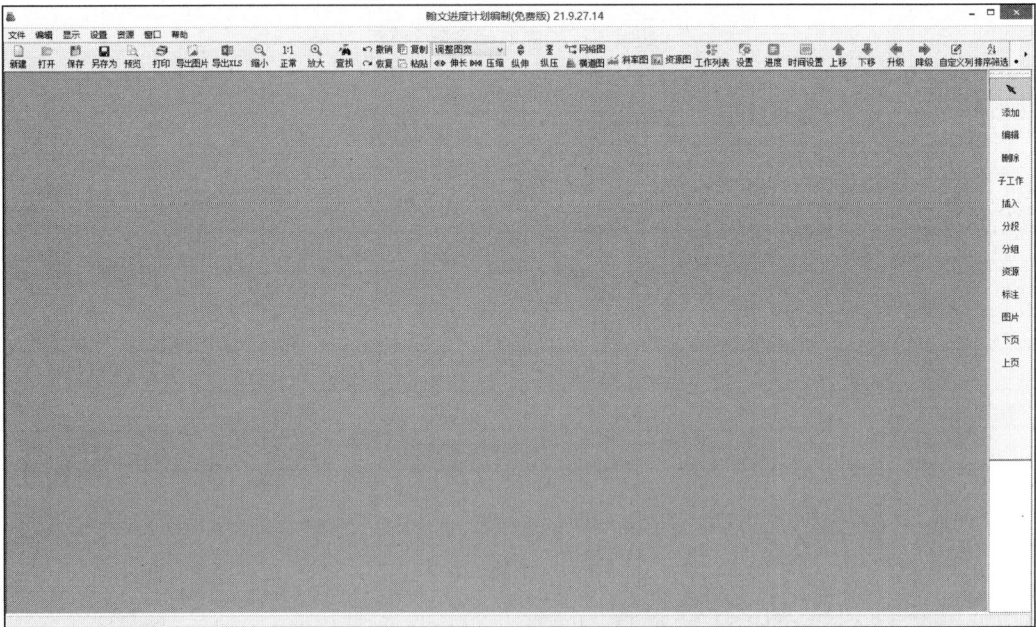

图 4.41 翰文进度计划编制系统软件界面图

(2)翰文进度计划编制系统绘制网络计划。

回顾 4.4.1 节中的例 4.9，某新产品工程项目的任务分解和分析如表 4.6 所示，要求编制该项工程的网络计划。

表 4.6 新产品工程项目的任务分解和分析

工序	工序代号	工序时间/天	紧后工序
产品设计与工艺设计	a	65	b, c, d, e
外购配套件	b	45	l
下料、锻件	c	10	f
工装制造 1	d	20	g, h
木模、铸件	e	40	h
机械加工 1	f	18	l
工装制造 2	g	30	k
机械加工 2	h	15	l
机械加工 3	k	25	l
装配调试	l	35	—

解：使用软件绘制该新产品工程项目的网络计划图的基本步骤如下：

①打开软件后单击图 4.41 左上角的"新建"按钮，得到如图 4.42 所示界面，根据项目信息输入"标题""开始时间""时间精度"，选择"时间样式""绘图模式"等选项。

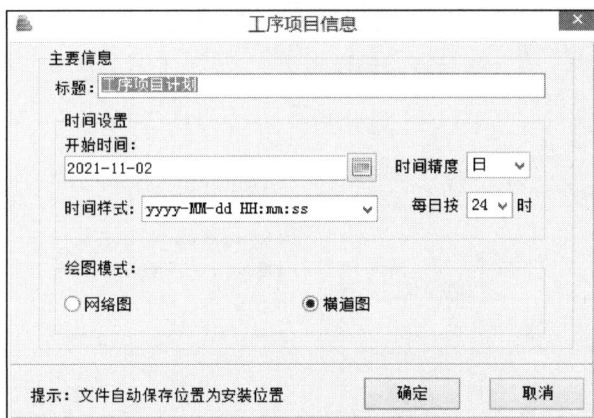

图 4.42 项目新建网络图界面

单击"确定"按钮后，得到如图 4.43 所示的新项目计划开始界面。

建立新项目"翰文进度计划编制"对话框后，即可开始绘制项目的网络计划图。根据表 4.6 所示的各工序紧前、紧后关系及其持续时间，利用翰文进度计划编制系统软件绘制网络图，具体绘制步骤如下：

步骤 1：在黑色区域任意位置单击鼠标左键(或双击)可以添加工序，在如图 4.44 所示的"工序信息"对话框内输入该工序的必要信息。本例中根据表 4.6，输入第一个工序名称为"a 产品设计与工艺设计"，"持续时间"修改为 65 天，"开始时间"根据项目实际情况设置，本书中设置为 2022 年 1 月 1 日，"工序类型"部分选择为"实工序"，软件将依据"开始时间"和"持续时间"自动生成"结束时间"。根据项目的实际资料可以选择性填入"产能设置""计划工序量""交货时间"，并单击"确定"按钮。

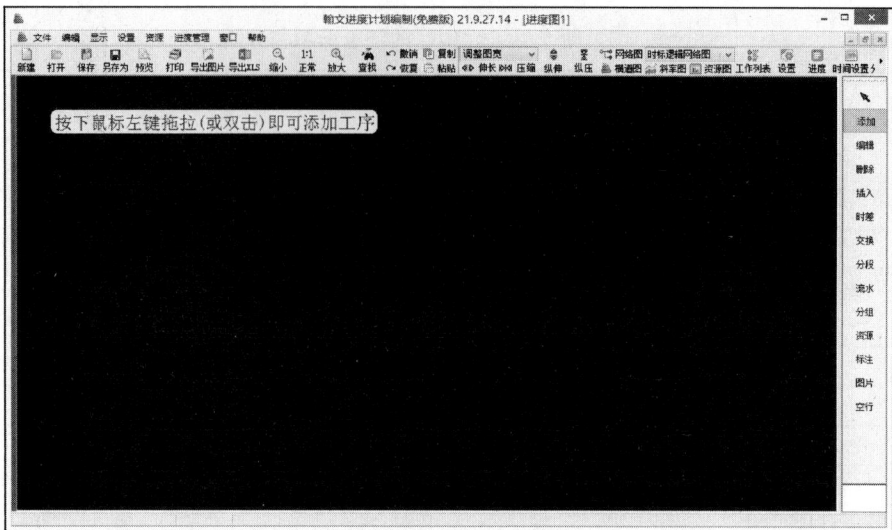

图 4.43 新项目计划开始界面

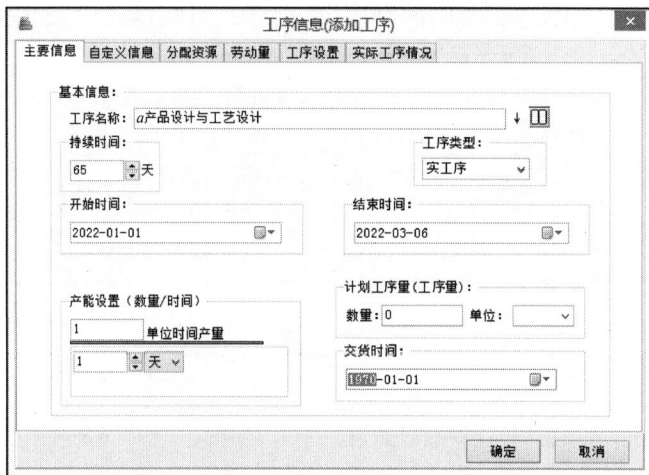

图 4.44 "工序信息"对话框

注：本例中不涉及交货时间，也不考虑周末、节假日休息的问题。

步骤 2：完成步骤 1 后，将会在软件对话框黑色区域生成 a 工序，a 工序从序号①开始至序号②结束。若在黑色区域任意位置重复步骤 1，则可绘制出与 a 工序无逻辑关系的独立工序。若需要绘制 a 工序的紧后工序，则将鼠标放在序号②上，待鼠标变成"手掌型"，此时单击鼠标左键拉动，则可生成 a 工序的紧后工序，如图 4.45 所示。

步骤 3：根据表 4.6 的工序关系及其信息，依次绘制出包含所有工序的网络图，如图 4.46 所示。

其中，序号④与序号⑤之间的虚线表示"虚工序"，意味着 h 工序必须在 d 工序结束后才可以开始。绘制方法：首先将鼠标放在序号④上，待鼠标变为"手掌型"拖动鼠标至序号⑤，在"工序信息"对话框中的"工序类型"处选择"虚工序"，如图 4.47 所示。

图 4.45　紧后工序绘制

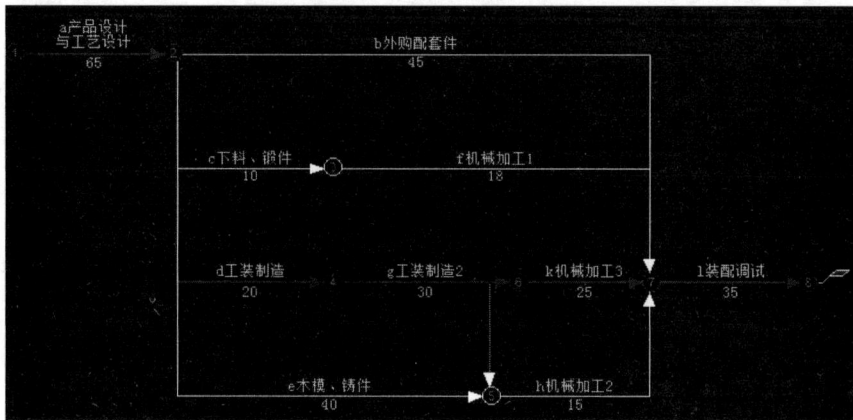

图 4.46　绘制的完整网络图

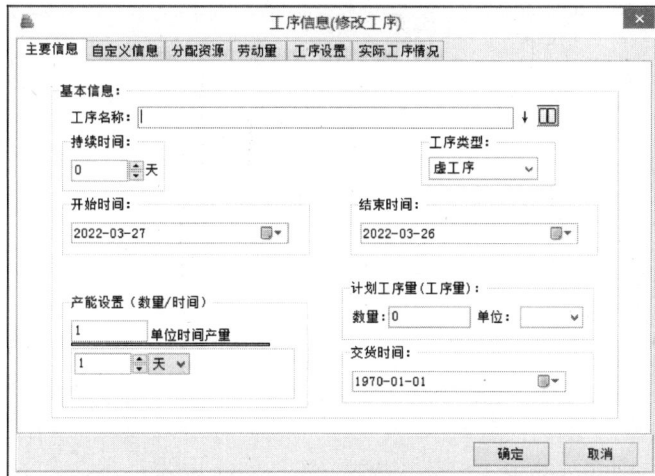

图 4.47　"虚工序"绘制方法

(3) 网络时间参数计算。

根据以上步骤绘制完成网络图后，为了找出关键路线，利用软件计算各事项和各工序的时间参数，具体操作步骤如下。

步骤1：在状态栏上找到"时标逻辑网络图"选项，将"逻辑网络图"转化为"时标逻辑网络图"，如图4.48所示。

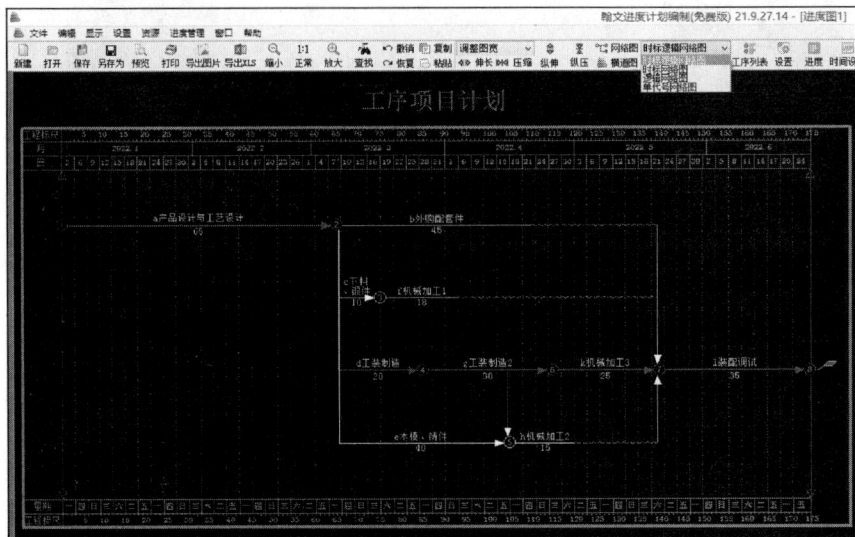

图4.48　工序项目计划的"时标逻辑网络图"

步骤2：单击状态栏中的"设置"按钮，得到如图4.49所示的"属性设置"对话框，单击"横道图列设置"选项，可以看到目前"横道图显示列"仅有5项内容，即在绘制网络图时输入的编号、工序名称、持续时间、开始时间和结束时间，并没有工序的最早开始时间、最早结束时间、最迟结束时间和最迟开始时间。通过步骤3添加时间参数，通过软件计算得到所需要的时间参数。

图4.49　"属性设置"对话框

步骤 3：在"属性设置"对话框的"横道图列设置"选项中，滚动鼠标翻动左边列表，找到最早开始时间、最早结束时间、最迟开始时间、最迟结束时间和总时差，并单击对话框中的"添加"按钮，得到如图 4.50 所示的时间参数指标选择方法界面，单击"确定"按钮。

图 4.50　时间参数指标选择方法

步骤 4：在状态栏上单击"工序列表"选项。随后在"时标逻辑网络图"左侧将会出现刚刚确定的网络信息表，里面包含了各工序的持续时间、开始时间、结束时间、最早开始时间、最迟开始时间、最早结束时间、最迟结束时间和总时差。根据关键路线的定义，总时差为 0 的工序即为关键工序，所形成的路线为关键路线。a 工序、l 工序、d 工序、g 工序、k 工序为关键工序，其总时差均为 0，如图 4.51 所示。

编号	工序名称	持续时间	开始时间	结束时间	最早开始时间	最迟开始时间	最早结束时间	最迟结束时间	总时差
1	a产品设计与工艺设计	65	2022-01-01	2022-03-06	2022-01-01	2022-01-01	2022-03-07	2022-03-07	0
2	e木模、铸件	40	2022-03-07	2022-04-15	2022-03-07	2022-03-27	2022-04-16	2022-05-06	20
3	h机械加工2	15	2022-04-16	2022-04-30	2022-04-16	2022-05-06	2022-05-01	2022-05-21	20
4	l装配调试	35	2022-05-21	2022-06-24	2022-05-21	2022-05-21	2022-06-25	2022-06-25	0
5	d工装制造	20	2022-03-07	2022-03-26	2022-03-07	2022-03-07	2022-03-27	2022-03-27	0
6	g工装制造2	30	2022-03-27	2022-04-25	2022-03-27	2022-03-27	2022-04-26	2022-04-26	0
7	k机械加工3	25	2022-04-26	2022-05-20	2022-04-26	2022-04-26	2022-05-21	2022-05-21	0
8	c下料、锻件	10	2022-03-07	2022-03-16	2022-03-07	2022-04-23	2022-03-17	2022-05-03	47
9	f机械加工1	18	2022-03-17	2022-04-03	2022-03-17	2022-05-03	2022-04-04	2022-05-21	47
10	b外购配套件	45	2022-03-07	2022-04-20	2022-03-07	2022-04-06	2022-04-21	2022-05-21	30

图 4.51　工序信息表

4.5 网络优化

4.5.1 工期优化问题

求解工期优化问题时，一般在关键路线上采取相应措施：

(1)采取技术措施，缩短关键工序的作业时间；

(2)采取组织措施，将连续施工的工序调整为平行施工；

(3)充分利用非关键工序的总时差，合理调配技术力量及人、财、物等资源，缩短关键工序的作业时间。

例 4.12 某工程要求在 49 周内完成，否则赔偿 25 万元，若在 41 周内完成可获得 18 万元额外奖励。工程工序次序及时间耗费如表 4.7 所示，网络图如图 4.52 所示，问应如何进行网络优化。

表 4.7　工程工序次序及时间耗费表

工序代号	工序	紧前工序	工序时间/周	工序代号	工序	紧前工序	工序时间/周
a	挖掘	—	2	h	外部上漆	e, g	9
b	打地基	a	4	i	电路铺板	c	7
c	承重墙施工	b	10	j	竖墙板	f, i	8
d	封顶	c	6	k	铺地板	j	4
e	安装外部管道	c	4	l	内部上漆	j	5
f	安装内部管道	e	5	m	安装外部设备	H	2
g	外墙施工	d	7	n	安装内部设备	k, l	6

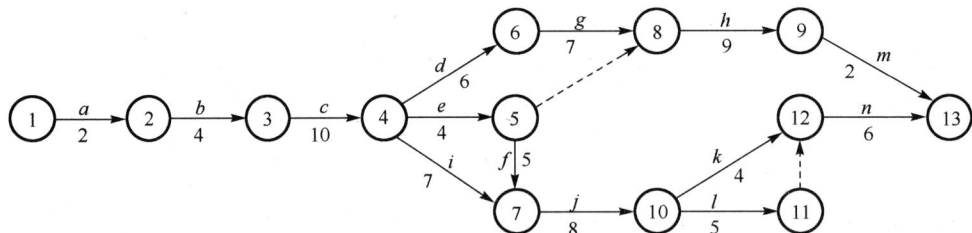

图 4.52　某工程的网络图

利用前面求各种网络时间参数及关键路线方法可以求出各种网络时间参数如图 4.53 所示。总时差为 0 的工序为关键工序，因此工程项目的关键工序是 a、b、c、e、f、j、l 和 n。

缩短工期分析：由图 4.53 可知，此工程网络计划的工期为 44 周，符合此工程 49 周内完成的要求。根据题意可得，要获得 18 万元额外奖励，必须在 41 周前完工，故需要对其工期压缩至少 3 周。要达到此目标，主要有以下两种思路：

(1)a、b、c 工序不受非关键路线余量影响，可优先考虑优化；

(2)若非关键路线上工序作业时间保持现有情况，则 e、f、j、l、n 工序总计可调整余量为 3 周，其中 l 工序只能调整 1 周，e 工序和 f 工序共可调整 2 周。

File Format Results Utilities Window Help

02-21-2013 14:26:16	Activity Name	On Critical Path	Activity Time	Earliest Start	Earliest Finish	Latest Start	Latest Finish	Slack (LS-ES)
1	a	Yes	2	0	2	0	2	0
2	b	Yes	4	2	6	2	6	0
3	c	Yes	10	6	16	6	16	0
4	d	no	6	16	22	20	26	4
5	e	Yes	4	16	20	16	20	0
6	f	Yes	5	20	25	20	25	0
7	g	no	7	22	29	26	33	4
8	h	no	9	29	38	33	42	4
9	i	no	7	16	23	18	25	2
10	j	Yes	8	25	33	25	33	0
11	k	no	4	33	37	34	38	1
12	l	Yes	5	33	38	33	38	0
13	m	no	2	38	40	42	44	4
14	n	Yes	6	38	44	38	44	0
	Project	Completion	Time	=	44	weeks		
	Number of	Critical	Path(s)	=	1			

图 4.53　网络时间参数

具体过程如下：

①根据各项工序的正常持续时间，原工期为 44 周，关键路线为 $a \to b \to c \to e \to f \to j \to l \to n$。

②计算应缩短的时间：目标工期≤41 周，（网络计划的计算工期–目标工期)≥3 周。

③若 a、b、c 工序可以通过优化以达到目标，则选择思路(1)；否则，在非关键路线上工序作业时间保持现有情况的前提下，e、f、j、l、n 工序总计可调整余量为 3 周，恰好可以完成目标，即选择思路(2)。

④将关键工序 l 的持续时间压缩至 4 周，e、f 工序的持续时间分别压缩至 3、4 周。

此时，关键路线有 4 条，$a \to b \to c \to e \to f \to j \to l \to n$，$a \to b \to c \to e \to f \to j \to k \to n$，$a \to b \to c \to i \to j \to l \to n$，$a \to b \to c \to i \to j \to k \to n$。计算工期为 41 周，满足此工程的目标工期要求。

4.5.2　时间–费用优化问题

在编制网络计划过程中，研究如何使工程完工费用少和求优化工期是类似的。所谓的时间–费用优化是指：在保证既定的工程完工时间的条件下，所需要的费用最少；或者在限制费用的条件下，工程完工时间最短。这就是时间–费用优化所要研究和解决的问题。任何一项任务的成本一般包括直接费用和间接费用两部分。直接费用包括直接生产工人的工资及附加费、设备、能源、工具及材料消耗等直接与完成工序有关的费用。为缩短工序的作业时间，需要采取一定的技术组织措施，增加一部分直接费用。在一定条件下和一定范围内，工序的作业时间越短，直接费用就越多；间接费用包括管理人员的工资、办公费用等。间接费用通常按照工序时间的长短分摊，在一定生产规模内，工序的作业时间越短，分摊的间接费用就越少。它们之间的关系如图 4.54 所示。

缩短工序的作业时间时直接费用要增加而间接费用将减少，总成本由直接费用和间接费用相加而得。缩短工序的作业时间也有一定的限度，这个限度被称为工序的最快完成时间（极限时间）。设完成工序 (i, j) 的正常时间为 T_{ij}；直接费用为 C_{ij}；完成工序 (i, j) 的最快时间为 t_{ij}；间接费用为 c_{ij}。这样可以计算出缩短工序 (i, j) 的单位工序所增加的费用，用 P_{ij} 表示：

$$P_{ij} = \frac{c_{ij} - C_{ij}}{T_{ij} - t_{ij}}$$

在进行时间-费用优化时，需要计算在采取各种技术组织措施之后，工程不同的完工时间所对应的工序总费用和工程完工所需要的总费用。使得工程费用最低的工程完工时间称为最低成本日程。编制网络计划，无论是以降低费用为主要目标，还是以尽量缩短工程完工时间为主要目标，都要计算最低成本日程，从而提出时间-费用的优化方案。下面为计算最低成本日程的解题步骤：

(1) 以正常时间进行网络分析，求得关键路线；

(2) 在关键路线上，寻找最小费率的工序，缩短其时间，使工期最多到次长路线的长度；

(3) 缩短工序必须对所有关键路线进行操作，此时应选择费率总和最小的组合方案。

例 4.13 已知网络计划各工序的正常完工时间、最快完工时间及相应的费用，如表 4.8 所示，网络图如图 4.55 所示。按正常完工时间从图 4.55 中计算出总工期为 74 天。关键路线上的关键工序为 a、c、f 工序，由表 4.8 可计算出在正常完工时间下总直接费用为 47800 元。设正常完工时间下，任务总间接费用为 18000 元，工期每缩短一天，间接费用可节省 330 元。求最低成本日程。

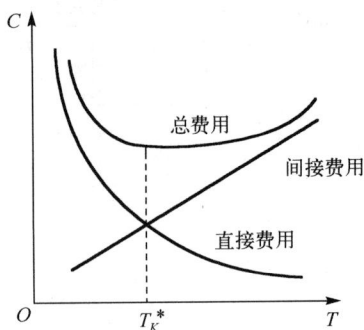

图 4.54 工序总费用图

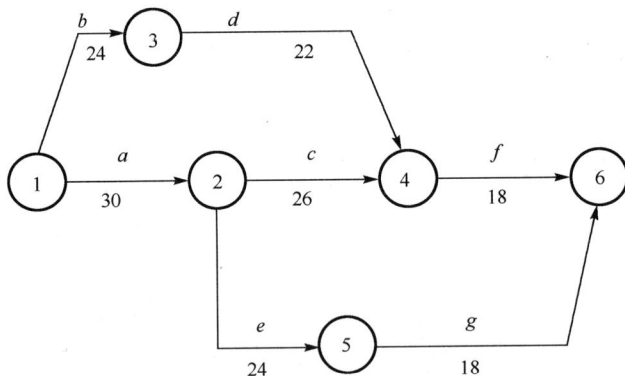

图 4.55 网络图

表 4.8 工序完工时间以及费用表

工序代号	正常完工		最快完工		直接费用变动率/%
	时间/天	费用/元	时间/天	费用/元	
a	30	9000	18	10200	100
b	24	5000	16	7000	250

工序代号	正常完工		最快完工		直接费用变动率/%
	时间/天	费用/元	时间/天	费用/元	
c	26	10000	24	10300	150
d	22	4000	18	4800	200
e	24	8000	20	9000	250
f	18	5400	18	5400	—
g	18	6400	10	6800	50

解：如表 4.8 所示，关键路线上的三个关键工序 a、c、f 的直接费用变动率中 a 的直接费用变动率最小，因此应选择在 a 工序上缩短工时。此外，a 工序最多可缩短 12 天。关键路线上 b、d、f 工序的总工期为 64 天，只比正常完工时间下的总工期 74 天少 10 天，这就意味着 a 工序没有必要减少 12 天，减少 10 天就可以。调整后的网络图如图 4.56 所示，此次调整增加直接费用为 $10×100 = 1000$ 元，减少间接费用为 $10×330 = 3300$ 元。

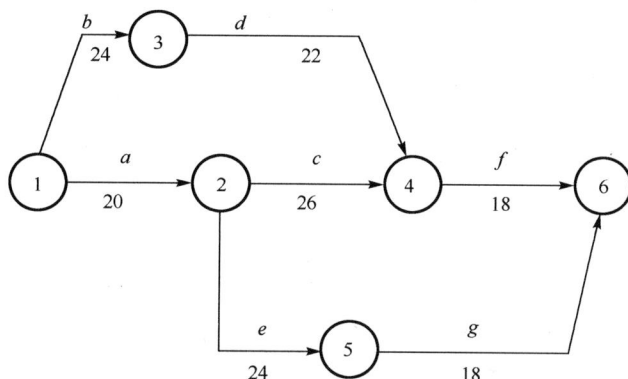

图 4.56 调整后的网络图

如图 4.56 所示，该网络图有两条关键路线 a、c、f 与 b、d、f。在关键路线 a、c、f 上，a 工序的直接费用变动率最小；在关键路线 b、d、f 上，d 工序的直接费用变动率最小。将 a、d 工序同时缩短一天需要增加直接费用为 $100+200 = 300$ 元，而 a 工序可缩短 2 天，d 工序可缩短 4 天，取其中最小者，即 a 工序、d 工序各缩短 2 天，此次总工期为 62 天，调整增加直接费用为 $2×300 = 600$ 元，减少间接费用为 $2×330 = 660$ 元。

二次调整后的网络图如图 4.57 所示，该网络图有两条关键路线仍然是 a、c、f 与 b、d、f。在关键路线 a、c、f 上，此时 a 工序不能缩短工时，因此只能考虑 c 工序的直接费用变动率。在关键路线 b、d、f 上，d 工序还可以继续缩短，且它的直接费用变动率最小。将 c、d 工序同时缩短一天需要增加直接费用为 $150+200 = 350$ 元，而 f 工序的直接费用变动率为 300 元，并且 f 工序是两条关键路线共用的工序，因此首先考虑缩短 f 工序，f 工序可缩短 2 天，总工期减少为 60 天。从费用角度考虑，调整增加直接费用为 $2×300 = 600$ 元，减少间接费用为 $2×330 = 660$ 元。

目前关键路线还是 a、c、f 与 b、d、f。关键路线 a、c、f 上只能考虑缩短 c 工序；关

键路线 b、d、f 上，d 工序的直接费用变动率最小，如果将 c、d 工序同时缩短一天需要增加直接费用为 $150+200 = 350$ 元，减少间接费用为 330 元。因此从费用角度考虑，再缩短工时费用会增加。此时最低成本日程为 60 天。

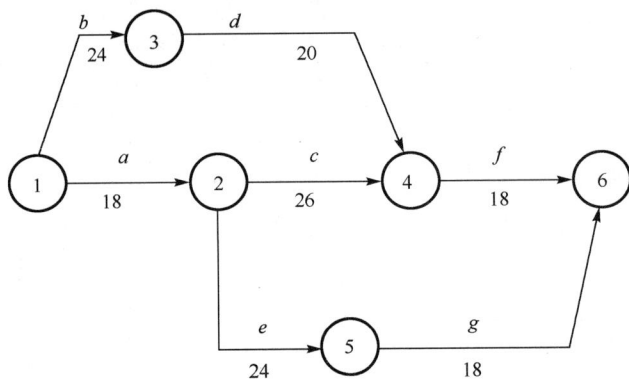

图 4.57　二次调整后的网络图

4.6　案例分析

案例分析 1（光纤网络铺设问题）

默登公司的管理层决定铺设最先进的光纤网络，为主要中心之间提供高速通信。如图 4.58 所示的节点显示了默登公司主要中心的分布图。虚线是可能铺设光纤的位置。虚线旁边的数字表示如果选择在这个位置铺设光纤需要花费的成本。为了节约成本，不需要每两个中心都有线直接连接起来。现在的问题是要确定需要铺设哪些线路，使得提供给每两个中心之间的高速通信的总成本最低。

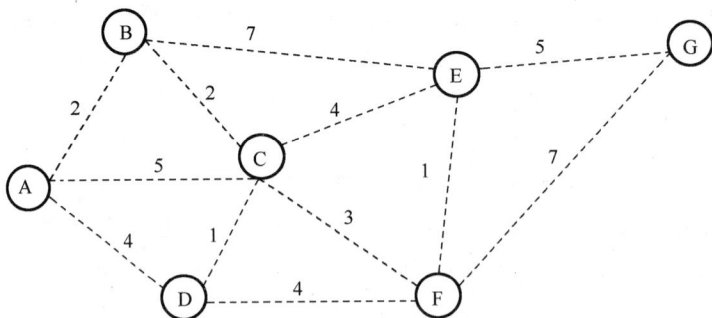

图 4.58　默登公司主要中心的分布图

解： 用 Excel 软件对此问题求解。这个案例是从图 4.58 中寻找最小生成树的问题。基本步骤如下。

第一步：输入图 4.58 到 Excel 工作表中，如图 4.59 所示。表中左上角是一个 7×7 的对称权矩阵。矩阵中"10000"代表距离为无穷大，意味着相应两点间没有路。

	A	B	C	D	E	F	G	H
1	10000	2	5	4	10000	10000	10000	
2	2	10000	2	10000	7	10000	10000	
3	5	2	10000	1	4	3	10000	
4	4	10000	1	10000	10000	4	10000	
5	10000	7	4	10000	10000	1	5	
6	10000	10000	3	4	1	10000	7	
7	10000	10000	10000	10000	5	7	10000	
8								
9	0	1	0	8.881784197	0	0	0	=SUM(A9:G9)
10	1	0	1	0	0	0	0	=SUM(A10:G1
11	0	1	0	1	6.661338147	0.999999999	0	=SUM(A11:G1
12	6.661338147	0	1	0	0	1.110223024	0	=SUM(A12:G1
13	0	0	0	0	0	1	1	=SUM(A13:G1
14	0	0	0.999999999	0	1	0	0	=SUM(A14:G1
15	0	0	0	0	1	-2.46519032	0	=SUM(A15:G1
16								
17	=SUM(A9:A15	=SUM(B9:B15)	=SUM(C9:C15	=SUM(D9:D15	=SUM(E9:E15	=SUM(F9:F15	=SUM(G9:G15	
18								
19	目标	=SUMPRODUCT(A1:G7,A9:G15)/2						
20								
21	约束	=SUM(A9:G15)/2						

图 4.59 默登公司最低总成本的 Excel 计算过程

第二步：输入 7×7 的变量矩阵（可以输入任意数）。矩阵中的元素只能取"0"或"1"，"0"代表没有选中，"1"代表被选中。

第三步：输入约束条件。

(1)变量矩阵的每行的行和大于等于1；

(2)变量矩阵的每列的列和等于相应的行和（对称矩阵）；

(3)总边数等于顶点个数减1（此例为6），这是树的定义。

第四步：输入目标函数即总成本最低。总成本等于选中路径的权之和，即 SUMPRODUCT（AI:G7,A9:G15）/2（见图 4.59 中 B19 单元格）。

第五步：求解。

目标函数：min（总成本最低）

约束条件：变量矩阵 = bin（变量是 0 或 1）

总边数 = 顶点个数−1 = 6

行和大于等于 1

行和等于列和

应用 Excel 的"规划求解参数"模块求解如图 4.60 所示。

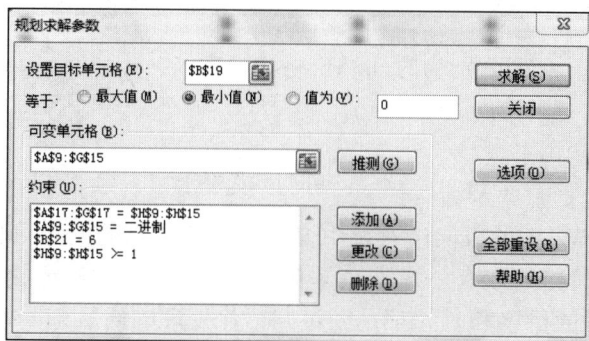

图 4.60 Excel 的"规划求解参数"模块

第六步：结果显示如图 4.61 所示。网络图中保留 AB、BC、CD、CF、EF 以及 EG 边不但可以使每两个中心之间保持通信，而且高速通信的总成本最低。

9	0	1	0	9E-16	0	0	0	1
10	1	0	1	0	0	0	0	2
11	0	1	0	1	7E-16	1	0	3
12	7E-16	0	1	0	0	1E-16	0	1
13	0	0	0	0	0	1	1	2
14	0	0	1	0	1	0	0	2
15	0	0	0	0	1	-0	0	1
16								
17	1	2	3	1	2	2	1	
18								
19	目标	14						
20								
21	约束	6						

图 4.61　求解结果

案例分析 2（飞行之旅问题）

为了帮老人们圆梦，旅行社计划在 5 月中下旬举办一次"飞行之旅"活动，专为想坐飞机旅行的中老年人设计旅行路线。本次活动的旅行地点涉及我国大部分地区。将这些地区分类，即子活动"走进西部""北国风光""南部之旅"等，顾客可以参与其中任意一个子活动。每个地区之间都有直达或者转机的航班，按照以下原则及流程为其设计路线：

(1) 路线的起点为南京，即从南京禄口机场出发；

(2) 由旅行者指定终点。若没有特别想去的地方，可从推荐路线中选择；

(3) 根据旅行的起点，为其设计"最短"路线。这里的"最短"路线，不是指路程最短，而是一个在合适的时间里价格最优的问题。

分析步骤：

(1) 模型构建。

对于该案例，首先将所涉及城市的机场及路线放在一个无向图中，图中顶点为各机场，考虑老年人不适合长时间的飞行，边的权用以飞行时间和机票价格为变量的公式来计算，以此建立无向图为该案例的模型。

① 变量处理。

在此案例中，将机场之间的飞行时间和机票价格构成决策矩阵 X，$X = (x_{ij})(1 \leqslant i \leqslant m,$
$1 \leqslant j \leqslant 2)$（$m$ 为边数），两列分别为时间和价格。然后，令 $y_{ij} = \dfrac{x_{ij}}{\sqrt{\sum\limits_{i=1}^{m} x_{ij}^2}}$ $(1 \leqslant i \leqslant m, 1 \leqslant j \leqslant 2)$

得到向量归一标准化矩阵 $Y = (y_{ij})_{m \times 2}$，其列向量模等于 1。经过归一化处理后，指标值均在 0～1 间，且正/逆向指标的方向没有发生变化。由此得到的变量可代入公式中计算。

综合考虑时间及价格，取权公式为 $w_{ij} = 0.7 p_{ij} + 0.3 t_{ij}$，其中 p_{ij} 指机票价格，t_{ij} 指该趟航班的飞行时间。这里的价格和时间都是经过归一化处理的向量归一标准化矩阵里的指标。根据该公式来计算无向图中边的权。

②约束条件。

在该模型中，需要给每一条边设置一个辅助变量 C，该变量可以取 0 或者 1，0 代表没有选择该边加入路径中，1 代表选择该边加入路径中，最后操作可以从每条边的变量 C 判断该边是否在最短路径中，以此得到最短路径。该模型的约束条件为每个顶点的流入量和流出量相等(都为 1 或者都为 0)，而每个顶点的流入量为以该顶点为终点的边的 C 值之和，每个顶点的流出量为以该顶点为起点的边的 C 值之和，以上组成该模型的约束条件。

③目标函数。

对于该模型，目标函数为 $D = \sum_{i=1}^{m} c_i \times w_i$，即每条边的权值与 C 值的乘积之和，对其进行规划求解，即可得到最短路径。

(2)数据的收集与整理。

首先，选取中国各地共 38 个地区，即 38 个机场作为网络图中 38 个顶点。

其次，收集的数据包括航班的价格和时间。一般只考虑打折票或特价票。各个城市之间的航班通过网络收集。为避开黄金周，选择五月中下旬约一周的机票价格取均值。根据起降时间计算出飞行时间取均值。

(3)Excel 计算。

①输入信息。

以"走进西部"子活动为实例。假设一顾客指定目的地为乌鲁木齐，需要求解南京到乌鲁木齐的最短路径。

首先，以南京为起点，乌鲁木齐为终点，将网络图输入 Excel 工作表中。同时将向量归一化。其中，"t"列表示时间参数，"p"列表示价格参数，通过公式计算出的权作为弧的权同样输入表格中。留空"0/1"列代表是否选择此路径可以使权最小，"1"代表选择此路径，而"0"代表不选择此路径，细节如图 4.62 和图 4.63 所示。

起点	终点	时间(分)	票价(元)	权重	0/1	t	p
南京	昆明	162	583	0.116179	0	0.162431	0.096356
南京	桂林	120	522.5	0.096546	0	0.12032	0.086357
南京	贵阳	145	491	0.100421	0	0.145386	0.08115
南京	重庆	121	425	0.085566	0	0.121322	0.070242
南京	成都	142	523	0.103221	0	0.142378	0.086439
南京	呼和浩特	120	735	0.12113	0	0.12032	0.121478
南京	兰州	145	797	0.135823	1	0.145386	0.131725
昆明	桂林	87	435	0.076496	0	0.087232	0.071895
昆明	贵阳	70	308	0.056689	0	0.070186	0.050905
昆明	成都	90	590	0.095331	0	0.09024	0.097513
昆明	兰州	120	948	0.145773	0	0.12032	0.156682
昆明	西宁	130	609	0.109561	0	0.130346	0.100653
昆明	呼和浩特	245	891	0.176778	0	0.245652	0.147261
昆明	拉萨	155	1139	0.178398	0	0.155413	0.188249
桂林	贵阳	50	617	0.086423	0	0.050133	0.101975
桂林	重庆	69	256	0.050373	0	0.069184	0.042311
桂林	成都	95	341	0.068027	0	0.095253	0.056359
桂林	昆明	87	435	0.076496	0	0.087232	0.071895
贵阳	重庆	48	477	0.069624	0	0.048128	0.078837
贵阳	成都	66	365	0.062081	0	0.066176	0.060326
贵阳	兰州	100	1021	0.148203	0	0.100266	0.168747
贵阳	昆明	70	308	0.056689	0	0.070186	0.050905
贵阳	桂林	50	617	0.086423	0	0.050133	0.101975
重庆	兰州	93	439	0.078764	0	0.093248	0.072556
重庆	西宁	100	731	0.114652	0	0.100266	0.120817
重庆	呼和浩特	130	1386	0.199455	0	0.130346	0.229072

图 4.62 网络图输入信息(一)

重庆	拉萨	145	862	0.143343	0	0.145386	0.142468
重庆	乌鲁木齐	238	906	0.176408	0	0.238634	0.14974
重庆	桂林	69	256	0.050373	0	0.069184	0.042311
重庆	贵阳	48	477	0.069624	0	0.048128	0.078837
成都	兰州	78	458	0.07645	0	0.078208	0.075696
成都	西宁	98	430	0.079226	0	0.098261	0.071069
成都	呼和浩特	150	809	0.138716	0	0.150399	0.133708
成都	拉萨	125	1269	0.184414	0	0.125333	0.209735
成都	乌鲁木齐	218	988	0.179879	0	0.21858	0.163293
成都	昆明	90	590	0.095331	0	0.09024	0.097513
成都	桂林	95	341	0.068027	0	0.095253	0.056359
成都	贵阳	66	365	0.062081	0	0.066176	0.060326
兰州	呼和浩特	150	936	0.153409	0	0.150399	0.154698
兰州	拉萨	120	1182	0.172845	0	0.12032	0.195356
兰州	乌鲁木齐	165	554	0.113726	1	0.165439	0.091563
兰州	昆明	120	948	0.145773	0	0.12032	0.156682
兰州	贵阳	100	1021	0.148203	0	0.100266	0.168747
兰州	重庆	93	439	0.078764	0	0.093248	0.072556
兰州	成都	78	458	0.07645	0	0.078208	0.075696
西宁	拉萨	130	665	0.11604	0	0.130346	0.109908
西宁	乌鲁木齐	130	661	0.115577	0	0.130346	0.109247
西宁	昆明	130	609	0.109561	0	0.130346	0.100653
西宁	重庆	100	731	0.114652	0	0.100266	0.120817
西宁	成都	98	430	0.079226	0	0.098261	0.071069
呼和浩特	乌鲁木齐	220	1461	0.235203	0	0.220586	0.241468
呼和浩特	重庆	130	1386	0.199455	0	0.130346	0.229072
呼和浩特	昆明	245	891	0.176778		0.245652	0.147261

图 4.63　网络图输入信息(二)

②输入目标函数和约束条件(见图 4.64)。

通过"0/1"列与权分别相乘再相加后,求得最短路径,"0/1"列的数值代表为使得路径最短走过的路线。额外列出表格显示节点和它的流入量、流出量。约束条件包含:各节点流入量和流出量应相等;将起点的流入量和终点的流出量设定为 1。

③结果显示(见图 4.65)。

由此可以得出,从南京到乌鲁木齐的最短路径为南京—兰州—乌鲁木齐。该路径即为老年旅客设计的路线。该路线的机票花费约为 1351 元,飞行时间花费约 310 分钟。

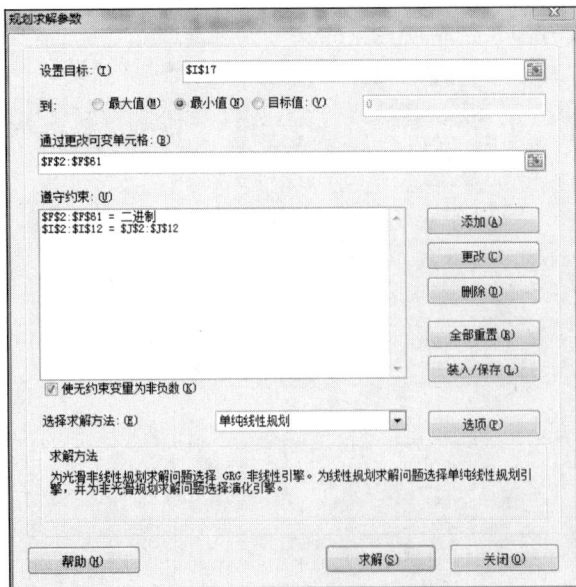

图 4.64　输入目标函数和约束条件

节点	流入量	流出量
南京	1	1
昆明	0	0
桂林	0	0
贵阳	0	0
重庆	0	0
成都	0	0
兰州	1	1
西宁	0	0
呼和浩特	0	0
拉萨	0	0
乌鲁木齐	1	1
最短路径	0.249549	

图 4.65　求解结果

案例分析 3(SF 公司速运物流配送问题)

华东地区是 SF 公司快递业务量较大，发展势头最为迅猛的区域。在华东地区拥有三个一级中转场，分别是上海、杭州和无锡。一级中转场为航空枢纽，其年吞吐量为 16.7 万吨。另外设有 25 个二级中转场，分别是南京、扬州、绍兴、舟山等，其年吞吐量为 42.4 万吨，划分标准主要以行政区域为主。二级中转场之间共有地面干线运输班次 274 个。

现有一批紧急物资需要从徐州运到苏州，在道路情况相同的情况下，需要寻求一条最短路径。

解：(1)数据收集。

从网络获得的数据如图 4.66 所示。路线旁边数字指各城市间的距离(单位：千米)。

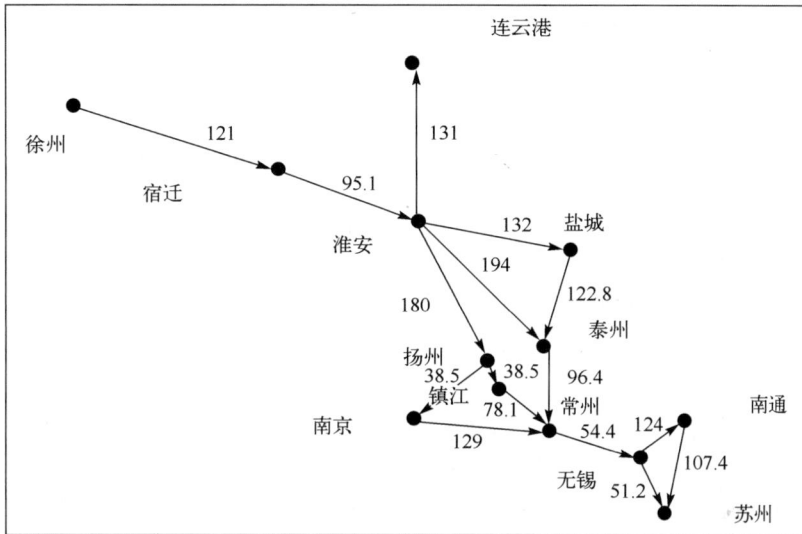

图 4.66　各城市间的距离

(2)输入数据并建立相应模型如图 4.67 所示。

	A	B	C	D	E	F	G	H
1	起点	终点	距离	0-1选中状态	地点	进出和		
2	徐州	宿迁	121	0	徐州	0	=	1
3	宿迁	淮安	95.1	0	宿迁	0	=	0
4	淮安	连云港	131	0	淮安	0	=	0
5	淮安	盐城	132	0	连云港	0	=	0
6	淮安	泰州	194	0	盐城	0	=	0
7	淮安	扬州	180	0	泰州	0	=	0
8	盐城	泰州	122.8	0	扬州	0	=	0
9	泰州	常州	96.4	0	镇江	0	=	0
10	扬州	镇江	38.5	0	南京	0	=	0
11	扬州	南京	101.5	0	常州	0	=	0
12	镇江	常州	78.1	0	无锡	0	=	0
13	南京	常州	129	0	南通	0	=	0
14	常州	无锡	54.4	0	苏州	0	=	-1
15	无锡	南通	124.8	0				
16	南通	苏州	107.4	0				
17	无锡	苏州	51.2	0				
18								
19	目标	0						

图 4.67　相应模型

(3)输入约束条件与目标函数进行规划求解，过程如图 4.68 所示。

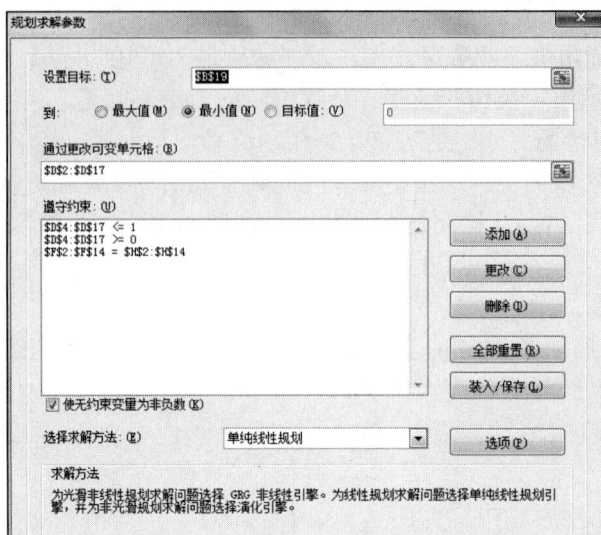

图 4.68　输入约束条件与目标函数

(4)求解获得最短路径如图 4.69 所示。

根据状态变量的变化得到最短路径，即徐州—宿迁—淮安—泰州—常州—无锡—苏州。最短距离为 612.1 千米。

起点	终点	距离	0-1选中状态	地点	进出和		
徐州	宿迁	121	1	徐州	1	=	1
宿迁	淮安	95.1	1	宿迁	0	=	0
淮安	连云港	131	0	淮安	0	=	0
淮安	盐城	132	0	连云港	0	=	0
淮安	泰州	194	1	盐城	0	=	0
淮安	扬州	180	0	泰州	0	=	0
盐城	泰州	122.8	0	扬州	0	=	0
泰州	常州	96.4	1	镇江	0	=	0
扬州	镇江	38.5	0	南京	0	=	0
扬州	南京	101.5	0	常州	0	=	0
镇江	常州	78.1	0	无锡	0	=	0
南京	常州	129	0	南通	0	=	0
常州	无锡	54.4	1	苏州	-1	=	-1
无锡	南通	124.8	0				
南通	苏州	107.4	0				
无锡	苏州	51.2	1				
目标	612.1						

图 4.69　最短路径

案例分析 4（城市供水问题）

某城市有七个供水加压站，分别用节点 1、节点 2、……、节点 7 表示，如图 4.70 所示。其中，节点 1 为水厂，各泵站间现有的管网用相应节点间的边表示。现规划在节点 7 处建一个开发区，经对现有管网调查，各段管网尚可增加的供水能力(万吨／日)如图 4.70 中各边上的数值所示。问依照现有管网状况，从水厂(源点)到开发区(汇点)，每日最多可增加多少供水量？

解：

本题为一个网络最大流问题。需要在网络图中添加一条从节点 7(汇点) 至节点 1(源点) 的“虚”边(因为实际上并不存在从节点 7 流向节点 1 的管道，所以称该边为“虚”的)，增加这条边的目的是使网络中各节点的边形成回路，各节点的流出量与流入量的代数和(即净流出量) 为零。目标函数是开发区(节点 7) 的总流入量(或虚拟的总流出量) 最大化，这时节点 7 的总流入量(或虚拟的总流出量) 就是网络最大流，即最大供水量。下面用 Excel 求解此最大流问题。

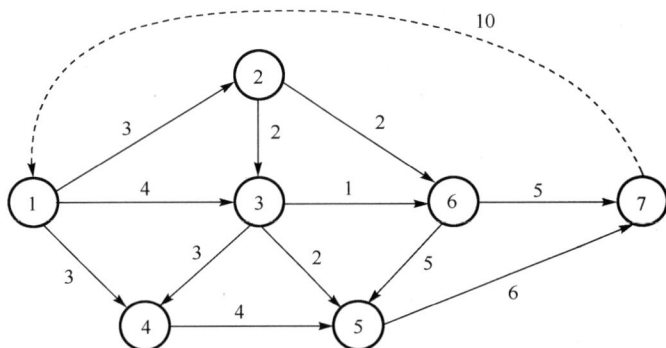

图 4.70　各段管网尚可增加的供水能力

(1) 输入已知数据(见图 4.71)。例如，单元格 D6 表示从节点 1 流入节点 2 的流量，也是连接节点 1 与节点 2 的边上的流量。

	A	B	C	D	E	F	G	H	I	J	K
1		例4.4.1 城市供水问题									
2											
3	流量										
4											
5			节点1	节点2	节点3	节点4	节点5	节点6	节点7	总流出量	最大流量
6		节点1	0	2	4	3	0	0	0	9	9
7		节点2	0	2	0	0	0	2	0	2	
8		节点3	0	0	0	1	2	1	0	4	
9		节点4	0	0	0	0	4	0	0	4	
10		节点5	0	0	0	0	0	0	6	6	
11		节点6	0	0	0	0	0	0	3	3	
12		节点7	9	0	0	0	0	0	0	9	
13		总流入量	9	2	4	4	6	3	9		
14		总流出量	9	2	4	4	6	3	9		
15		净流出量	0	0	0	0	0	0	0		
16				=	=	=	=	=	=		
17		给定的净流出量	0	0	0	0	0	0	0		
18											

图 4.71　输入已知数据

(2) 设定决策变量。

本问题的决策变量用 C6:I12 中的单元格表示，如图 4.72 所示。它们是从各节点到其他节点的流量，也是供水流量增量在网络中各条边上的分配量。

(3) 目标函数。

本问题的目标函数是使流入节点 7 的总流入量最大(开发区得到的供水流量增量最大)，即从节点 7 流向节点 1 的流出量最大。任选一个单元格输入目标函数= C12。

(4) 约束条件。

本问题的约束条件有两个：

18								
19	边的容量							
20								
21			节点1	节点2	节点3	节点4	节点5	节点6	节点7
22	节点1		3	4	3			
23	节点2			2			2	
24	节点3				3	2	1	
25	节点4					4		
26	节点5							6
27	节点6					5		5
28	节点7	10						

图 4.72　设定决策变量

第一个约束条件是网络中边的容量约束。容量约束是指各节点间的边上的流量不得超过该边的容量。

第二个约束条件是节点总流入量与总流出量的平衡约束。

在"规划求解参数"对话框中输入目标单元格（目标函数地址）、可变单元格（决策变量地址）和两个约束条件，如图 4.73 所示，然后在"规划求解选项"对话框中选择"采用线性模型"和"假定非负"选项，如图 4.74 所示，最后求解得到本问题的最优解。

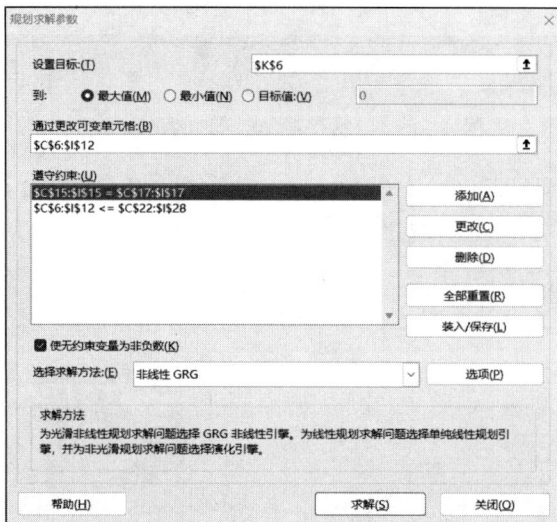

图 4.73　输入目标单元格（目标函数地址）、可变单元格（决策变量地址）和两个约束条件

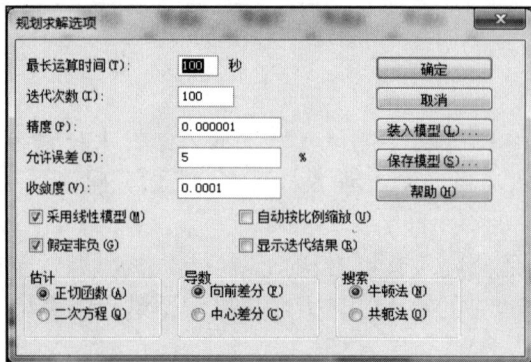

图 4.74　"规划求解选项"对话框中选择"采用线性模型"和"假定非负"选项

(5)最大流结果即最优供水量如表 4.9 所示。上述结果也可用网络图 4.75 表示。

表 4.9　最优供水量　　　　　　　　　　　　　单位：万吨/日

节点	节点 1(水厂)	节点 2	节点 3	节点 4	节点 5	节点 6	节点 7(开发区)
节点 1		2	4	3			
节点 2						2	
节点 3				1	2	1	
节点 4					4		
节点 5							6
节点 6							3

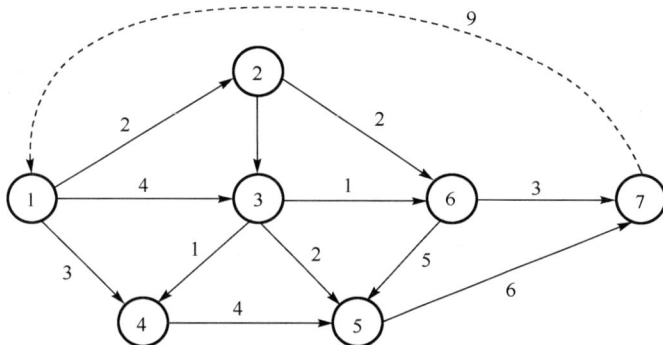

图 4.75　网络图表示

案例分析 5(物资调运问题)

　　桃曲坡水库、玉皇阁水库和高尔塬水库都位于渭河的支流上，都在古城西安的上游流域。这三座水库尤其是桃曲坡水库的防洪对西安的安全有着很大的影响，每逢汛期，都有大量的防汛物资从附近仓库运送到这三座水库(具体仓库和水库分布见图 4.76)。三座水库最低防洪物资需求量：桃曲坡，230 吨；高尔塬，190 吨；玉皇阁，110 吨。这三座水库附近有七个仓库，每个仓库的物资储备量和从某座仓库运输物资到某座水库的物资运输单价如表 4.10 所示。求满足各水库最低物资需求量的运输方案。

表 4.10　物资运输单价

仓库	水库/元			仓库物资储备量/吨
	桃曲坡	高尔塬	玉皇阁	
马栏	200	160	230	90
庙湾	130	110	200	80
瑶曲	130	160	200	110
柳林	50	70	130	105
石门关	130	70	160	95
青草坪	200	200	250	115
石柱	50	120	140	95

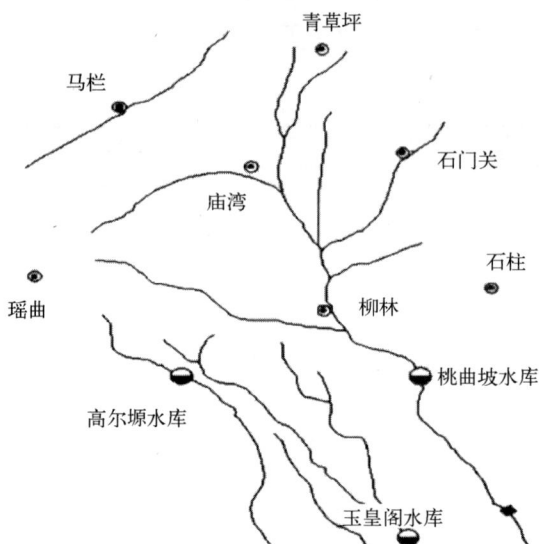

图 4.76　具体仓库和水库分布

解：这是一个最小费用最大流问题的求解。求解过程是对单一源点到单一汇点进行的，防洪物资运输问题涉及多个储存物资的仓库(源点)和多个需求物资的水库(汇点)。这就需要引进 s 点作为单源，引进 t 点作为单汇。规定从 s 点到第 i 个仓库的道路运输能力为第 i 个仓库的物资储备量，从 s 点运送到第 i 个仓库的单位物资运输费用为 0 元，规定从第 j 个水库到 t 点的道路运输能力为无穷大，从第 j 个水库运送到 t 点的单位物资运输费用为 0 元。这样一来，运输的总费用不变，可以应用求解最小费用最大流问题的算法对问题进行求解。

(1)输入已知信息。

将表 4.10 中的信息网络化，节点 1~7 代表七个仓库，依次为马栏、庙湾、瑶曲、柳林、石门关、青草坪、石柱，节点 8、9、10 分别代表桃曲坡水库、高尔塬水库、玉皇阁水库(从水库到 t 点的道路运输能力为无穷大，用 99999 表示)，细节如图 4.77 所示。

图 4.77　输入已知信息

(2)设定决策变量如图 4.78 所示。

	s	节点1	节点2	节点3	节点4	节点5	节点6	节点7	节点8	节点9	节点10	t	流出量/吨	各仓库费用/元
s	0	0	0	0	0	0	0	0	0	0	0	0		
节点1	45	0	0	0	0	0	0	0	0	15	30	0	90	9300
节点2	0	0	0	0	0	0	0	0	0	80	0	0	80	8800
节点3	0	0	0	0	0	0	0	0	30	0	80	0	110	19900
节点4	0	0	0	0	0	0	0	0	105	0	0	0	105	5250
节点5	0	0	0	0	0	0	0	0	0	95	0	0	95	6650
节点6	115	0	0	0	0	0	0	0	0	0	0	0	0	
节点7	0	0	0	0	0	0	0	0	95	0	0	0	95	4750
节点8	0	0	0	0	0	0	0	0	0	0	0	0	0	
节点9	0	0	0	0	0	0	0	0	0	0	0	0	0	
节点10	0	0	0	0	0	0	0	0	0	0	0	0	0	
t	0	0	0	0	0	0	0	0	0	0	0	0		
流入量/吨									230	190	110			

	桃曲坡	高尔塬	玉皇阁	总费用/元
流入量/吨	230	190	110	54650

图 4.78　设定决策变量

（3）目标函数。

本例中，总费用 = SUM（Q29:Q35）= 54650 元。

（4）添加约束条件及参数如图 4.79 所示。

图 4.79　添加约束条件及参数

（5）求解获得最优解如图 4.80 所示。最优运输方案如表 4.11 中。

表 4.11　最优运输方案

仓库	水库/元			流出量/吨
	桃曲坡	高尔塬	玉皇阁	
马栏	0	15	30	90
庙湾	0	80	0	80
瑶曲	30	0	80	110
柳林	105	0	0	105
石门关	0	95	0	95
青草坪	0	0	0	115
石柱	95	0	0	95
流入量/吨	230	190	110	

	s	节点1	节点2	节点3	节点4	节点5	节点6	节点7	节点8	节点9	节点10	t	流出量/吨	各仓库费用/元
s		0	0	0	0	0	0	0	0	0	0	0		
节点1	0		45	0	0	0	0	0	0	15	30	0	90	9300
节点2	0	0		0	0	0	0	0	80	0	0	0	80	8800
节点3	0	0	0		0	0	0	0	30	0	80	0	110	19900
节点4	0	0	0	0		0	0	105	0	0	0	0	105	5250
节点5	0	0	0	0	0		0	0	95	0	0	0	95	6650
节点6	115	0	0	0	0	0		0	0	0	0	0	115	
节点7	0	0	0	0	0	95	0		0	0	0	0	95	4750
节点8	0	0	0	0	0	0	0	0		0	0	0	0	
节点9	0	0	0	0	0	0	0	0	0		0	0	0	
节点10	0	0	0	0	0	0	0	0	0	0		0	0	
t	0	0	0	0	0	0	0	0	0	0	0		0	
流入量/吨										230	190	110		

	桃曲坡	高尔塬	玉皇阁		总费用/元
	230	190	110		54650

图 4.80　最优解

案例分析 6（网络计划关键路线）

某医院需要建造一栋中医学院病房楼，具体的工序信息如图 4.81 所示，现要求编制该工程的网络计划，并求解该工程的关键路线。

工序信息表

编号	工序	持续时间	紧前工序	紧后工序
1	土方支护	25		2
2	清桩垫层	5	1	3, 37
3	基础底板与地下室	45	2	4, 18
4	主楼与裙楼1-4层主体	55	3, 10	5, 19
5	主楼5-8层主体	40	4	6, 20
6	主楼9-12层主体	40	5	7, 21
7	主楼13-16层主体	40	6	8, 22
8	主楼17-20层主体	40	7	9, 23
9	主楼21-23层主体	30	8	11, 24
10	地下降水	55		4, 18
11	后浇带施工	45	9	12
12	主楼与裙楼屋面	30	11	13
13	外墙装饰	60	12	14
14	室外散水、坡道及台阶粉饰	25	13	15
15	油漆	35	14, 34	16
16	清扫及垃圾外运	20	15	17
17	竣工验收	25	16, 36, 37	
18	地下室防水	35	3, 10	19, 25
19	地下室至4层填充墙	30	4, 18	20, 29
20	5-8层填充墙	35	5, 19	21, 30
21	9-12层填充墙	35	6, 20	22
22	13-16层填充墙	35	7, 21	23, 31
23	17-20层填充墙	35	8, 22	24
24	21-23层填充墙	30	9, 23	33
25	室外回填土	25	18	26, 36
26	地下室-4层墙内粉	50	25, 29	27, 28
27	地下室-4层地面	40	26	32
28	5-8层墙顶内粉	35	26, 30	31, 32
29	技术间歇	35	19	26, 36
30	技术间歇	35	20	28
31	9-16层墙顶内粉	75	22, 28	33, 35
32	5-8层地面	40	27, 28	35
33	17-23层 墙顶内粉	65	24, 31	34
34	17-23层地面	60	33, 35	15
35	9-16层地面	65	31, 32	34
36	各木门窗制安工程适时插入各	344	25, 29	17
37	水、电、暖、通安装结合土建	510	2	17

图 4.81　中医学院病房楼工程网络进度计划

解：（1）利用翰文进度计划编制系统根据图 4.81 的工序紧前、紧后关系绘制如图 4.82 所示的网络进度计划图。

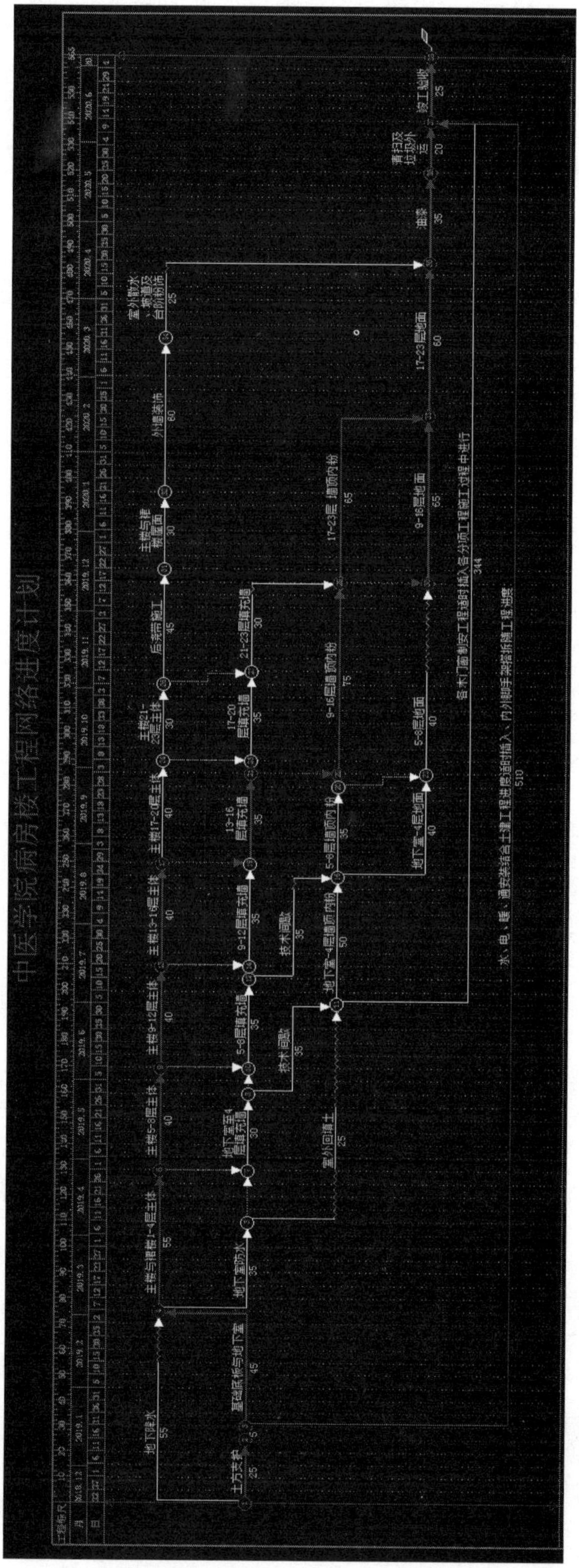

图 4.82　中医学院病房楼工程网络进度计划图

(2) 利用软件中的"工序列表"选项找到各工序的持续时间、开始时间、结束时间、最早开始时间、最迟开始时间、最早结束时间、最迟结束时间和总时差，中医学院病房楼工程工序信息表如图4.83所示。

编号	工序	持续时间	最早开始时间	最迟开始时间	最早结束时间	最迟结束时间	总时差	紧前工序	紧后工序
1	土方支护	25	2018-12-18	2018-12-18	2019-01-12	2019-01-12	0		2
2	清桩垫层	5	2019-01-12	2019-01-12	2019-01-17	2019-01-17	0	1	3, 37
3	基础底板与地下室	45	2019-01-17	2019-01-17	2019-03-03	2019-03-03	0	2	4, 18
4	主楼与裙楼1-4层主体	55	2019-03-03	2019-03-03	2019-04-27	2019-04-27	0	3, 10	5, 19
5	主楼5-8层主体	40	2019-04-27	2019-04-27	2019-06-06	2019-06-06	0	4	6, 20
6	主楼9-12层主体	40	2019-06-06	2019-06-06	2019-07-16	2019-07-16	0	5	7, 21
7	主楼13-16层主体	40	2019-07-16	2019-07-16	2019-08-25	2019-08-25	0	6	8, 22
8	主楼17-20层主体	40	2019-08-25	2019-08-30	2019-10-04	2019-10-09	5	7	9, 23
9	主楼21-23层主体	30	2019-10-04	2019-10-09	2019-11-03	2019-11-08	5	8	11, 24
10	地下降水	55	2018-12-18	2019-01-07	2019-02-11	2019-03-03	20		4, 18
11	后浇带施工	45	2019-11-03	2019-11-08	2019-12-18	2019-12-23	5	9	12
12	主楼与裙楼屋面	30	2019-12-18	2019-12-23	2020-01-17	2020-01-22	5	11	13
13	外墙装饰	60	2020-01-17	2020-01-22	2020-03-17	2020-03-22	5	12	14
14	室外散水、坡道及台阶粉饰	25	2020-03-17	2020-03-22	2020-04-11	2020-04-16	5	13	15
15	油漆	35	2020-04-16	2020-04-16	2020-05-21	2020-05-21	0	14, 34	16
16	清扫及垃圾外运	20	2020-05-21	2020-05-21	2020-06-10	2020-06-10	0	15	17
17	竣工验收	25	2020-06-10	2020-06-10	2020-07-05	2020-07-05	0	16, 36, 37	
18	地下室防水	35	2019-03-03	2019-03-24	2019-04-07	2019-04-28	21	3, 10	19, 25
19	地下室至4层填充墙	30	2019-04-27	2019-04-28	2019-05-27	2019-05-28	1	4, 18	20, 29
20	5-8层填充墙	35	2019-05-27	2019-06-17	2019-07-01	2019-07-21	10	5, 19	21, 30
21	9-12层填充墙	35	2019-07-16	2019-07-21	2019-08-20	2019-08-25	5	6, 20	22
22	13-16层填充墙	35	2019-08-25	2019-08-25	2019-09-29	2019-09-29	0	7, 21	23, 31
23	17-20层填充墙	35	2019-10-04	2019-10-09	2019-11-08	2019-11-13	5	8, 22	24
24	21-23层填充墙	30	2019-11-08	2019-11-13	2019-12-08	2019-12-13	5	9, 23	33
25	室外回填土	25	2019-04-07	2019-06-07	2019-05-02	2019-07-02	61	18	26, 36
26	地下室-4层墙顶内粉	50	2019-07-01	2019-07-06	2019-08-20	2019-08-25	5	25, 29	27, 28
27	地下室-4层地面	40	2019-08-20	2019-09-24	2019-09-29	2019-11-03	35	26	32
28	5-8层墙内粉	35	2019-08-20	2019-08-25	2019-09-24	2019-09-29	5	26, 30	31, 32
29	技术间歇	35	2019-05-27	2019-05-28	2019-07-01	2019-07-02	1	19	26, 36
30	技术间歇	35	2019-07-21	2019-07-21	2019-08-15	2019-08-25	10	20	28
31	9-16层墙顶内粉	75	2019-09-29	2019-09-29	2019-12-13	2019-12-13	0	22, 28	33, 35
32	5-8层地面	40	2019-09-29	2019-11-03	2019-11-08	2019-12-13	35	27, 28	35
33	17-23层 墙顶内粉	65	2019-12-13	2019-12-13	2020-02-16	2020-02-16	0	24, 31	34
34	17-23层地面	60	2020-02-16	2020-02-16	2020-04-16	2020-04-16	0	33, 35	15
35	9-16层地面	65	2019-12-13	2019-12-13	2020-02-16	2020-02-16	0	31, 32	34
36	各木门窗制安工程适时插入各	344	2019-07-01	2019-07-02	2020-06-09	2020-06-10	1	25, 29	17
37	水、电、暖、通安装结合土建	510	2019-01-17	2019-01-17	2020-06-10	2020-06-10	0	2	17

图4.83 中医学院病房楼工程工序信息表

关键路线上的关键工序分别是1、2、3、4、5、6、7、15、16、17、21、31、33、34、35、37工序，如图4.83所示。

案例分析7（网络优化问题）

空中空客总装有限公司装配飞机垂尾的生产计划如图4.84所示。现要求编制该工程的网络计划。

(1) 不发生意外时施工，能在多少天内竣工？给出这时的费用。2010年3月2日，海南航空公司要求其在7月1日前完成（即90天），每天的间接费用为800元。为满足要求，总装厂需要费用为多少？

(2)若不计成本，该工程最快能多少天完成？

(3)完成该装配最优费用需要多少时间？

工序代号	工序	人数	正常工期/天	费用/元	最短工期/天	费用/元	紧前工序	费用变化率/（元/每天）
1	垂尾前部整	4	8	4500	5	6750		750
2	右壁板	5	7	3500	4	5900	1	800
3	左壁板	5	7	3500	4	5900	8	800
4	肋翼组装	10	32	48000	23	53950	2,3	700
5	后梁	3	6	2160	4	2500	4	170
6	前梁	3	6	2160	4	2500	4	170
7	垂尾总装	6	25	25500	20	30000	5,6,15	900
8	方向舵前蒙	4	10	4500	5	7000		500
9	方向舵梁的	3	5	1400	3	2000	8	300
10	方向舵前蒙	2	2	800	2	800	8,9	
11	中肋的安装	3	2	900	2	900	10	
12	中段蒙皮的	4	3	1800	2	2000	11	200
13	方向舵架外	2	2	800	2	800	10	
14	方向舵平衡	2	1	300	1	300	13	
15	方向舵互换	2	1	400	1	400	12,14	
16	垂尾架外	7	22	30100	14	35500	7	600
17	垂尾互换性	2	1	400	1	400	16	

图 4.84　生产计划

解：（1）求解 90 天完工的费用的基本步骤如下：

①建立模型并画出工序流程图如图 4.85 所示。

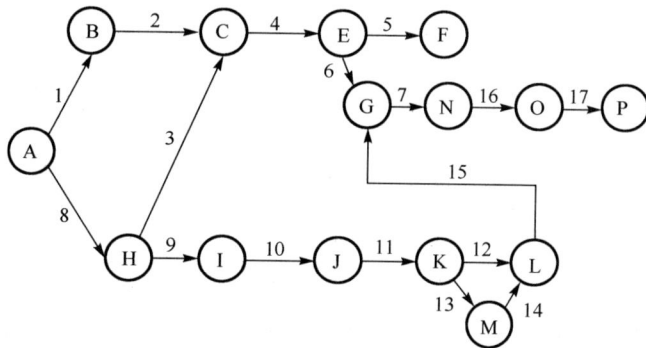

图 4.85　工序流程图

②计算正常工期下的时间与直接费用如图 4.86 所示。

正常完工时间为 103 天，获得总费用：总费用 = 直接费用+间接费用，即 130720+103×800 = 213120 元。

③计算 90 天完工的直接费用如图 4.87 所示。获得总费用：总费用 = 直接费用+间接费用，即 138350+800×90 = 210350 元。

（2）计算极限工期（使用最短工期的时间作为工序时间），获得最快完工时间为 71 天，如图 4.88 所示。总费用 = 直接费用+间接费用 = 157600+800×71 = 214400 元。

（3）最优费用下的工期。

①计算最优工期：输入最短工期和正常工期下的时间及各种情况下的费用，结果如图 4.89 所示。

	Activity Name	On Critical Path	Activity Time	Earliest Start	Earliest Finish	Latest Start	Latest Finish	Slack (LS-ES)
1	垂尾前部整流罩	no	8	0	8	2	10	2
2	右壁板	no	7	8	15	10	17	2
3	左壁板	Yes	7	10	17	10	17	0
4	肋翼组装	Yes	32	17	49	17	49	0
5	后梁	Yes	6	49	55	49	55	0
6	前梁	Yes	6	49	55	49	55	0
7	垂尾总装	Yes	25	55	80	55	80	0
8	方向舵前缘的装配	Yes	10	0	10	0	10	0
9	方向舵梁的装配	no	5	10	15	42	47	32
10	方向舵前缘与梁的对合	no	2	15	17	47	49	32
11	中肋的安装	no	2	17	19	49	51	32
12	中段蒙皮的铆接	no	3	19	22	51	54	32
13	方向舵架外工作	no	2	17	19	51	53	34
14	方向舵平衡	no	1	19	20	53	54	34
15	方向舵互换性检查	no	1	22	23	54	55	32
16	垂尾架外	Yes	22	80	102	80	102	0
17	垂尾互换性检查	Yes	1	102	103	102	103	0
	Project	Completion	Time	=	103	days		
	Total	Cost of	Project	=	$130,720	(Cost on	CP =	$116,320]
	Number of	Critical	Path(s)	=	2			

图 4.86 正常工期下的时间与直接费用

	Activity Name	Critical Path	Normal Time	Crash Time	Suggested Time	Additional Cost	Normal Cost	Suggested Cost
1	垂尾前部整流罩	Yes	8	5	8	0	$4,500	$4,500
2	右壁板	Yes	7	4	7	0	$3,500	$3,500
3	左壁板	Yes	7	4	7	0	$3,500	$3,500
4	肋翼组装	Yes	32	23	23	$5,950	$48,000	$53,950
5	后梁	Yes	6	4	4	$340	$2,160	$2,500
6	前梁	Yes	6	4	4	$340	$2,160	$2,500
7	垂尾总装	Yes	25	20	25	0	$25,500	$25,500
8	方向舵前缘的装配	Yes	10	5	8	$1,000	$4,500	$5,500
9	方向舵梁的装配	no	5	3	5	0	$1,400	$1,400
10	方向舵前缘与梁的对合	no	2	2	2	0	$800	$800
11	中肋的安装	no	2	2	2	0	$900	$900
12	中段蒙皮的铆接	no	3	2	3	0	$1,800	$1,800
13	方向舵架外工作	no	2	2	2	0	$800	$800
14	方向舵平衡	no	1	1	1	0	$300	$300
15	方向舵互换性检查	no	1	1	1	0	$400	$400
16	垂尾架外	Yes	22	14	22	0	$30,100	$30,100
17	垂尾互换性检查	Yes	1	1	1	0	$400	$400
	Overall	Project:			90	$7,630	$130,720	$138,350

图 4.87 90 天完工的直接费用

	Activity Name	On Critical Path	Activity Time	Earliest Start	Earliest Finish	Latest Start	Latest Finish	Slack (LS-ES)
1	垂尾前部整流罩	Yes	5	0	5	0	5	0
2	右壁板	Yes	4	5	9	5	9	0
3	左壁板	Yes	4	5	9	5	9	0
4	肋翼组装	Yes	23	9	32	9	32	0
5	后梁	Yes	4	32	36	32	36	0
6	前梁	Yes	4	32	36	32	36	0
7	垂尾总装	Yes	20	36	56	36	56	0
8	方向舵前缘的装配	Yes	5	0	5	0	5	0
9	方向舵梁的装配	no	3	5	8	26	29	21
10	方向舵前缘与梁的对合	no	2	8	10	29	31	21
11	中肋的安装	no	2	10	12	31	33	21
12	中段蒙皮的铆接	no	2	12	14	33	35	21
13	方向舵架外工作	no	2	10	12	32	34	22
14	方向舵平衡	no	1	12	13	34	35	22
15	方向舵互换性检查	no	1	14	15	35	36	21
16	垂尾架外	Yes	14	56	70	56	70	0
17	垂尾互换性检查	Yes	1	70	71	70	71	0
	Project	Completion	Time	=	71	days		
	Total	Cost of	Project	=	$157,600	(Cost on	CP =	$150,400]
	Number of	Critical	Path(s)	=	4			

图 4.88 极限工期

05-20-2013 18:10:32	Activity Name	Critical Path	Normal Time	Crash Time	Suggested Time	Additional Cost	Normal Cost	Suggested Cost
1	垂尾前部整流罩	Yes	8	5	8	0	$4,500	$4,500
2	右壁板	Yes	7	4	7	0	$3,500	$3,500
3	左壁板	Yes	7	4	7	0	$3,500	$3,500
4	肋翼组装	Yes	32	23	23	$5,950	$48,000	$53,950
5	后梁	Yes	6	4	4	$340	$2,160	$2,500
6	前梁	Yes	6	4	4	$340	$2,160	$2,500
7	垂尾总装	Yes	25	20	25	0	$25,500	$25,500
8	方向舵前缘的装配	Yes	10	5	8	$1,000	$4,500	$5,500
9	方向舵梁的装配	no	5	3	5	0	$1,400	$1,400
10	方向舵前缘与梁的对合	no	2	2	2	0	$800	$800
11	中肋的安装	no	2	2	2	0	$900	$900
12	中段蒙皮的铆接	no	3	2	3	0	$1,800	$1,800
13	方向舵架外工作	no	2	2	2	0	$800	$800
14	方向舵平衡	no	1	1	1	0	$300	$300
15	方向舵互换性检查	no	1	1	1	0	$400	$400
16	垂尾架外	Yes	22	14	14	$5,400	$30,100	$35,500
17	垂尾互换性检查	Yes	1	1	1	0	$400	$400
Early	Reward:							([$14,400])
Overall	Project:				82	$13,030	$130,720	$129,350

图 4.89　输入最短工期和正常工期下的时间及各种情况下的费用的结果

②计算最优费用下的工期。输入最优工期，获得最优费用下的工期为 82 天。如图 4.90 所示，直接费用为 143750 元。总费用＝直接费用+间接费用，即 143750+82×800 = 209350 元。

05-20-2013 18:16:28	Activity Name	Critical Path	Normal Time	Crash Time	Suggested Time	Additional Cost	Normal Cost	Suggested Cost
1	垂尾前部整流罩	Yes	8	5	8	0	$4,500	$4,500
2	右壁板	Yes	7	4	7	0	$3,500	$3,500
3	左壁板	Yes	7	4	7	0	$3,500	$3,500
4	肋翼组装	Yes	32	23	23	$5,950	$48,000	$53,950
5	后梁	Yes	6	4	4	$340	$2,160	$2,500
6	前梁	Yes	6	4	4	$340	$2,160	$2,500
7	垂尾总装	Yes	25	20	25	0	$25,500	$25,500
8	方向舵前缘的装配	Yes	10	5	8	$1,000	$4,500	$5,500
9	方向舵梁的装配	no	5	3	5	0	$1,400	$1,400
10	方向舵前缘与梁的对合	no	2	2	2	0	$800	$800
11	中肋的安装	no	2	2	2	0	$900	$900
12	中段蒙皮的铆接	no	3	2	3	0	$1,800	$1,800
13	方向舵架外工作	no	2	2	2	0	$800	$800
14	方向舵平衡	no	1	1	1	0	$300	$300
15	方向舵互换性检查	no	1	1	1	0	$400	$400
16	垂尾架外	Yes	22	14	14	$5,400	$30,100	$35,500
17	垂尾互换性检查	Yes	1	1	1	0	$400	$400
Penalty/	Reward:							0
Overall	Project:				82	$13,030	$130,720	$143,750

图 4.90　最优费用下的工期

(4)结果比较如表 4.12 所示。

表 4.12　不同工期下费用比较

	正常工期(103 天)	限定工期(90 天)	极限工期(71 天)	最优工期(82 天)
直接费用/元	130720	138350	157600	143750
间接费用/元	82400	72000	56800	65600
总费用/元	213120	210250	214400	209350

由上表可知，选择最优工期可以比正常工期节约 3770 元。

4.7 案例讨论

案例讨论 1：物资配送问题

两家工厂 x_1 和 x_2 生产同一种商品，商品通过如图 4.91 所示的商品运输网络送到市场 y_1, y_2, y_3（路线旁边数字指运输物流最大流量）。求从工厂到市场所能运送的最大流量。

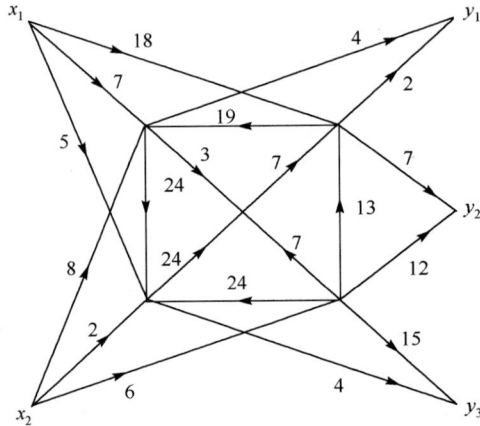

图 4.91　商品运输网络

案例讨论 2：网络计划问题

某航空有限公司装配车间的时间和费用如表 4.13 所示。现要求编制该工程的网络计划。

(1) 不发生意外时施工，能在多少天内竣工？给出这时的费用。

(2) 若不计成本，该工程最快能多少天完成以及相应的费用？

(3) 完成该装配的最优费用需要多少时间？

表 4.13　装配车间时间和费用表

工序代号	工序	紧前工序	正常时间/天	极限时间/天	正常费用/元	极限费用/元	费用变化率/%	资源消耗
1	虚工序		0	0	0	0		0
2	御间缘肋组件装配	1	6	6	3500	3500		7
3	前梁装配	1	4	2	2600	4400	900	5
4	后梁装配	1	4	2	2600	4400	900	5
5	后腹板装配	1	5	4	3000	3950	950	6
6	前梁压铆	3	2	2	1000	1000		4
7	梁间肋装配	3	3	3	1100	1100		6
8	后梁压铆	4	2	2	1000	1000		4
9	铰链肋装配	4	6	5	4000	5000	1000	6
10	装配上壁板	5	4	2	2000	3800	900	5

工序代号	工序	紧前工序	正常时间/天	极限时间/天	正常费用/元	极限费用/元	费用变化率/%	资源消耗
11	装配下壁板	5	4	2	2000	3800	900	5
12	翼梁装配	5	8	8	4900	4900		4
13	后梁总装配	8, 9	11	8	7500	11400	1300	8
14	铆接上下壁板	3	2	2	900	900		3
15	喷漆	13	2	1	700	1100	400	2
16	垂尾总装	6, 7, 15	8	6	5500	7000	750	4
17	安装尾部型材	14	4	3	2000	2700	700	6
18	安装前肋	17	5	3	3000	4000	500	5
19	架外加工	2, 16	6	4	2500	3400	450	3
20	虚工序	19	0	0	0	0		0

案例讨论 3：南京风景区游览问题

钟山风景区是南京著名的风景游览胜地，首批国家 5A 级旅游景区，中国旅游胜地四十佳，全区包括 14 个可供观光游览的景点，分为明孝陵景区、中山陵景区、灵谷景区、头陀岭景区和其他景点五大部分。雄伟的风景和浓厚的人文底蕴每年吸引大量游客游览。但是，由于景区可供观光游览的景点众多，景区游览路线复杂，游客较难找到合适的旅游路线。在实际游览过程中，游客通常希望从同一起点出发，走不同的路线游玩最多的景点，最终回到起点。同时，考虑到体力、时间等因素，希望总的路线距离最短。请为游客设计最优的游览路线。

分析步骤：

（1）数据采集。

对于钟山风景区的旅游路线考察以及各路线的距离的测量问题，考虑到景区路线的变动、游客亲身体验不同等问题，采用实地考察以及 GPS 定位测量的方法，对该景区几个主要景点以及路线进行了考察与测量，得到钟山风景区旅游路线图（见图 4.92）与旅游路线距离表（见表 4.14）。

表 4.14 旅游路线距离

起点	终点	距离/千米	起点	终点	距离/千米
v_1	v_2	1.7	v_4	v_{17}	2.8
v_1	v_5	1.8	v_5	v_6	1.3
v_1	v_6	1.1	v_5	v_8	1.1
v_1	v_7	0.83	v_6	v_7	0.4
v_2	v_7	1.2	v_6	v_9	0.8
v_2	v_3	0.95	v_6	v_{13}	0.36
v_3	v_{14}	2.5	v_7	v_{13}	0.46
v_3	v_4	1.2	v_8	v_9	0.7
v_8	v_{10}	0.2	v_{13}	v_{14}	1.3

起点	终点	距离/千米	起点	终点	距离/千米
v_8	v_{11}	0.63	v_{14}	v_{15}	0.5
v_8	v_{14}	1.3	v_{15}	v_{16}	0.86
v_9	v_{14}	0.75	v_{15}	v_{17}	2.4
v_{10}	v_{12}	0.4	v_{16}	v_{17}	2.8
v_{11}	v_{12}	0.25			

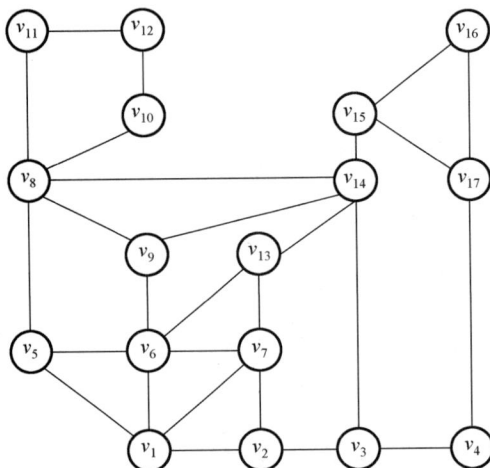

图 4.92 钟山风景区旅游路线图

注：v_1 苜蓿园；v_2 下马坊；v_3 孝陵卫；v_4 钟灵街；v_5 植物园；v_6 四方城；v_7 十朝历史文化园；v_8 金水桥；v_9 海底世界；
v_{10} 定林山庄；v_{11} 明孝陵；v_{12} 碑林；v_{13} 美龄宫；v_{14} 纪念品店；v_{15} 中山陵；v_{16} 中山书院；v_{17} 灵谷寺

(2) 模型构建。

在上述案例中，由于 v_1(苜蓿园)、v_2(下马坊)、v_3(孝陵卫)、v_4(钟灵街)均为地铁站，游客对于地铁站之间的距离不敏感。因此，在实际路线规划中，地铁站间的距离可以忽略不计(路线距离为零)，故可将地铁站合并为一个起点，多重边取最短的边(图 4.93 中 v_1—v_7 与 v_2—v_7 取 v_1—v_7)。另外，去钟山风景区游玩的游客期望目的地多为中山陵，故将中山陵设为游览路线的终点。重构的钟山风景区旅游路线图如图 4.93 所示。重新计算的旅游路线距离如表 4.15 所示。

表 4.15 重新计算的旅游路线距离

起点	终点	距离/千米	起点	终点	距离/千米
v_1	v_2	1.8	v_1	v_{12}	2.8
v_1	v_3	1.1	v_2	v_3	1.3
v_1	v_4	0.83	v_2	v_5	1.1
v_1	v_{11}	2.5	v_3	v_4	0.4
v_3	v_6	0.8	v_7	v_{11}	1.3
v_3	v_7	0.36	v_8	v_9	0.25
v_4	v_7	0.46	v_9	v_{10}	0.2

起点	终点	距离/千米	起点	终点	距离/千米
v_5	v_6	0.7	v_{11}	v_{14}	0.5
v_5	v_8	0.63	v_{12}	v_{13}	2.8
v_5	v_{10}	0.2	v_{12}	v_{14}	2.4
v_5	v_{11}	1.3	v_{13}	v_{14}	0.86
v_6	v_{11}	0.75			

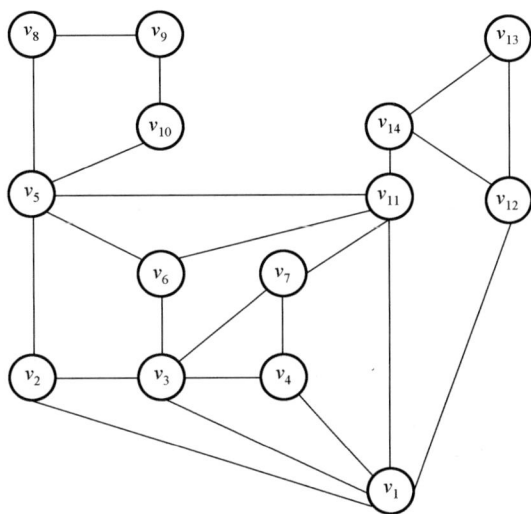

图 4.93　重构的钟山风景区旅游路线图

注：v_1 地铁站；v_2 植物园；v_3 孝陵卫；v_4 十朝历史文化园；v_5 金水桥；v_6 四方城；v_7 美龄宫；
v_8 明孝陵；v_9 碑林；v_{10} 定林山庄；v_{11} 纪念品店；v_{12} 灵谷寺；v_{13} 中山书院；v_{14} 中山陵

复习思考题

1. 用破圈法、Kruskal 算法，以及 Excel 软件求解图 4.94 中的最小生成树。

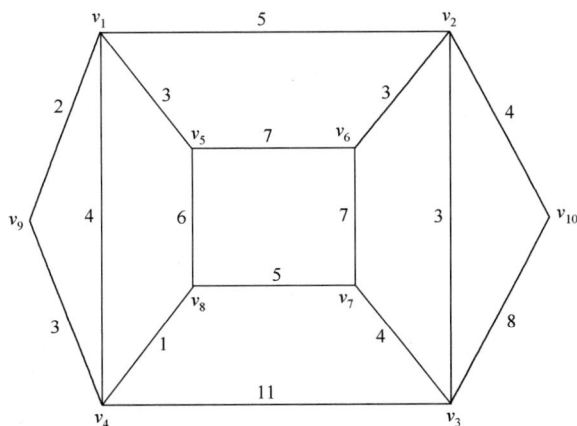

图 4.94　第 1 题图

2. 用 Dijkstra 算法求 v_1 到其他各节点的最短路如图 4.95 所示。

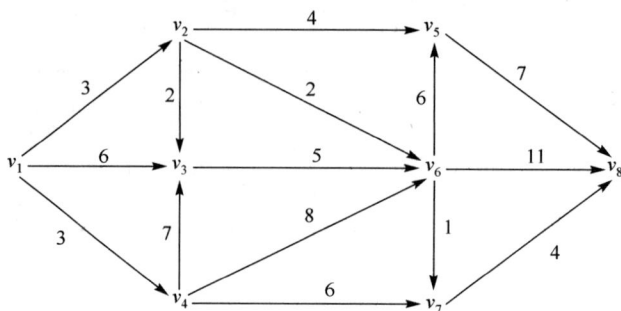

图 4.95　第 2 题图

3. 用 Dijkstra 算法、Excel 软件，求各节点之间的最短路如图 4.96 所示。

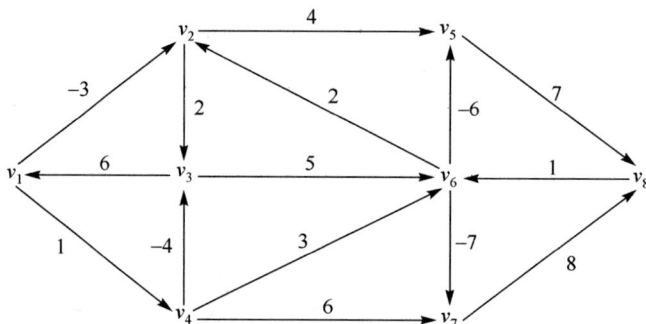

图 4.96　第 3 题图

4. 已知有六个村子相互之间的距离如图 4.97 所示。拟合建一所学校，已知 A 处有学生 50 人，B 处有学生 40 人，C 处有学生 60 人，D 处有学生 30 人，E 处有学生 70 人，F 处有学生 80 人。问学校应该建在哪个村子，学生上学才能最方便（走的总路程最短）。(1)构建最短路优化模型；(2)用 Excel 软件求解此模型。

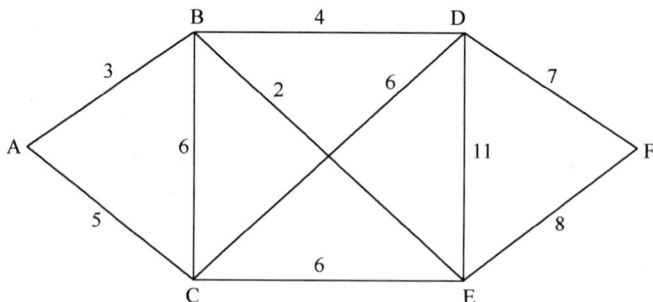

图 4.97　第 4 题图

5. 某单位使用一台生产设备，在每年年底，单位领导要决策下年度是购置新设备还是继续使用旧设备。若购置新设备，需要支付一笔购置费；如果继续使用旧的，则要支付一定的维修费。一般说来，维修费随设备使用年限的延长而增加。根据以往的统计资料，已经估算出设备在不同年份的购置费和维修费，如表 4.16 所示。设计设备的更新计划。

表 4.16 不同年份的购置费和维修费

年份	1	2	3	4	5
购置费/万元	11	11	12	12	15
维修费/万元	5	6	8	11	18

6．某农场发生火灾，消防队接到火情报告后要奔赴农场灭火，路线分布图如图 4.98 所示，图中边上的数值为该边的路程(千米)。问如何走才能使路程最短？

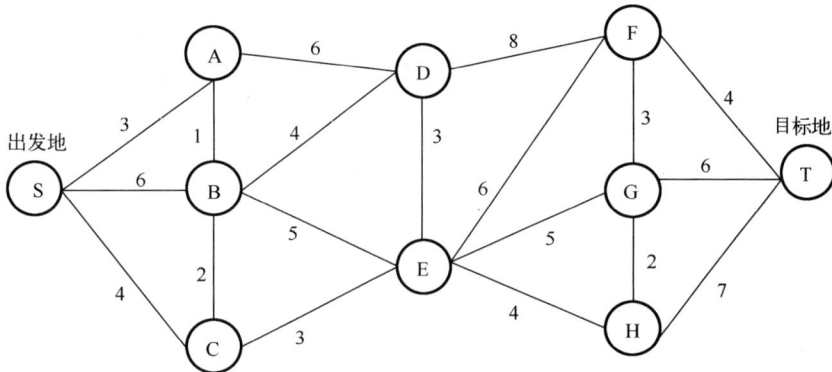

图 4.98 第 6 题图

7．以图 4.99 中的可行流为基础，用标号法求出最大流。

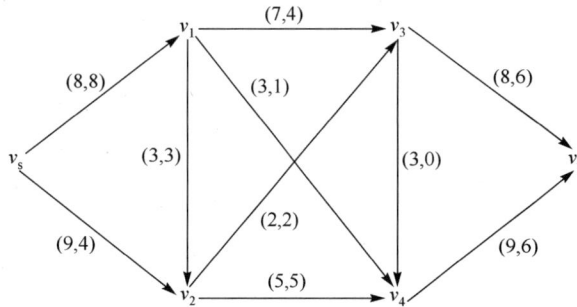

图 4.99 第 7 题图

8．构建如图 4.100 所示的网络从 v_s 到 v_t 的最大流优化模型，并用 Excel 软件求解此最大流模型。弧旁的数字表示容量。

9．宝马公司需要做出一个方案，使下个月从总厂(在德国的斯图加特)运送到洛杉矶的配件尽可能多，以满足当地忽然增加的需求。假设总厂的配件有足够多的供应量。整个可用的配送网络如图 4.101 所示。图中弧上数值是路线的容量限制。

事实上，除可以从总厂向洛杉矶提供配件外，还可以从另外一个厂(在德国的柏林)向洛杉矶发送配件。而且讨论认为，只是最大限度满足洛杉矶的需求是不太恰当的，应该保证运送到洛杉矶和西雅图两地的配件总量最大。扩充之后的配送网络如图 4.102 所示。

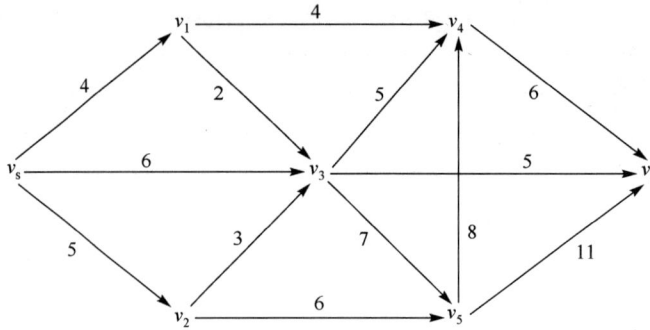

图 4.100　第 8 题图

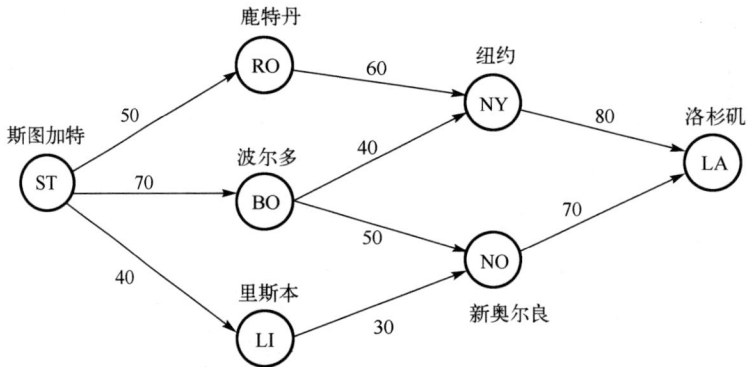

图 4.101　第 9 题图(1)

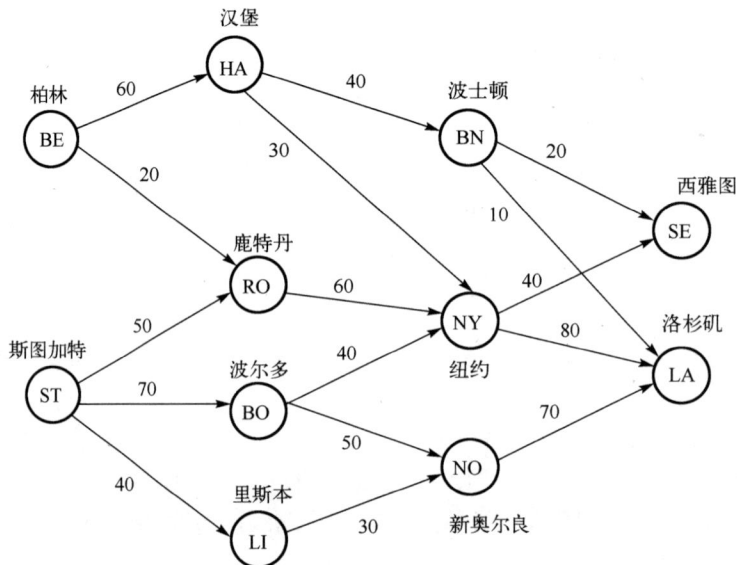

图 4.102　第 9 题图(2)

提示：其实这个扩充后的网络，可以变化成上面只有一个源点和一个收点的问题。假设在两个源点之外有一个总源点，柏林和斯图加特的流都是从这个总源点来的，只是运输路线容量无限大；同样，两个收点之外可以假设有一个总收点，到西雅图和洛杉矶的配件最后都要送到这个总收点去，到这个总收点的虚拟路线的容量无限。

10. 已知某项工程由下列工序组成，如表 4.17 所示。试用 QSB（Quantitative Systems for Business）软件求：(1)试绘制其网络图；(2)计算最早开始时间和最迟结束时间；(3)指明关键工序。

表 4.17 工程任务分解表

工序代号	紧前工序	工序时间/周	工序代号	紧前工序	工序时间/周
a	—	15	f	d, e	5
b	—	10	g	c, f	13
c	a, b	10	h	d, e	16
d	a, b	10	i	g, h	15
e	b	8			

11. 设有如图 4.103 所示的网络图，计算每个工序的最早开始时间，最迟开始时间，最早结束时间，最迟结束时间；找出关键路线与关键工序。

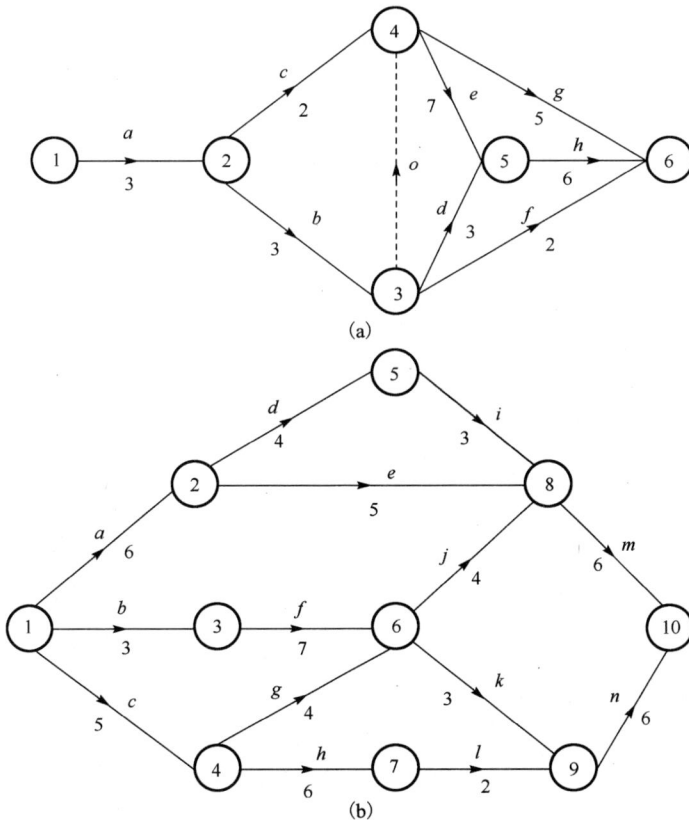

图 4.103 第 11 题图

12. 已知某个大型车库改造工程工序关系及其持续时间如图 4.104 所示。

(1)利用翰文进度计划编制系统软件绘制该工程的进度网络计划图；

(2)利用翰文进度计划编制系统软件计算各事项和各工序的最早开始时间、最迟开始时间、最早结束时间、最迟结束时间和总时差，并确定其关键路线。

编号	工序	持续时间	紧前工序	紧后工序
1	施工准备	5		2, 3, 4
2	地下行包库及行包地道围栏结	20	1	5
3	西侧旅客地道围护结构	20	1	6
4	行包库基坑拉槽开挖	7	1	5
5	降水	5	2, 4	7
6	降水处理	5	3	43
7	第一段开挖	8	5	8, 9
8	第二段开挖	5	7	10, 11
9	第一段主体施工	35	7	35, 36
10	第三段开挖	4	8	12, 13
11	第二段主体施工	35	8	35, 36
12	第四段开挖	3	10	14, 15
13	第三段主体施工	35	10	35, 36
14	第五段开挖	4	12	16, 17
15	第四段主体施工	35	12	35, 36
16	第六段开挖	4	14	18, 19
17	第五段主体施工	35	14	35, 36
18	第七段开挖	3	16	20, 21
19	第六段主体施工	35	16	42
20	第八段开挖	4	18	22, 23, 24, 2
21	第七段主体施工	35	18	42
22	围挡内管线迁移保护	20	20	32
23	第八段主体施工	35	20	42
24	第九段开挖	4	20	26, 27
25	施工准备、第一次围挡及交通	15	20	32
26	第九段主体施工	35	24	42
27	第十段开挖	4	24	28, 29
28	第十段主体施工	35	27	42
29	第十一段开挖	5	27	30, 31
30	第十一段主体施工	35	29	47
31	第十二段开挖	7	29	33, 34
32	围护结构及降水设置	10	22, 25	39
33	第十二段主体施工	35	31	47
34	第十三段开挖	5	31	37, 38
35	砼等强	28	9, 11, 13, 15	43
36	配合、维修	30	9, 11, 13, 15	54
37	第十三段主体施工	35	34	46, 47
38	行包地道第一段开挖	10	34	40
39	恢复原交通线路及第二次围挡	8	32	41
40	行包地道第一段主体施工	40	38	50
41	第二次围挡内管线迁移保护	20	39	45
42	配合、维修	30	19, 21, 23, 2	54

图 4.104 某个大型车库改造工程工序关系及其持续时间

13. 考虑如下网络如图 4.105 所示。

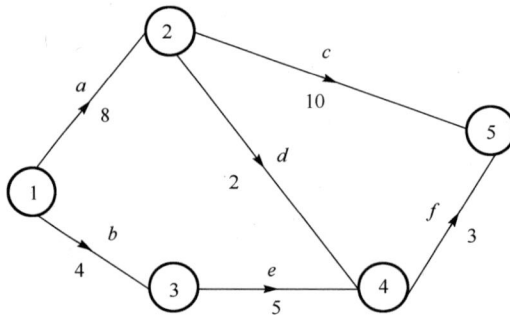

图 4.105 第 13 题图

每个工序的正常完工时间、最短完工时间及其费用如表 4.18 所示。

表 4.18 工序的正常完工时间、最短完工时间及其费用

工序代号	正常完工		最短完工	
	时间/天	费用/元	时间/天	费用/元
a	8	100	6	200
b	4	150	2	350
c	10	100	5	400
d	2	50	1	90
e	5	100	1	200
f	3	80	1	100

假设每天的间接费用为 150 元。（1）求各工序每缩短一天的费用率；（2）求该工程最低成本的施工方案。

第 5 章

存 储 论

在人类社会生产和商品交换的种种活动中，存储是一种普遍的现象。例如，在工厂，生产需要原材料、辅助材料或某些外协零部件、在产品和产成品等。这些物件如果存储太少，一旦供应不上就不能满足生产需求；如果存储过多，除积压资金外，还要承担一笔不小的保管费用，以及面临由于物资存储过久，造成锈蚀、霉烂变质、流失等资源的损失和浪费问题。在生产过程中，为了均衡且有节奏地进行生产，工序与工序之间也存在合理的存储问题。工厂的产品生产通常是根据市场需求和订货合同来进行的，由于市场需求量常常具有随机性，因此企业的决策者面临应该间隔多长时间生产一批产品，每批生产多少产品，仓库应该存放多少产品才合理等一系列问题。除工业企业有存储问题外，在商业企业的商店里，如果存储商品数量不足，发生缺货现象，就会失去销售机会而减少利润；但如果存量过多，一时销售不出去，就会造成商品积压，占用流动资金过多而导致资金周转不开，同样造成不应有的经济损失。由于顾客购买何种商品以及购买多少都具有随机性，为了增加营业利润，最大限度地减少损失，商店管理人员应该研究商品的合理存储量。再如加油站存储油，如果一次存储得太少会造成脱销，太多则造成库存负担。本章通过科学的管理方法，解决有关的存储问题，包括建立表达存储特点的数学模型，并求出合理的有货量、订货量和订货时间等。

5.1 存储概述

与存储有关的现象在现实生活中是普遍存在的，一般表现为供应量与需求量、供应时期与需求时期的不一致，人们在供应与需求之间加入存储这一环节，能缓解两者之间的不协调。在存储这一环节通常考虑需求量的多少与合适供应的问题，以这类问题为研究对象，专门研究这类有关存储问题的科学，构成了运筹学的一个分支——存储论。

为全面了解存储理论，下面首先介绍一些存储论有关名词术语的含义和基本概念。

1. 需求（存储的输出）

由于需求，从存储物中提取一定的数量，使存储量减少，因此需求就是存储的输出。

需求方式有间断式的，如工业企业的备件、贵重设备的需求；有均匀式的，如人们对食品和日用品的需求，如图5.1所示。

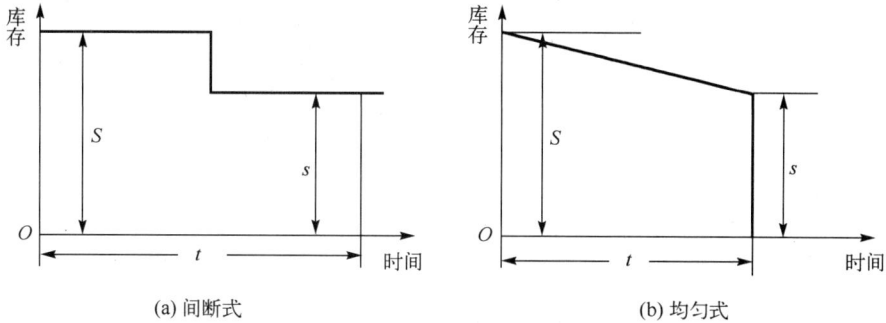

图 5.1　需求方式

需求量有的是确定性的，有的是随机性的。例如火电厂，每月固定燃烧一定的吨煤，这是确定性的；而某百货商店卖出去的某种商品数量，如肥皂粉的袋数，可能今天是 20 袋，明天是 35 袋，对于未来的某一天来说并不知其确切数量，但是经过大量历史资料统计以后，可能发现其具有某种统计规律，这称为有一定随机分布的需求。

2. 补充（通过订货或生产）

补充相当于存储的输入，由于存储物因不断输出造成库存量减少，因此必须及时进行补充，否则将不能满足持续的需求。补充的方式可以是向供应商订货购买，也可以自己组织生产。从订货到货物进入被存储状态，或从组织生产到产品入库往往需要一段时间，称这段时间为滞后时间。为了能够及时补充存储，必须提前订货或组织生产，这段时间被称为提前时间。滞后时间可能很长也可能较短，可能是确定性的，也可能是随机性的。

存储论在此要解决的问题是需要多长时间对存储进行补充以及补充数量是多少。

3. 存储系统

由一个或若干个具有补充（存储的输入）与需求（存储的输出）的存储单元组合而成的系统，称为存储系统。最简单的存储系统只有一个存储单元，叫单点式存储系统［见图5.2(a)］。复杂的存储系统形式有：①多点并联式［见图5.2(b)］，如高炉供料系统，由矿石、焦炭、石灰石等若干个存储单元并联而成；②多点串联式［见图5.2(c)］，工厂中生产流水线便是这种形式；③多点串并联式［见图5.2(d)］。

4. 存储策略

每个组织都会持有一定的库存，以应对有效需求和供给的波动，如前所述，将决定多长时间对存储进行补充以及确定补充数量的办法称为存储策略。下面介绍常用的存储策略。

(1) t 循环策略：不论现在库存数量为多少，每隔 t 时间补充固定的存储量 Q。

(2) (s, S) 策略：随时检查库存，当存储量 $x > s$ 时，不补充；当存储量 $x \leqslant s$ 时，补充存储量 $Q = S - x$。

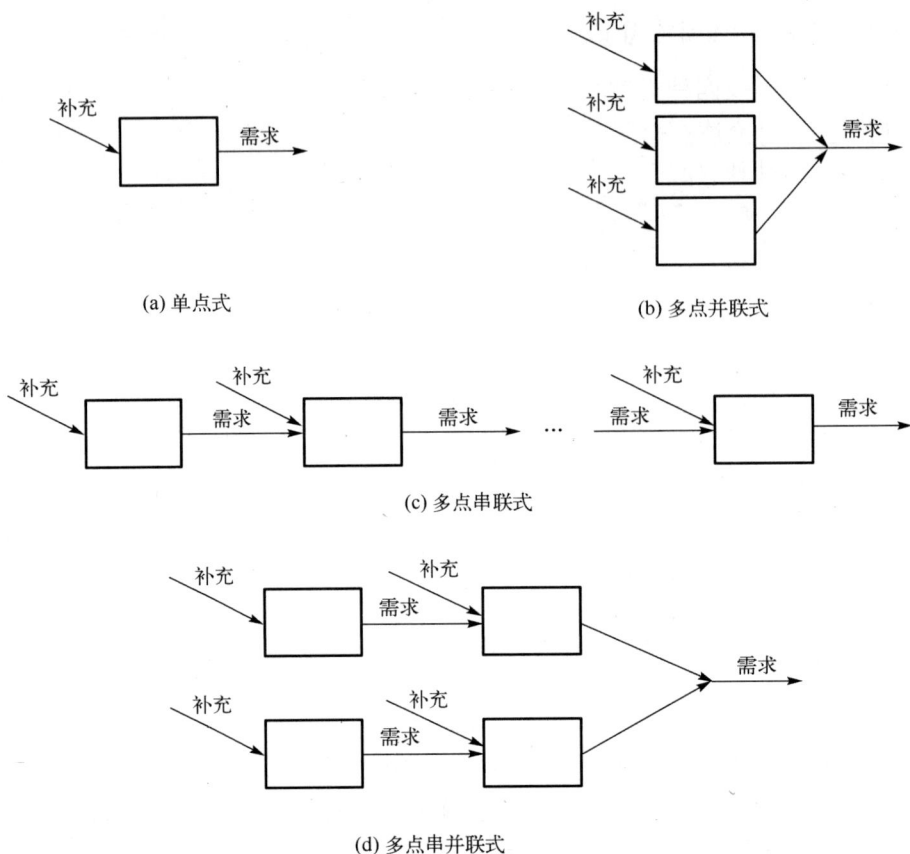

(a) 单点式   (b) 多点并联式

(c) 多点串联式

(d) 多点串并联式

图 5.2　存储系统示意图

(3) (t, s, S) 混合策略：每经过 t 时间检查库存，当存储量 $x > s$ 时，不补充；当存储量 $x \leq s$ 时，补充存储量 $Q = S - x$。

5．存储模型

确定存储策略时，通常是把实际问题抽象为数学模型。在形成数学模型的过程中，对一些复杂的条件尽量加以简化，只要模型能够反映问题的本质特征就可以，然后再对数学模型采用相应的数学方法加以研究处理及计算求解，得出数量结论。模型结论正确与否，还要到实践中加以检验，如果结论与实际不符，则要对模型重新进行研究与修改。现有库存控制存储模型，总体上可以分为两类：一类称为确定需求下的确定性存储模型，另一类为随机需求下的随机性存储模型。不论是哪一类型的存储模型，在建模和求解的过程中，都要紧紧把握以下三个重要步骤：

(1) 根据实际问题，准确地绘制存储及其变化状态图；

(2) 通过全面分析存储系统产生的各种费用，建立可比的费用函数；

(3) 求在总费用最低意义下的经济批量和订货周期。

衡量存储策略优劣的最直接的标准就是计算该策略所耗用的平均费用，因此有必要对存储问题中的费用作详细的分析。

6．存储问题中的几项费用

在存储模型中涉及四种类型的费用，它们的精确定义依赖企业的类型，如工业企业通过不断生产产品来补充库存以应对市场和客户的需求，商业企业通过采购来补充库存。在补充库存中，有四种独立的库存成本或存储费用：订货费、单位成本费、存储费和缺货损失费。

(1) 订货费(订购费或生产装配费)。

订货费，是指订货单位处理一种物品的重复订单的费用，如手续费、差旅费、联络通信费等，订货费仅与订货次数有关而与订货数量无关。要确定这项费用须经过仔细的核算，不能简单地把搬运费、管理费等均摊到每一件物资上，因为这样会与批量有关。生产装配费是生产企业组织一次生产必要的机器调整、安排而付出的费用，如模具的安装、机床的调整和材料的安排等，与生产数量无关。

(2) 单位成本费或货物单价。

单位成本费或货物单价指企业或组织为得到某一单位的物品而支出的费用，这一数值可以查看物品报价单或供应商开具的销售发票。显然它与订货量或生产数量有关，如物品本身的价格、运费等。如果单位成本费是与时间和数量无关的常数，那么在计算存储总费用时，可以不予考虑，但是单位成本费有时是变动的，如考虑资金的利息，或进行现值化的计算即把不同时间付出的资金，都按一定的折现率转化成当前的资金，然后进行有关的计算，又如有时采购有批量折扣即订货数量大时，价格有一定的优惠折扣等，这时在计算存储总费用时需要予以考虑。

(3) 存储费。

存储费指在一定时期内持有单位物品而支出的费用。例如，在一段时间存储一台大型设备所花费的成本，存储费一般与物品存储数量和时间成比例。

① 利息：物资占用的资金利息，有时可不作为存储费的一部分而作为成本费的一部分来计算。

② 物资的存储损耗、折旧和跌价损失：物资存放在仓库中，除有腐蚀、变质、破碎、失窃等损耗外，常常还因技术发展或新产品的出现而使其价格下降等。

③ 物资的税金与保险费等。

④ 仓库的折旧费：保险费、通风、照明、起重、自控设备、房租、地租等费用。

⑤ 仓库内搬运费：包括仓库内整理、堆码、盘点、保养等搬运使用的机械费、燃料费、司机和搬运工人的工资等。

⑥ 其他管理费：如保管人员的工资，办公室、福利设施的折旧、修理费，办公用品及低值易耗品的购置费，差旅费、会议费等。

(4) 缺货损失费。

缺货损失费指存储未能满足需求时造成的损失。例如，当生产原材料缺货时，将造成停工待料损失。有时为了生产急需，必须采用紧急订货而多付出费用。当产品供不应求时，没有把握住应有的销售机会，就会影响利润，造成信誉的损失，以及不能履行合同而要缴纳的罚款等费用。一般缺货损失的情况与缺货数量和缺货时间有关，即缺货的数量越多、缺货时间越长，损失越大。由于存在多种不确定性，有时缺货损失很难确定。

综上所述，所谓合理的存储问题，就是研究什么时候订货或组织生产，订购多少货物或生产多少数量的产品，既可以使存储系统总费用最小，又可以避免因缺货而影响生产或销售。在存储问题中根据需求的变化是确定的常数还是随机的规律性，可将用于库存控制的存储模型分为确定性存储模型和随机性存储模型。

5.2 确定性存储模型

假定在单位时间 t 内（或计划期）的需求量是已知常数，其订货策略形成 t 循环策略，模型的目标函数是以总成本（总订货成本+总存储成本+总缺货成本）最小为准则建立的。在建立存储模型时定义的参数及其符号如下所示：

R：需求率（Demand per Unit Time）。

c_1：单位时间内单位货物的存储费（Holding Cost per Unit per Unit Time）。

c_2：单位时间内单位货物的缺货损失费（Holding Cost per Unit per Unit Time）。

c_3：一次订货费，即订购费或生产装配费（Setup Cost or Fixed Ordering Cost）。

k：货物单价（Unit Acquisition Cost）。

Q：订购批量或生产批量（Order Quantity or Production Lot Size）。

S：最大缺货量（Maximum Backorder）。

n：单位时间内的订货次数（Order Frequency per Unit Time），显然 $n = 1/t$。

5.2.1 基本经济订购批量模型

这项模型是针对以一个固定需求率从库存中提出货物的情况而设计的。例如，某汽车生产企业以每月 1000 个的速度购买某汽车备件，按年计算，需求率为 $1000 \times 12 = 12000$（个/年）。除固定需求率外，模型还有两个关键的假设：

① 订购的货物在需要时立即到达，即瞬时补充；

② 货物不允许缺货。

在一定时期内周期订货，当订购批量小时，则存储费小，但订货次数频繁，会增加订货费；当订购批量大时，则存储费大，但订货次数减少，会减少订货费。经济订购批量模型的目的是找出一个最经济的订购批量 Q（模型的决策变量），使库存货物满足需求时的总费用最省。

设周期性订货满足的时间间隔为 t，需求率为 R，此时订购批量 $Q = Rt$，存储费为 c_1。观察 t 时间内存储量随着订货与需求而发生变化的状态图（见图 5.3），并加总能够可比的订货费和存储费。由于需求率为常数，因此在 t 时间内的平均存储量为 $Q/2$，如图 5.3 所示的虚线表示，则单位时间内的平均存储费用函数为

$$C_1(t) = c_1 \frac{Q}{2} = \frac{1}{2} c_1 Rt$$

又订货费(订购费或生产装配费)为 c_3，货物单价为 k，订货支出费为 $c_3 + kQ$，单位时间内的平均订货费用函数为 $\dfrac{c_3}{t} + k\dfrac{Q}{t} = \dfrac{c_3}{t} + kR$，不考虑货物本身的成本时，单位时间内的平均订货费用函数为第一项，记为

$$C_3(t) = \frac{c_3}{t}$$

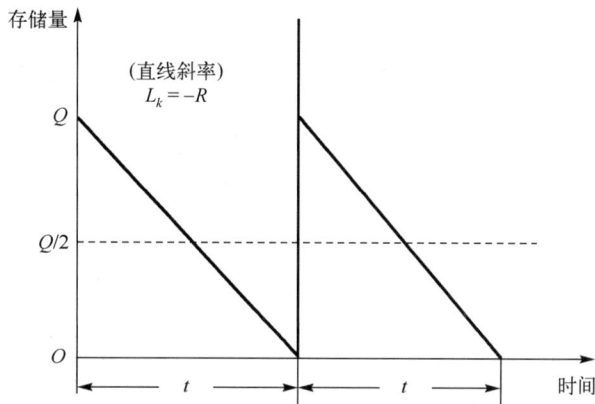

图 5.3 存储量变化状态图

存储策略的总费用可由存储费和订货费表示，由此可得一个订货周期时间 t 内的平均总费用函数为

$$C(t) = C_1(t) + C_3(t) = \frac{1}{2}c_1Rt + \frac{c_3}{t}$$

最优存储策略即是平均总费用最小的订购批量，令 $\dfrac{\partial C(t)}{\partial t} = 0$，即

$$\frac{\partial C(t)}{\partial t} = \frac{1}{2}c_1R + (-1)\frac{c_3}{t^2} = 0$$

得最佳订货周期为

$$t^* = \sqrt{\frac{2c_3}{c_1R}} \tag{5.1}$$

由 $Q = Rt$，得经济订购批量为

$$Q^* = \sqrt{\frac{2c_3R}{c_1}} \tag{5.2}$$

式(5.2)即为著名的经济订购批量公式(Economic Order Quantity，EOQ)，该公式 1915 年由美国西屋公司的经济学家 Ford Harris 提出。

如果不考虑货物本身的成本，经济订购批量的最小费用为

$$C^*(t^*) = \sqrt{2c_1c_3R} \tag{5.3}$$

式 (5.3) 也可由平均总费用函数 $C(t)$ 的算数-几何平均值不等式得到，当 $C_1(t) = C_3(t)$ 时，平均总费用函数的最小值为 C^*（见图 5.4）。

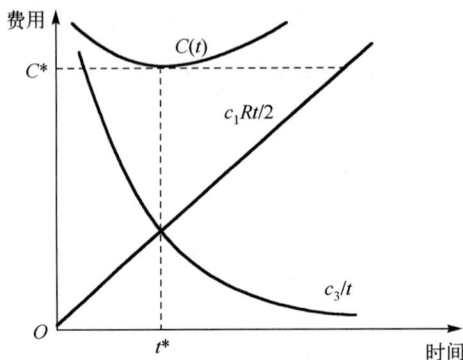

图 5.4 平均总费用函数 $C(t)$ 的变化图

例 5.1 某汽车制造厂每月需外购某种汽车零部件 100 件，不允许缺货。已知该厂向上游供应商订购这种汽车零部件，每次的订购费为 400 元，若这种零部件在仓库存放时，单位零部件每月的存储费为 2 元，求汽车制造厂的经济订购批量及最佳订货周期。

解： $R = 100$ 件/月，$c_3 = 400$ 元/次，$c_1 = 2$ 元/(件·月)。代入式 (5.1) 和式 (5.2)，有经济订购批量及最佳订货周期分别为

$$Q^* = \sqrt{\frac{2c_3 R}{c_1}} = \sqrt{\frac{2 \times 400 \times 100}{2}} = 200 \text{（件）}$$

$$t^* = \sqrt{\frac{2c_3}{c_1 R}} = \sqrt{\frac{2 \times 400}{2 \times 100}} = 2 \text{（月）}$$

例 5.2 某公司平均每天销售某项物资 2 吨，不允许缺货。已知每次的订购费为 100 元，单位物资每月的存储费为 60 元，求该公司经济订购批量、最佳订货周期及一年订购物资的最佳次数。

解： $R = 2$ 吨/天，$c_3 = 100$ 元/次，$c_1 = 60 \div 30 = 2$ 元/(吨·天)。有经济订购批量及最佳订货周期分别为

$$Q^* = \sqrt{\frac{2c_3 R}{c_1}} = \sqrt{\frac{2 \times 100 \times 2}{2}} = 14.1 \text{（吨）}$$

$$t^* = \sqrt{\frac{2c_3}{c_1 R}} = \sqrt{\frac{2 \times 100}{2 \times 2}} = 7.07 \text{（天）}$$

一年订购物资的最佳次数为

$$n^* = \left\lceil \frac{T}{t^*} \right\rceil = \left\lceil \frac{360}{7.07} \right\rceil = \lceil 50.92 \rceil = 51 \text{（次）}$$

这里 $\lceil x \rceil$ 表示向上取整，即不小于 x 的最小整数。

还需要说明一点，实际订购批量 Q 与最佳订购批量 $Q*$ 往往会有偏差，这时需考虑订货偏差对费用的影响。设实际订货偏差率为 δ，则实际订购批量 $Q = (1+\delta)Q*$，因此实际订货周期和订货费分别为

$$t = \frac{Q}{R} = \frac{(1+\delta)Q*}{R} = (1+\delta)t*$$

$$\begin{aligned}
C(t) &= \frac{c_3}{t} + \frac{1}{2}Qc_1 \\
&= \frac{1}{2(1+\delta)}\sqrt{2c_1c_3R} + \frac{(1+\delta)}{2}\sqrt{2c_1c_3R} \\
&= \sqrt{2c_1c_3R} + \frac{\delta^2}{2(1+\delta)}\sqrt{2c_1c_3R} \\
&= C*(t) + \frac{\delta^2}{2(1+\delta)}C*(t)
\end{aligned}$$

上式第二项即为由实际订购批量偏差而增加的费用，费用偏差系数表示为

$$\Delta(\delta) = \frac{\delta^2}{2(1+\delta)}$$

当实际订货偏差率 δ 改变时，费用偏差系数计算结果如表 5.1 所示。表 5.1 表明，实际订购批量较最佳订购批量偏差 10% 以内，费用增加不超过 4.5‰；而当实际订购批量较最佳订购批量多 100% 或少 50% 时，费用仅增 25%。即偏差引起的费用增加并不明显，这是 EOQ 公式的一大优点，直观效果如图 5.5 所示。

表 5.1　偏差率和偏差系数对应表

δ	−0.5	−0.2	−0.1	0.1	0.2	0.3	0.5	1
$\Delta(\delta)$	0.25	0.025	0.006	0.0045	0.017	0.035	0.083	0.25

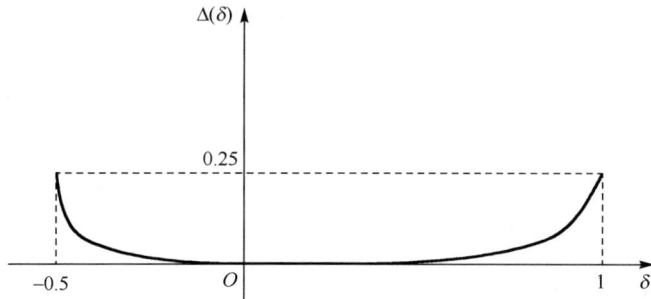

图 5.5　偏差系数变化趋势

5.2.2　允许缺货的 EOQ 模型

该模型是基本 EOQ 模型的变形，其不同之处在于允许计划内的缺货，当缺货发生时，

受影响的客户需要等待至再次得到该货物，且客户的缺货量将在补充库存的货物到达时瞬时得到满足。模型的假设有

① 订购的货物在补充库存时立即到达，即瞬时补充；

② 货物允许缺货。

设周期性订货满足的时间间隔为 t，期初存储量为 S（最大库存量），需求率为 R，订购批量 $Q=Rt$，订货费为 c_3，缺货损失费为 c_2，单位存储费为 c_1。观察 t 时间内存储量随着订货与需求而发生变化的状态图（见图5.6），所需的订货费、缺货损失费和存储费可以由如下函数获得。

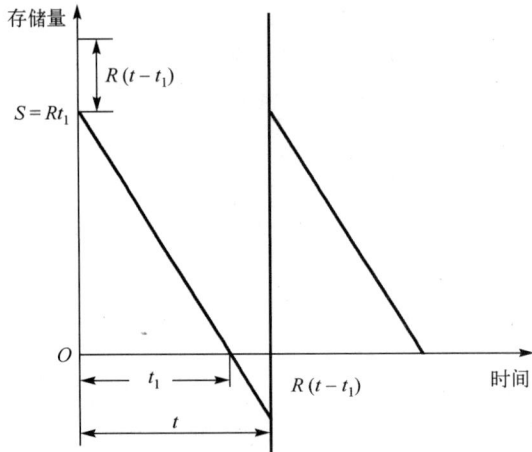

图 5.6 允许缺货的存储量变化状态图

在 $[0,t_1]$ 时间段，平均存储量为 $\dfrac{1}{2}S$，且 $t_1=\dfrac{S}{R}$，则平均单位存储费用函数为

$$C_1(S)=c_1\times\frac{1}{2}St_1=c_1\frac{S^2}{2R}$$

在 $[t_1,t]$ 时间段存储量为 0，平均缺货量为 $\dfrac{1}{2}R(t-t_1)$，则平均缺货损失费用函数为

$$C_2(t,S)=c_2\times\frac{1}{2}R(t-t_1)^2=c_2\frac{(Rt-S)^2}{2R}$$

不考虑货物本身的成本时，在单位时间的平均订货费用函数为

$$C_3(t)=\frac{c_3}{t}$$

由此得到一个订货周期时间 t 内的单位时间平均总费用函数为

$$C(t,S)=C_1(S)+C_2(t,S)+C_3(t)=\frac{1}{t}\left[c_1\frac{s^2}{2R}+c_2\frac{(Rt-s)^2}{2R}+c_3\right]$$

最优存储策略即是平均总费用最小的订购批量，利用多元函数求极值方法，令

$$\frac{\partial C}{\partial S} = \frac{1}{t}\left[c_1 \frac{S}{R} - c_2 \frac{Rt-S}{R}\right] = 0$$

$$\frac{\partial C}{\partial t} = -\frac{1}{t^2}\left[c_1 \frac{S^2}{2R} - c_2 \frac{(Rt-S)^2}{2R}\right] + \frac{1}{t}c_2(Rt-S) = 0$$

解得最佳订货周期为

$$t^* = \sqrt{\frac{2c_3(c_1+c_2)}{c_1 c_2 R}} \tag{5.4}$$

最大库存量为

$$S^* = \sqrt{\frac{2c_2 c_3 R}{c_1(c_1+c_2)}} \tag{5.5}$$

将其代入平均总费用函数得出最小费用

$$C^*(t^*, S^*) = \sqrt{\frac{2c_1 c_2 c_3 R}{c_1+c_2}} \tag{5.6}$$

同时,最佳的经济订购批量 $Q^* = Rt^*$,即

$$Q^* = \sqrt{\frac{2Rc_3(c_1+c_2)}{c_1 c_2}} \tag{5.7}$$

最大缺货量 $q^* = Q^* - S^*$,即

$$q^* = \sqrt{\frac{2Rc_1 c_3}{c_2(c_1+c_2)}} \tag{5.8}$$

注意:当缺货损失费 c_2 很大时,有 $\dfrac{c_2}{c_1+c_2} \to 1(c_2 \to \infty)$,式(5.4)、式(5.7)和式(5.6)可化为式(5.1)、式(5.2)和式(5.3),即 EOQ 模型公式。

例 5.3 某大型超市一贯采用不允许缺货的 EOQ 模型公式确定某品牌日用品的订购批量,但由于激烈的市场竞争使得公司不得不考虑改用允许缺货的订货策略。设日用品的需求率为 1000 件/月,日用品的订购费为 40 元/次,单位日用品的存储费为 1 元/月,单位日用品的缺货损失费为 1 元/月,求最佳订货周期、经济订购批量、最大缺货量及经济订购总费用。

解: $R = 1000$ 件/月,$c_3 = 40$ 元/次,$c_1 = 1$ 元/(件·月),$c_2 = 1$ 元/(件·月)。代入式(5.7)、式(5.4)、式(5.8)和式(5.6),有经济订购批量、最佳订货周期、最大缺货量及经济订购总费用分别为

$$Q^* = \sqrt{\frac{2Rc_3(c_1+c_2)}{c_1 c_2}} = \sqrt{\frac{2 \times 1000 \times 40 \times (1+1)}{1 \times 1}} = 400 \text{(件)}$$

$$t^* = \sqrt{\frac{2c_3(c_1+c_2)}{c_1 c_2 R}} = \sqrt{\frac{2 \times 40 \times (1+1)}{1 \times 1 \times 1000}} = 0.4 \text{(月)}$$

$$q^* = \sqrt{\frac{2Rc_1c_3}{c_2(c_1+c_2)}} = \sqrt{\frac{2\times1\times40\times1000}{1\times(1+1)}} = 200 \text{ (件)}$$

$$C^*(t^*,S^*) = \sqrt{\frac{2c_1c_2c_3R}{c_1+c_2}} = \sqrt{\frac{2\times1\times1\times40\times1000}{1+1}} = 200 \text{ (元)}$$

5.2.3 有数量折扣的 EOQ 模型

基本的经济订购批量模型即 EOQ 模型是用来确定企业在固定订购批量时一次订货（外购或自制）的数量，当企业按照经济订购批量订货时，可以实现订货成本和存储成本之和最小化。在一些实际的订货问题中，供应商往往根据订货量向供应链下游用户提供价格折扣，鼓励用户大量购买，此时由用户的订货量确定的批发价格一般是订货量的阶梯减函数，之所以是减函数是基于规模经济和交易成本的考虑。价格的折扣对于博弈的双方都是有利的：价格折扣对于制造商，随着生产批量加大和生产成本降低，有销售规模增加和销售市场扩大，从而能获取更大利润；价格折扣对于各级分销商也是有利的，可以较少发生缺货的现象，有效应对价格上涨，同时订购量大带来的订货次数减少，也使装运成本降低。有数量折扣的 EOQ 模型建模的基本思路是先计算经济订购批量，然后代入不同单价，计算总的采购费用（含货物本身的成本），取最小者的订货数量。当需求率和单位存储费确定时，该模型可以指导用户合理地采购，使总的采购费用最低。模型的假设有：

① 订购的货物在补充库存时立即到达，即瞬时补充；

② 货物不允许缺货；

③ 不同采购数量有不同的采购单价；

④ 每次及不同采购数量的订货费不变。

设订货费为 c_3，存储费为 c_1，采购数量在区间 $[Q_i, Q_{i+1})$ 内的货物单价为 $k_i(i=1,2,\cdots,n)$，价格折扣的采购数量分界点为 Q_i，显然有 $Q_1 < Q_2 < \cdots < Q_n$，$k_1 > k_2 > \cdots > k_n$。当存储周期为 t 时，考虑货物价格 k_i 的平均总费用函数是 $\frac{1}{2}c_1Rt + \frac{c_3}{t} + k_iRt$，采购数量 $Q_i = Rt$，有数量折扣的平均总费用函数为

$$\text{TC}^{(i)} = \frac{1}{2}c_1Q_i + \frac{c_3R}{Q_i} + k_iR, i=1,2,\cdots,n \tag{5.9}$$

为了解式(5.9)的函数性质，以 $n=3$ 为例，画出其图像（不含第三项）如图 5.7 所示，由于每种数量折扣的总采购费用函数只相差第三项，因此三条总采购费用曲线是平行的。

有数量折扣的 EOQ 模型求解的步骤如下：

①（忽略货物单价折扣的影响）计算 $\tilde{Q} = \sqrt{\frac{2c_3R}{c_1}}$，若 $Q_{j-1} \le \tilde{Q} < Q_j$，则平均总费用为

$$\text{TC}(\tilde{Q}) = \sqrt{2c_1c_3R} + k_0R;$$

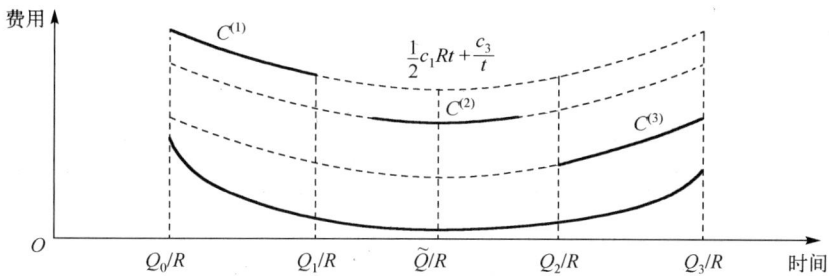

图 5.7 分段费用函数及其最优解示意图

②计算 $TC^{(i)} = \frac{1}{2}c_1 Q_i + \frac{c_3 R}{Q_i} + k_i R$， $i = j, j = 1, \cdots, n$；

③若 $\min\{TC(\tilde{Q}), TC^{(j)}, TC^{(j+1)}, \cdots, TC^{(n)}\} = TC*$，则 $TC*$ 对应的订购批量 $Q*$ 为最小费用订购批量，最小费用对应的最佳订货周期 $t* = Q*/R$。

例 5.4 某小型航空公司每年需用航空快餐 20000 套，每次订货费为 36 元，年存储费为 4 元。当订购量小于 500 套时，单价为 11 元；当订购量大于等于 500 套且小于 800 套时，单价为 10 元；当订购量大于等于 800 套且小于 1200 套时，单价为 9 元；当订购量大于等于 1200 套时，单价为 8 元。试计算最优订购快餐的批量及最佳订货周期。

解： $R = 20000$ 套/年， $c_3 = 36$ 元/次， $c_1 = 4$ 元/（套·年），分段的单位快餐价格函数为

$$k(Q) = \begin{cases} 11, & 1 \leq Q < 500 \\ 10, & 500 \leq Q < 800 \\ 9, & 800 \leq Q < 1200 \\ 8, & Q \geq 1200 \end{cases}$$

先忽略单位零件价格函数的影响，计算 $\tilde{Q} = \sqrt{\dfrac{2c_3 R}{c_1}} = 600$ 套，故单位快餐价格为 10 元，此批量订货的总费用 $TC(\tilde{Q}) = 202400$ 元；再分别计算 $Q = 800$、1200 时的总费用 $TC(800) = 182500$ 元， $TC(1200) = 163000$ 元，比较总费用可知最小费用订购批量 $Q* = 1200$ 套，即采用每批订购 1200 套的折扣批量，最佳订货周期 $t* = Q*/R = 0.06$ 年。

5.3 单周期的随机性存储模型

在确定性存储模型中，假定各时期的需求量是确定的，但实际问题中需求量往往不是确定值，如时令性产品：报纸和书刊、季节性服装和食品、计算机硬件和内存等的需求量。这类存储问题的含义：如果本期存储的产品没有销售完，到下一期该产品就要贬值，降低的产品价格甚至比该产品的成本还要低，造成利润减少；如果本期产品不能满足需求，则会因缺货或失去销售机会而带来损失。无论是供过于求还是供不应求，时令性产品存储都会有损失。在需求有随机规律时，判断该时期订货多少可使预期的总损失最小或总盈利最大。

本节的单周期的随机性存储模型，是指在周期内只能提出一次订货，发生短缺时不允

许再提出订货，周期结束时，剩余货物可以处理。对随机性存储模型进行评价时，常采用损失期望值最小或获利期望值最大的准则。

5.3.1 离散需求的随机存储模型

报童问题：有报童每天售出的报纸份数，即报纸需求量 X 是一个离散随机变量，已知概率 $P(X = x_i) = p_i$，$\sum_{i=0}^{\infty} p_i = 1$。报童每售出一份报纸能赚 k 元；如报纸没有全部售完，每剩一份赔 h 元。问报童每天应进货多少份报纸？

设报童每天应进货 Q 份报纸。现采用损失期望值最小准则来确定 Q。

当供过于求 $(X \leqslant Q)$ 时，损失的期望值为

$$\sum_{x_i=0}^{Q} h(Q - x_i) p_i$$

当供不应求 $(X > Q)$ 时，损失的期望值为

$$\sum_{x_i=Q+1}^{\infty} k(x_i - Q) p_i$$

报童每天总的损失期望值为

$$C(Q) = h \sum_{x_i=0}^{Q} (Q - x_i) p_i + k \sum_{x_i=Q+1}^{\infty} (x_i - Q) p_i$$

损失期望值最小的必要条件是最佳订购批量 Q^* 满足

$$\begin{cases} C(Q-1) \geqslant C(Q^*) \\ C(Q+1) \geqslant C(Q^*) \end{cases}$$

即求解

$$\begin{cases} h \sum_{x_i=0}^{Q} (Q-1-x_i) p_i + k \sum_{x_i=Q+1}^{\infty} (x_i - Q + 1) p_i \geqslant C(Q^*) \\ h \sum_{x_i=0}^{Q} (Q+1-x_i) p_i + k \sum_{x_i=Q+1}^{\infty} (x_i - Q - 1) p_i \geqslant C(Q^*) \end{cases}$$

得

$$\frac{h}{h+k} \leqslant \sum_{x_i=0}^{Q} p_i \tag{5.10}$$

满足上式成立的最小订购批量为 Q^*，称

$$N = \frac{h}{h+k} \tag{5.11}$$

为损益转折概率或最优服务水平，即选择最小订购批量 $Q*$ 使避免缺货的概率不低于这一服务水平，此时总成本的期望值最小。由式 (5.10) 计算 $Q*$ 的要点：将 x_i 对应的概率 p_i 逐个累加，当累加到刚好达到或超过 N 对应的进货量就是最佳订购批量 $Q*$。

例 5.5 已知某商品销售量 x 服从泊松分布，平均销售量为 6 件。该商品每件进价 40 元，售价 75 元。商品过期后降价为每件 20 元，此时一定可以售出。

解： 已知 $P(x=x_i)=\dfrac{e^{-\lambda}\lambda^{x_i}}{x_i!}$，$\lambda=6$。

由式 (5.11) 计算损益转折概率 $N=\dfrac{35}{35+20}=0.64$。查泊松概率分布表得知，0.64 在需求量 6 和 7 之间，故最佳订购批量为 7 件。

5.3.2 连续需求的随机存储模型

设单位货物进价为 k，单位售价为 p，存储费为 c_1。当需求量 X 是连续随机变量时，其概率密度函数为 $p(x)$，$\int_0^{+\infty}p(x)\mathrm{d}x=1$。问货物的订购批量 Q 为何值时，盈利期望值最大？

当货物的订购批量（或生产批量）为 Q，需求量为 x 时，实际销售量为 $\min[X,Q]$，因而实际销售收入为 $p\min[X,Q]$，进货成本为 kQ，货物存储费为

$$C_1(Q)=\begin{cases}c_1(Q-X), & X\leqslant Q\\ 0, & X>Q\end{cases}$$

记订购批量 Q 的盈利为 $W(Q)$，即

$$W(Q)=p\min[X,Q]-kQ-C_1(Q)$$

盈利的期望值为

$$
\begin{aligned}
E[W(Q)]&=\left[\int_0^Q px\varphi(x)\mathrm{d}x+\int_Q^\infty pQ\varphi(x)\mathrm{d}x\right]-kQ-\int_0^Q c_1(Q-x)\varphi(x)\mathrm{d}x\\
&=\int_0^\infty px\varphi(x)dx-\int_Q^\infty px\varphi(x)dx+\int_Q^\infty pQ\varphi(x)\mathrm{d}x-kQ-\int_0^Q c_1(Q-x)\varphi(x)\mathrm{d}x\\
&=pE(x)-\left[\int_Q^\infty p(x-Q)\varphi(x)\mathrm{d}x+\int_0^Q c_1(Q-x)\varphi(x)\mathrm{d}x+kQ\right]
\end{aligned}
$$

其中 $pE(x)$ 为平均盈利，与订购批量 Q 无关，记减项

$$E[\mathrm{TC}(Q)]=\int_Q^\infty p(x-Q)\varphi(x)\mathrm{d}x+\int_0^Q c_1(Q-x)\varphi(x)\mathrm{d}x+kQ$$

为损失期望值（含货物进货成本），则问题 $\max E[W(Q)]$ 可转化为问题 $\min E[\mathrm{TC}(Q)]$。

$$
\begin{aligned}
\frac{\mathrm{d}E[\mathrm{TC}(Q)]}{\mathrm{d}Q}&=\frac{\mathrm{d}}{\mathrm{d}Q}\left[\int_Q^\infty p(x-Q)\varphi(x)\mathrm{d}x+\int_0^Q c_1(Q-x)\varphi(x)\mathrm{d}x+kQ\right]\\
&=-p\int_Q^\infty \varphi(x)\mathrm{d}x+k+c_1\int_0^Q \varphi(x)\mathrm{d}x
\end{aligned}
$$

$$= -(p-k) + (c_1 + p)\int_0^Q \varphi(x)\mathrm{d}x$$

令 $\dfrac{\mathrm{d}E[\mathrm{TC}(Q)]}{\mathrm{d}Q} = 0$，得

$$F(Q) = \int_0^Q \varphi(x)\mathrm{d}x = \frac{p-k}{c_1 + p} \tag{5.12}$$

由式(5.12)确定的订购批量为最佳订货量，记为 Q^*，此时的损失期望值最小，如图 5.8 所示。

当 $p-k<0$ 时，式(5.12)不成立，这种情况表示订购货物无利可图，故不应订购，即 $Q^*=0$。

当缺货损失不仅要考虑销售收入的减少，还要考虑赔偿对方的损失时，缺货损失费为 c_2，$c_2 > p$，只需在前面推导过程中用 c_2 代替 p 即可。这种情况的最佳订购批量 Q^* 由下式确定：

$$F(Q) = \int_0^Q \varphi(x)\mathrm{d}x = \frac{c_2 - k}{c_1 + c_2} \tag{5.13}$$

例 5.6 某钢铁厂生产的某型钢材需求量服从正态分布，$\mu = 60, \sigma = 3$。每吨钢材成本 22000 元，售价为 32000 元，每月单位存储费 1000 元。问工厂每月生产该钢材多少吨，使获利的期望值最大？

解： 已知 $k = 220, p = 320, c_1 = 10$。需求量 $x \sim N(60, 3^2)$，由式(5.12)计算

$$F(Q) = \int_0^Q \varphi(x)\mathrm{d}x = \frac{p-k}{c_1+p} = \frac{320-220}{320+10} = 0.30$$

利用 Excel 统计函数建立正态分布累积概率值表，在 C8 单元格输入"= (C3–C2)/ (C4+C3)"，在 C9 单元格输入 "= NORMINV(C8, C5, C6)"，如图 5.9 所示。因此，工厂每月应生产这种钢材约 58.5 吨。

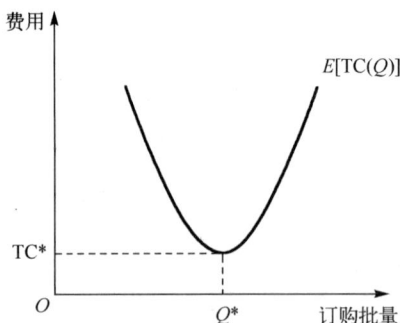

图 5.8 损失期望值函数变化趋势

	A	B	C	D
1	例5.7			
2	进价	k	220	
3	售价	p	320	
4	存储费	c_1	10	
5	需求期望	μ	60	
6	需求标准差	σ	3	
7				
8	临界值	N	0.30303	
9	最佳订购批量	Q^*	58.45289	
10				

图 5.9 用 NORMINV 函数计算正态累积概率分布的反函数

例 5.7 已知某商品的需求量 X 服从区间[0, 10]上的均匀分布，$c_1 = 0.5$，$c_2 = 4.5$，$k = 0.5$，该存储系统的最优策略是什么？

解： 由式(5.13)计算临界数

$$\frac{c_2 - k}{c_1 + c_2} = \frac{4.5 - 0.5}{4.5 + 0.5} = 0.8$$

再由

$$\int_0^{Q^*} \phi(x)\mathrm{d}x = \int_0^{Q^*} \frac{1}{10}\mathrm{d}x = 0.8$$

得

$$\frac{1}{10}Q^* = 0.8$$

即

$$Q^* = 8$$

该系统的最佳订购批量是 8 个单位，若 q 为期初存货，需订购 $8 - q$ 个单位。

5.4 案例分析

案例分析（某航空食品厂如何确定最优存储方案）

某航空食品有限公司是一家经营航空配餐的企业，日均配餐量达到 1.5 万份，日均服务航班超过 100 架次。随着旅游业的发展，越来越多的国内外航空公司开辟新航线，增加航班，航空食品销售前景一片光明。由于航空食品的高品质性，航空食品生产所需的原料及生产后的冷藏运输大大增加了采购、配送等成本。在竞争激烈的今天，若要提高企业运营效率和取得更好的经济效益，必须制定最优的存储策略，最大限度降低成本。

经调查可知，该企业仓库常用原料共 70 余种，上一年全年原料耗费总额 1.08 亿元。由于消耗原料种类较多，消耗量相差很大，采购难易程度不同，这给原料储备带来了困难。为了解决这一矛盾，并尽可能地降低成本，采用库存管理的 ABC 法制订合理的仓储计划，仓库原料分类情况如表 5.2 所示。

表 5.2　航空配餐原料分类及比例

原料分类	原料品种		原料支出	
	品种/项	占总项数/百分比	金额/万元	占总金额/百分比
A	7	10	8100	75
B	21	30	2160	20
C	42	60	540	5
合计	70	100	10800	100

如表 5.2 所示 A 类原料品种为水果、蔬菜、肉禽、蛋、小麦粉、白糖、食用油七项，从表中可以看出虽然 A 类原料品种只占消耗原料总数的 10%，消耗金额却占 75%；其他原料（B 类和 C 类）品种占消耗原料总数的 90%，但消耗金额仅占 25%，因此应重点做好 A 类原料的存储管理工作。根据航空配餐市场需求和 A 类原料的供应商情况，七项 A 类原料的

存储要求：果蔬、肉禽原料不允许缺货且在需要时瞬时补货；不是所有的航空配餐都使用鸡蛋原料，因此此种原料允许缺货；食用油原料消耗量较大，易于采购和长时间保存，因此不同批量的采购价格不同；白糖、小麦粉原料，除不允许缺货外，货源充足易于采购。设 A 类七项的每项原料当年的需求量、每次订购费、存储费和缺货损失费等消耗是已知的，针对各类原料如何采取最优的存储策略或制定最佳原料存储量和最佳订货时间是一个值得考虑的问题。通过对本章内容的学习，可以利用科学的方法为该企业做出最优的决策。

5.5 案例讨论

案例讨论 1：华胜混凝土厂的钢筋存储问题

华胜混凝土厂从瑞典某公司引进设备和技术，近年又改造生产线，2012 年重新投产，产品为加气混凝土砌块及加气混凝土屋面板，主要用于建筑的墙体及屋面，具有良好的保温、防火性能，且质轻易于运输，利于抗震。该厂产品优势在加气混凝土板材上，钢筋用于车间生产板材，若缺货，将导致较大的缺货损失，包括板材相应的利润、大批工人停工的损失，以及企业信誉的损失等，这些损失远超过钢筋的存储成本，所以视其为不允许缺货的模型。另外，由于现在是买方市场，物流便捷方便，且价格稳中有降，所以视其为生产时间很短的模型。

经调查可知如下信息：

1. 年需求量

(1) 计划板材产量：90000 立方米；

(2) 钢筋消耗计划：35 千克/立方米；

(3) 年需求总量：

$$90000 \text{ 立方米} \times 35 \text{ 千克/立方米} = 3150000 \text{ 千克} = 3150 \text{ 吨}$$

(4) 由经验预测：

型号 6.5 的钢筋年需求量：1300 吨/年；

型号 8 的钢筋年需求量：1050 吨/年；

型号 10 的钢筋年需求量：800 吨/年。

2. 存储费

$$\text{存储费} = \text{货物占用资金应付的利息} + \text{保管费} + \text{货物损坏费}$$

1998 年年利率为 1.24%，钢筋单价为 2400 元/吨；

货物占用资金应付的利息为 29.76 元/吨；

货物损坏的费用：每年总有 1~2 捆钢筋因锈蚀作废物（1 捆钢筋为 1.5~2 吨，此处计为 1.5 吨。废钢筋为 600~800 元/吨，此处计为 800 元/吨）处理；

货物损失为 1.5 吨×(2400−800) 元/吨 = 2400 元；

分摊到每一吨为 2400 元÷3150 吨 = 0.76 元/吨；

其他费用暂视为 0，则存储费用总共为 29.76+0.76 = 30.52 元/吨。

3. 订购费

订购费是固定费用，订购费 = 手续费 + 电信往来费 + 委派人员的费用。此费用为估算法。现有如下估计：

(1) 每次派两人：供应科长及司机；

(2) 每次花时间为两个半天(包括洽谈订货、给支票、取发票等)；

(3) 交往费。

以上三项计为 200 元/次，其他费用(手续费，电信往来费)计为 20 元/次，则订购费为 220 元/次。

4. 生产准备期

生产准备期为防止订货后，钢筋进厂的时间拖后或者由于板材生产量的突然增加导致缺货而设置的缓冲量。

生产准备期设为 4 天，即在钢筋用完前 4 天就订货。

请分别对型号 6.5、型号 8 及型号 10 的钢筋的存储问题进行科学决策。

案例讨论 2：北京方舟科技有限公司的产品存储决策问题

北京方舟科技有限公司，涉及多媒体网络应用、数字视频、电子出版和桌面印刷制版等技术领域。公司提供从产品开发、网络集成、系统销售，直到专业化的影视后期编辑、平面设计、电子出版物制作等多项服务。非线性视音频编辑系统(简称"非线性")是公司的主要产品之一。"非线性"是应用于广播电视领域的专业计算机多媒体设备，主要用来完成电影、电视节目(如：新闻、专题、电视剧……)的编辑制作。

目前，公司的"非线性"产品的核心硬件(Finish qxc/NT，Finish V60 及 FinishV80)，均是从美国进口，如何订货才能使公司的成本最低是在年初计划时必须解决的问题。

由于该产品的订购折扣是一定的，且在实际销售过程中并不要求必须为现货供应。因此，为允许缺货的经济订购批量模型。具体统计数据如表 5.3 所示。

表 5.3　企业的相关统计数据

产品核心硬件	年订货量/套	单位产品成本/元	订货费/元	年存储费/元	缺货损失/元
Finish qxc/NT	1800	26500	3000	15800	1400
Finish V60	1000	42000	3000	24500	2000
Finish V80	120	92000	3000	54000	4600

表 5.3 中的费用信息有以下说明：

(1) 由于计算机多媒体技术发展非常快，技术折旧大，也就是说，产品如购进后没能及时售出，其技术折旧所带来的损失非常大。因此在年存储费中，不但有库存费，还包括了产品的年技术折旧损失。

(2)缺货损失是指由于缺货而带来的合同损失费用，以及由此引起的公司信用等软性损失。

根据以上信息，确定该企业该如何制定其存储决策。

案例讨论 3：博明包装制品厂的存储决策问题

博明包装制品厂 2010 年开始进口日本、韩国产的铜版纸、胶版纸、白板纸等印刷、包装使用纸张，并在国内销售。利用存储论可以解决公司订货量、订货时间的问题，以免因纸张存货不足发生缺货现象而失去销售机会，或因为进货过多造成商品积压，占用流动资金过多导致周转不开。根据如下信息请对其存储问题进行决策。

由于包装市场对纸张的需求具有随机性，故要建立随机性存储模型。选择定点订货策略，即库存降到某一确定的数量时订货，而且订货的数量不变。存储量的变化如图 5.10 所示。根据公司连续两年多的纸张销售记录，可计算出公司纸张每月的平均销售量（即需求量）为 486 吨，年均需求量为 5832 吨，标准偏差为 128 吨。公司平均每次的订货费为 5000 元，一吨纸张每年的存储费用为 280 元。由于货物需要从韩国或日本进口，从签约开立信用证到货物到达口岸，进入仓库大约需要 25 天，故提前期内的平均需求量为 405 吨，公司规定允许的缺货率为 10%。

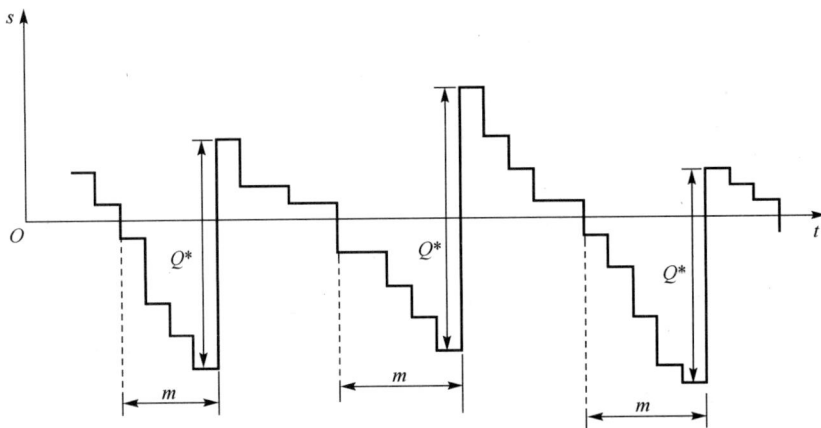

图 5.10　存储量的变化

复习思考题

1. 某工程队建设一条工厂铁路专用线，假设平均每天需要 8 根钢筋混凝土轨枕，每根 300 元。轨枕由预制厂运往工地需要动用预制厂的吊车，吊车是按台班收费的，3000 元一个台班。因此，工程队采用分批集中运输的办法向工地运输轨枕，但暂不使用的必须积压资金，如果资金的月利（息）率为 7.2%。试问在不允许缺货的情况下，一年修成专用线所需的轨枕分几批运输、每批需用吊车几个台班最为理想。

2. 某企业生产需要一种外购零部件，年需求量为 10000 件，不允许缺货，市场供应充足，单价为 100 元。已知组织一次采购的费用为 2000 元，每件每年的存储费为单价的 20%。试求最优经济订购批量和每年的总费用。

3．某电子设备厂对一种电子元器件的需求 $R = 20000$ 件/年，订货提前期为 0，每次的订货费为 25 元。该元器件每件成本 50 元，年存储费为成本的 20%，如发生缺货，则每件每年的损失费为 30 元。试回答：

(1)确定经济订购批量和每年的总费用；

(2)如不允许缺货，请重新确定经济订购批量。

4．某建筑公司根据投标情况，预计在一年之内需用门窗平板玻璃 300 箱。假设每箱价格 200 元，每箱每年的保管费为 20 元，订购费平均每次 120 元，问几次订购最好？若允许缺货，设缺货损失费为每箱每月 20 元，试求合理的订购次数。

5．某厂采购生产原料情况如表 5.4 所示。

表 5.4　某厂采购生产原料情况

订购数量/吨	0～1999	>2000
单价/元	100	80

假设年需求量为 10000 吨，每次订购费用 2000 元，原料存储费率为 20%，试求每次的订购量。

又知该厂的原料需求分布如表 5.5 所示。

表 5.5　某厂的原料需求情况

需求量 R/吨	80	90	100	110	120
概率 P	0.1	0.2	0.3	0.3	0.1

在每吨价格为 850 元，存储费为每吨 45 元，缺货损失费为每吨 1250 元的情况下，试求 (s, S) 存储策略。

6．某制造厂在装配作业中需要一种外购件，需求率为常数，全年需求量为 300 万件，不允许缺货。一次订购费为 100 元，存储费为 0.1 元/(件·月)，库存占用资金每年利息、保险等费用为年平均库存金额的 20%，该外购件进货单价与订购批量有关，具体关系如表 5.6 所示。试求经济订购批量。

表 5.6　一周内需求量的概率分布

批量 Q/件	[0, 10000)	[10000, 30000)	[30000, 50000)	[50000, ∞)
单价/元	1.00	0.98	0.96	0.94

7．某产品的市场需求量为每周 650 件，且均匀销售，订购费为 25 元，每件产品的单位成本为 3 元，存储费用为每周每件 0.05 元。试求：

(1)假设不允许缺货，求多久订购一次及每次的订购批量；

(2)若缺货损失费为每周每件 2 元，求多久订购一次及每次的订购批量；

(3) 若允许缺货如(2)，且送货延迟一周，求多久订购一次及每次的订购批量。

8. 某工厂生产中，每年需要某种机器配件 5000 件，不允许缺货，每件价格为 20 元，每次订购费用为 200 元，年度存储费用为库存物资资金的 10%，试求：

(1) 经济订购批量及最小平均总费用；

(2) 如果每次订购费用为 10 元，每次订购多少为佳？最小平均总费用是多少？

若上题中允许缺货，求订购批量、最小平均总费用及最大缺货量。设缺货费用为 3 元/(件·月)。

9. 某商店存有某种商品 10 件，每件的进价为 30 元，周期存储费为 10 元，缺货损失费为 160 元。已知该商品的随机需求服从 $\mu = 20$, $\delta = 5$ 的正态分布。试确定该商品的最佳订购批量。

10. 已知某产品的单位成本 $C = 3.0$，单位存储费 $C_1 = 1.0$，单位缺货损失 $C_2 = 5.0$，每次订货费 $C_3 = 5.0$。需求量 x 的密度函数：$f(x) = \begin{cases} \dfrac{1}{5}, & 5 \leqslant x \leqslant 10 \\ 0, & \text{其他} \end{cases}$

设初期库存为 0，试确定 (s, S) 存储策略。

第6章

决 策 分 析

在日常生产和管理过程中，由于关于事件发生的不确定因素很多，决策者在决策时如何基于多方面的因素在多种可选的方案中分析确定最佳策略是一类值得探讨的问题。比如，一个全球性制造商在确定一个新的工厂地址时需要考虑众多影响因素，包括世界经济发展态势、销售区域的需求量、可用的自然资源和员工数量、原料成本、运输成本、厂房所在地的人文和地理环境、制造与管理成本等，这类问题由于需要同时考虑多个因素、事件发生的状态和概率等，往往难以通过线性规划等最优化方法来建模求解，本章通过介绍几种常用的决策模型，指导决策者进行合理的决策。

6.1 基本概念及分类

决策存在于社会生活的各个领域，依赖于决策者个人或群体的知识和才能的积累，诺贝尔经济学奖获得者西蒙有一句名言"管理就是决策"，强调了决策是管理的核心。所谓决策，是指人们为实现预期目标，在一定的条件下，采用科学的方法和手段，从所有可供选择的方案中找出最满意的一个方案实施，直至实现目标。

依据不同的标准，几种常见的决策分类如下：

(1) 按决策目标的影响程度不同，可分为战略决策、策略决策和执行决策。战略决策具有全局性、方向性和原则性特征，涉及与企业生存和发展有关的全局性、长远性问题，如对一个企业的厂址、产品开发方向、原料供应地的选择等；策略决策具有局部性、阶段性特征，是以完成战略决策所规定的目的而进行的决策。如企业生产工艺和设备的选择、工艺路线的布置、产品规格的选择等；执行决策是根据策略决策的要求对执行行为方案的选择，如日常生产调度的选择，产品合格标准的选择等。

(2) 根据决策问题的重复性程度不同，决策可分为程序性决策和非程序性决策。程序性决策又称例行决策、常规决策，一般是解决经常重复出现、性质非常相近的例行性问题，可按程序化的步骤和常规性的方法处理；非程序性决策通常处理的是偶然发生、无先例可循、非常规性的问题，决策者难以照章行事，因此需要有一定创造性思维做出应变的决策。

(3) 根据决策目标的多寡，决策分为单目标决策与多目标决策。单目标决策是就单一问题所进行的决策，常常只考虑某个主要的或者关键的决策目标；多目标决策是解决多项问题进行的相对复杂的决策，通常考虑多个主要目标或者因素。一般情况下，重大问题的决策涉及因素较多、内容结构复杂、目标相对分散，这样的决策称为多目标决策，最优方案的确定过程比较困难。

(4) 根据自然状态的可控程度，可将决策问题分为确定型、不确定型和风险型三种决策。确定型决策是指自然状态完全确定的，做出的选择结果也是确定的。比如，通过线性规划得到最优的生产计划等；风险型决策是指不能完全确定未来会出现何种自然状态，但可以预测各种自然状态发生的概率；不确定型决策是指不仅无法确定未来会出现何种自然状态，而且也无法估计各种自然状态的概率。

(5) 根据决策问题涉及决策人数的多少，可将决策问题分为单决策和群决策。随着网络技术的应用，对决策科学化和民主化的要求，群决策的应用日益广泛。

6.2 不确定型决策方法

不确定型决策有几个要素，包括备选方案、状态和每个决策方案产生的后果或者收益。不确定型决策的目的在于从若干个备选方案中择优。状态也称为事件，可能是定性的，也可能是定量的。比如，在确定某新厂的规模时，未来产品的需求量是不确定的，可以将其量化成价格的函数，也可以定性地划分为高需求、中等需求和低需求等几种情况。方案的收益是某一决策方案在某一状态下的收益值，一般可以定量地测算出来。

不确定型决策是指决策者面临多种可能的自然状态，但未来自然状态出现的概率不可预知，不同状态下具有多种可选择的决策方案。由于面临的状况不确定，决策者只能依据一定的决策准则来分析决策。常用的决策准则：乐观准则、悲观准则、折中准则、等可能性准则和后悔值准则等。

6.2.1 乐观准则

乐观准则又称"最大最大"准则，是一种趋险型决策准则。决策者对未来持乐观态度，即使面临的决策情景情况不明，也决不放弃任何一个能取得好结果的机会。

决策者确定每个方案在最佳自然状态下的收益值，选择其中最大收益值对应的方案作为最优方案。

例 6.1 某沿海城市的一位空调经销商，在夏季来临之前准备进货，必须决定进货的规模为大批量、中批量还是小批量。已知在不同天气状况下，三种进货方案的损益值(单位：万元)如表 6.1 所示，试问该空调经销商应采取何种进货方案。

表 6.1 进货方案损益表　　　　　　　　　　　　　　单位：万元

进货方案	天气状况		
	很热	一般	不热
大批量	10	6	−2
中批量	7	8	4
小批量	3	4	5

解：计算每一个方案的最好结果：

大批量　　max (10, 6, –2) = 10 万元；

中批量　　max (7, 8, 4) = 8 万元；

小批量　　max (3, 4, 5) = 5 万元。

从上面三个结果中选择最好的结果 max (10, 8, 5) = 10 万元，即大批量进货。根据乐观准则，选择大批量进货为最优决策方案。

在问题解决过程中，还有许多相关问题需要考虑，比如，大批量、中批量和小批量的数量如何分配，在不同天气状态下的收益如何测算等，这些都需要根据具体问题来具体分析。

6.2.2　悲观准则

悲观准则又称"最大最小"准则，是一种避险型决策准则。决策者对未来持悲观态度，认为未来将出现最差的自然状态。在一些情况下，由于个人、企业或组织的财务能力有限，经验不足，承受不起巨额损失的风险，因此决策时非常谨慎。

首先，决策者确定每个方案在最差自然状态下的收益值，然后选择在最差自然状态下带来最多收益的方案。

例 6.2　试用悲观准则对例 6.1 的问题进行决策。

解：计算每一个方案的最坏结果：

大批量　　min (10, 6, –2) = –2 万元；

中批量　　min (7, 8, 4) = 4 万元；

小批量　　min (3, 4, 5) = 3 万元。

从上面三个结果中选择最好结果 max (–2, 4, 3) = 4 万元，即天气不热时中批量进货的收益。根据悲观准则，选择中批量进货为最优决策方案。

6.2.3　折中准则

在决策过程中，最好和最差的自然状态都有可能出现，决策者对未来事物的判断不能盲目乐观，也不可盲目悲观。因此，可以根据决策者的估计和判断对最好的自然状态设一个乐观系数 α。相应地，最差的自然状态有一个悲观系数 $(1-\alpha)$。这样，α 与 $(1-\alpha)$ 就分别表示最好与最差状态下的权，反映决策者的风险态度，或者对未来事物发展可能性的判断。决策步骤是以各方案的最好与最差收益值为变量，计算各自的期望值，选择期望值最大者所对应的方案为最优方案。

例 6.3　设定乐观系数 $\alpha = 0.8$，试用折中准则对例 6.1 的问题进行决策。

解：以 0.8 与 0.2 分别作为各方案在最好与最差状态下的权，计算收益期望值。大批量进货期望收益为 $10 \times 0.8 + (-2) \times 0.2 = 7.6$ 万元；中批量进货期望收益为 $8 \times 0.8 + 4 \times 0.2 = 7.2$ 万元；小批量进货期望收益为 $5 \times 0.8 + 3 \times 0.2 = 4.6$ 万元。从三个期望收益值中选取最大值 max (7.6, 7.2, 4.6) = 7.6 万元，对应方案是大批量进货。所以依据折中准则，选择大批量进货为最优方案。

显而易见，合理确定乐观系数是这个准则的关键，一般可以从决策者的经济承受能力、对未来状态的预判、对风险的偏向等来确定。

6.2.4 等可能性准则

由于无法确知各种自然状态发生的概率，所以可以认为它们有同等的可能性，每一个自然状态发生概率数都是1/状态数。在此基础上，计算各个方案的期望收益值，然后进行比较。

例6.4 利用等可能性准则对例6.1的问题进行决策。

解： 题中有三种可能的自然状态，依据等可能性准则，每种状态出现的概率为1/3。

计算每个方案的期望收益：

大批量进货期望收益为 $10 \times 1/3 + 6 \times 1/3 + (-2) \times 1/3 = 14/3$ 万元；

中批量进货期望收益为 $7 \times 1/3 + 8 \times 1/3 + 4 \times 1/3 = 19/3$ 万元；

小批量进货期望收益为 $3 \times 1/3 + 4 \times 1/3 + 5 \times 1/3 = 4$ 万元。

选择三个期望收益中的最大值，即 $\max(14/3, 19/3, 4) = 19/3$ 万元，对应的方案是中批量进货。所以根据等可能性准则，选择中批量进货为最优方案。

这种策略的缺点是忽略了实际结果发生的可能性，也不适合一次性决策（与重复决策相比）。对于重复决策，期望收益策略是可行的。比如，对某种新药研制来说，70%的产品可能无法回收成本，但是1~2种药品的收益可以轻易地抵消无法回收成本的损失。

6.2.5 后悔值准则

由于自然状态的不确定性，在决策实施后决策者很可能会有如果采取了其他方案将会有更好收益的想法。由此决策者所造成的损失价值，称为后悔值。根据后悔值准则，每个自然状态下的最高收益值为理想值，该状态下每个方案的收益值与理想值之差作为后悔值。决策者追求最小后悔值，决策步骤是在各个方案中选择最大后悔值，比较各个方案的最大后悔值，从中选择最小者对应的方案为最优决策方案。

例6.5 试用后悔值准则对例6.1的问题进行决策。

解： 找出各状态下的最大收益值，即理想值，三种状态分别为10万元、8万元、5万元。计算各状态下每个方案的后悔值，即各状态理想值减去各状态损益值，得到后悔值为 $\begin{bmatrix} 0 & 2 & 7 \\ 3 & 0 & 1 \\ 7 & 4 & 0 \end{bmatrix}$，各方案的最大后悔值分别为7万元、3万元、7万元。找出三个方案的最大后悔值中的最小结果 $\min(7, 3, 7) = 3$ 万元，对应中批量进货方案。所以依据后悔值准则，中批量进货方案为最优方案。

对于同一个决策问题，运用不同的决策准则，得到的最优方案有所不同（请读者分析结果出现差异的原因）。

在不确定型决策中，决策准则的使用因人、因时、因地而异。现实生活中，决策者在面临不确定型决策问题时，常常试图获取有关信息，通过统计分析或主观估计得到各种自然状态发生的概率，使不确定型决策转化为风险型决策。

6.3 风险型决策分析方法

所谓风险型决策，是指决策者在进行决策时，虽然无法确知未来将会出现何种自然状态，但却可以了解未来可能状态的种类以及每种状态出现的概率。决策者无论采取哪一种方案，都要承担一定的风险，因此称这种决策为风险型决策。在风险型决策中，一般采用期望值作为决策依据，分析过程可采用决策树方法。

6.3.1 最大收益期望值决策准则

最大收益期望值决策准则是指选择收益期望值最大的方案作为决策方案，每个方案的收益期望值为所有状态下的收益值与对应概率的乘积之和，即

$$E(A_i) = \sum_{j=1}^{n} P_j S_{ij} \qquad (i=1,2,\cdots,m; j=1,2,\cdots,n)$$

其中，S_{ij} 为方案 A_i 在第 j 个状态下的收益值，P_j 为第 j 个状态出现的概率，选择 $\max E(A_i)$ 对应的方案为最优方案。

例 6.6 一企业生产新产品需要建立新工厂，现有两种基建方案：一是建大厂，需要投资 3000 万元；二是建小厂，需要投资 1600 万元。据估计，两种方案在未来几年内的获利数如表 6.2 所示。问该采用哪种基建方案？

表 6.2 销售利润表

建厂方案	市场状态及概率	
	销售好	销售差
	0.7	0.3
建大厂	10000 万元	−2000 万元
建小厂	4000 万元	1000 万元

解：计算各个方案的收益期望值，两个方案的收益期望值分别为

建大厂：$(10000-3000)\times 0.7 + (-2000-3000)\times 0.3 = 3400$（万元）；

建小厂：$(4000-1600)\times 0.7 + (1000-1600)\times 0.3 = 1500$（万元）。

选择两个收益期望值中较大者对应的方案为决策方案，即选择建大厂的决策方案。

从上述计算过程来看，表 6.2 中的概率和收益期望值都直接影响最优决策方案的选择，读者可以进行敏感性分析。比如，假设收益期望值不变，判断"销售好"和"销售差"的概率在何种范围内变化时，不影响最优方案的选择。

6.3.2 最小机会损失期望值决策准则

最小机会损失期望值决策准则，是指决策目标的指标为损失值时，选择损失期望值最小的方案作为决策方案。损失值计算与前面的后悔值计算相似，为每个方案在各状态下的收益值与该状态下最好收益值的差。

例 6.7 试用最小机会损失期望值决策准则对例 6.6 进行决策分析。

解： 各状态下每个方案的损失期望值如表 6.3 所示。

计算每个方案的损失期望值。

建大厂：$0 \times 0.7 + 4400 \times 0.3 = 1320$（万元）；建小厂：$4600 \times 0.7 + 0 \times 0.3 = 3220$（万元）。

选择损失期望值最小者对应的方案为决策方案，即采用建大厂的决策方案。

表 6.3　各方案损失期望值表

建厂方案	市场状态及概率	
	销售好	销售差
	0.7	0.3
建大厂	0 万元	4400 万元
建小厂	4600 万元	0 万元

6.3.3　渴望水平决策方法

例 6.8 一个零售商在某季度对某产品以每件 0.7 万元购进，每件 1 万元卖出，如果卖不出去，就要承担全部的损失，销售情况如表 6.4 所示（单位：万元），该零售商渴望每季度盈利 60 万元，问最优决策方案是什么？

解： 从表 6.4 中可以看出，买进 200 件产品以上的方案才可能获得盈利 60 万元，各方案中，买进 200 件、300 件、400 件、500 件产品的获利在 60 万元及以上的可能性分别为 0.94（0.1+0.3+0.3+0.24），0.84（0.3+0.3+0.24），0.54（0.3+0.24），0.24。由此，各方案中，买进 200 件获利 60 万元的可能性最大。

表 6.4　销售情况数据表

卖出/件	可能性	买进/件 0	100	200	300	400	500
		A_0	a_1	a_2	a_3	a_4	a_5
0	0.01	0	−70 万元	−140 万元	−210 万元	−280 万元	−350 万元
100	0.05	0	30 万元	−40 万元	−110 万元	−90 万元	−250 万元
200	0.10	0	30 万元	60 万元	−10 万元	−80 万元	−150 万元
300	0.30	0	30 万元	60 万元	90 万元	20 万元	−50 万元
400	0.30	0	30 万元	60 万元	90 万元	120 万元	50 万元
500	0.24	0	30 万元	60 万元	90 万元	120 万元	150 万元

6.3.4　决策树分析方法

在解决复杂问题时，一种有效的方法是将其分解成一系列小问题。决策树分析方法是风险决策中最常用的一种方法，它将决策问题按从属关系分为几个等级，用决策树表示出来。通过决策树能统观整个决策的过程，从而能对决策方案进行全面的计算、分析和比较。决策树一般由以下四个部分组成。

决策点：在图中以方框表示，决策者必须在决策点处进行最优方案的选择。从决策点引出方案分支，在各方案分支上标明方案内容及其期望损益值，各个方案之间的差别一目了然。

状态点：在图中以圆圈表示，位于方案分支的末端。由状态点引出状态分支，在状态分支上标明状态内容及其出现的概率。

树枝：即方案分支与状态分支，每一根树枝代表一个方案或某方案的一个状态。

树梢：在图中以三角表示，是状态分支的末梢，表示某方案在该状态下的损益值。

决策树一般从左至右逐步画出，标出原始数据后，再从右至左计算出各节点的期望损益值，并标在相应的节点上，进而对决策点上的各个方案进行比较，依据期望值决策准则做出最终决策。用决策树法进行决策分析，可分为单阶段决策和多阶段决策两类。

(1) 单阶段决策。

所谓单阶段决策，指的是在决策过程中，决策者只需要进行一次方案的选择。

例 6.9 某制造企业欲投资更新生产线，目前有两种方案可供选择：一是引进全自动流水生产线，二是引进一条半自动流水生产线。两种方案在不同市场形势下的获利情况如表 6.5 所示。两个方案对应的投资额分别为 2000 万元、1500 万元，试决策：该采取哪种投资方案？

表 6.5 投资方案损益表

投资方案	市场状态及概率		
	好	一般	差
	0.5	0.3	0.2
全自动流水生产线(A_1)	5000 万元	2500 万元	1500 万元
半自动流水生产线(A_2)	8000 万元	0 万元	−2500 万元

解：绘出决策树如图 6.1 所示。决策点在左边，树枝向右伸开，因为有两个备选方案，所以方案枝有两条；因为可能的自然状态有三种，所以每个状态节点后有三个状态分支。

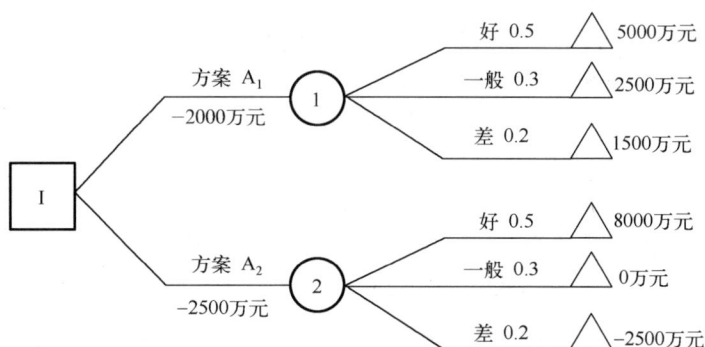

图 6.1 企业生产线更新问题的决策树

计算各状态点的收益值。状态点 1：$5000×0.5+2500×0.3+1500×0.2 = 3550$（万元）；状态点 2：$8000×0.5+0×0.3+(−2500)×0.2 = 3500$（万元）。

计算各方案的收益期望值。方案 A_1：$3550−2000 = 1550$（万元）；方案 A_2：$3500−1500 =$

2000（万元）。依据最大收益期望值准则，方案 A_2 收益期望值较大，为最优方案，即引进半自动流水生产线为最优决策方案。

（2）多阶段决策。

很多实际决策问题，需要决策者进行多次决策，这些决策按先后次序分为几个阶段，后阶段的决策内容依赖于前阶段的决策结果及前一阶段决策后所出现的状态。在进行前一次决策时，也必须考虑到后一阶段的决策情况，这类问题称为多阶段决策问题。

例 6.10 某一化工原料厂，由于某项工艺不太好，产品成本高。在价格为中等水平时无利可图，在价格低落时要亏本，只有在价格高时才盈利，且盈利也不多。现企业考虑进行技术革新，取得新工艺的途径有两种：一种是自行研究，成功的可能性是 0.6；另一种是购买专利，估计购买专利成功的可能性是 0.8。不论是研究成功还是购买专利成功，生产规模有两种考虑方案，一种是产量不变，另一种是产量增加。若研究失败或者购买专利失败，则仍然采用原工艺进行生产，生产保持不变。根据市场预测，今后五年内这两种产品跌价的可能性是 0.1，保持中等水平的可能性是 0.5，涨价的可能性是 0.4。现在企业需要考虑：是否购买专利，是否自行研究。其决策表如表 6.6 所示。

表 6.6 决策表

价格（概率）	方案				
	按原工艺生产	购买专利成功（0.8）		自行研究成功（0.6）	
		产量不变	增加产量	产量不变	增加产量
低落（0.1）	−1000 万元	−2000 万元	−3000 万元	−2000 万元	−3000 万元
中等（0.5）	0 万元	500 万元	500 万元	0 万元	−2500 万元
高涨（0.4）	1000 万元	1500 万元	2500 万元	2000 万元	6000 万元

解：该问题的决策树如图 6.2 所示。

各点期望损益值为

点 4：$0.1\times(-1000)+0.5\times0+0.4\times1000=300$（万元）；

点 8：$0.1\times(-2000)+0.5\times500+0.4\times1500=650$（万元）；

点 9：$0.1\times(-3000)+0.5\times500+0.4\times2500=950$（万元）；

点 10：$0.1\times(-2000)+0.5\times0+0.4\times2000=600$（万元）；

点 11：$0.1\times(-3000)+0.5\times(-2500)+0.4\times6000=850$（万元）；

点 7：$0.1\times(-1000)+0.5\times0+0.4\times1000=300$（万元）。

在决策点 5，去掉产量不变方案，点 9 的期望值移到点 5，点 11 的期望值移到点 6。

点 2：$0.2\times300+0.8\times950=820$（万元）；

点 3：$0.6\times850+0.4\times300=630$（万元）。

由于点 2 的期望值大于点 3，所以，企业应该购买专利，在成功时增加产量；在失败时按原来的工艺生产。

（3）贝叶斯分析方法。

前文所提到的状态概率，一般是指先验概率分布，给定准确的先验概率分布是一件很困难的事情。在这种环境下决策，决策者的风险很大。对此，常常可以通过一定的方式来减少环境的不确定性，提高估计状态概率的准确性。比如，产品销售若与天气情况有关，单凭决策者经验估计天晴与否具有很大的不可靠性，而如果获得了天气预报信息，则对天气情况的预测准确度会大大提高；再如，对产品市场销售量的估计，也可以通过小批量预销售来获得未来产品销售量分布的可能性。这种通过试验获得的概率一般称为后验概率，计算方法依据贝叶斯公式。

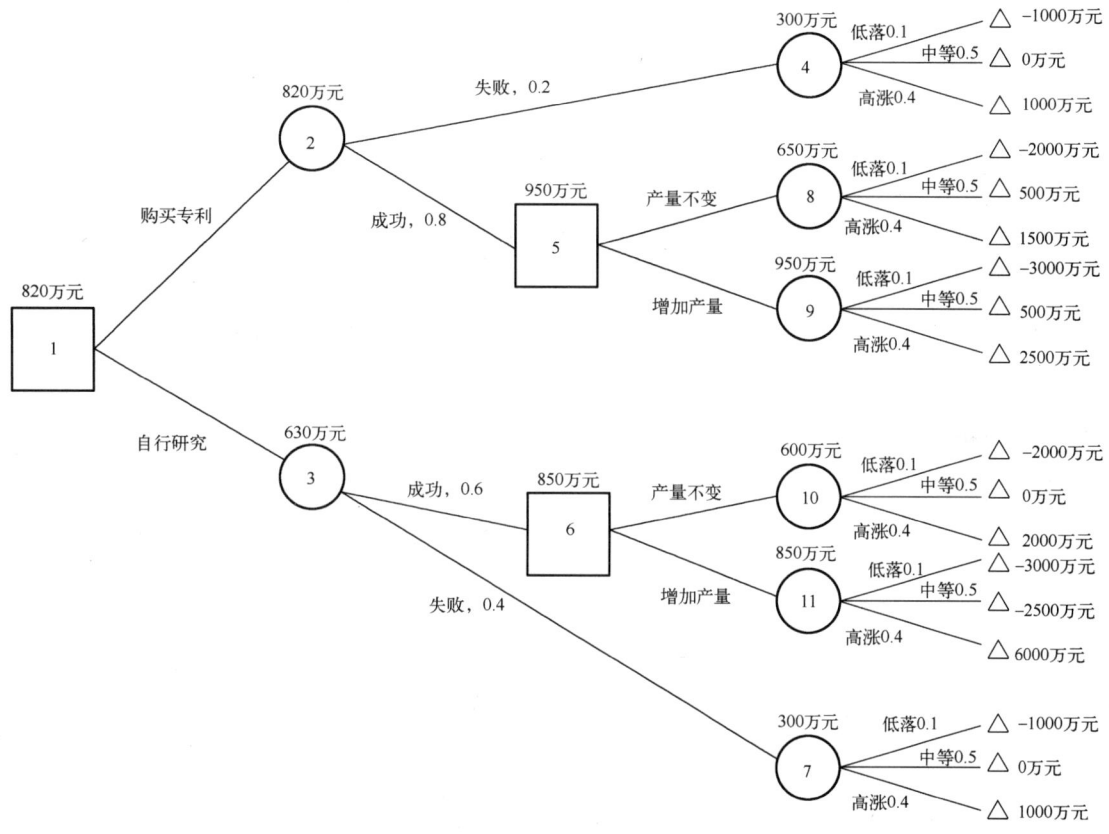

图 6.2　化工厂的决策树

例 6.11　某海域天气变化无常，该地区有一小型渔业公司，每天决定是否出海捕鱼。若晴天出海，则可获利 150000 元；若阴天出海，则亏损 50000 元。根据气象资料，当前季节该海域晴天的概率为 0.8，阴天的概率为 0.2。为更好地掌握天气情况，公司成立了一个气象站，对相关海域进行气象预测。该气象站的预报精度如下，若某天是晴天，则预报准确率为 0.95；若某天是阴天，则预报准确率为 0.9。若气象站预报某天为晴天，问是否应该出海；若预报为阴天，问是否应该出海。

解：设 H_1, H_2 表示气象站预报为晴天、阴天两种情况；θ_1, θ_2 表示某天是晴天或阴天。气象站的预报精度可以表示为
$$\begin{cases} P(H_1/\theta_1) = 0.95, P(H_2/\theta_1) = 0.05 \\ P(H_1/\theta_2) = 0.1, P(H_2/\theta_2) = 0.9 \end{cases}$$

现在实际问题是需要求解 $P(\theta_1/H_1), P(\theta_1/H_2), P(\theta_2/H_1), P(\theta_2/H_2)$。

根据贝叶斯公式，容易得到

$$P(\theta_1/H_1) = \frac{P(H_1/\theta_1)P(\theta_1)}{P(H_1/\theta_1)P(\theta_1) + P(H_1/\theta_2)P(\theta_2)} = \frac{0.95 \times 0.8}{0.95 \times 0.8 + 0.1 \times 0.2} = 0.9744$$

$$P(\theta_1/H_2) = \frac{P(H_2/\theta_1)P(\theta_1)}{P(H_2/\theta_1)P(\theta_1) + P(H_2/\theta_2)P(\theta_2)} = \frac{0.05 \times 0.8}{0.05 \times 0.8 + 0.9 \times 0.2} = 0.1818$$

$$P(\theta_2/H_1) = \frac{P(H_1/\theta_2)P(\theta_2)}{P(H_1/\theta_1)P(\theta_1) + P(H_1/\theta_2)P(\theta_2)} = \frac{0.1 \times 0.2}{0.1 \times 0.2 + 0.95 \times 0.8} = 0.0256$$

$$P(\theta_2/H_2) = \frac{P(H_2/\theta_2)P(\theta_2)}{P(H_2/\theta_1)P(\theta_1) + P(H_2/\theta_2)P(\theta_2)} = \frac{0.9 \times 0.2}{0.9 \times 0.2 + 0.05 \times 0.8} = 0.8182$$

当预报为晴天时，出海捕鱼的获利期望：150000×0.9744−50000×0.0256 = 144880 元；不出海的获利为 0 元。此时最优方案为出海[见图 6.3 (a)]。

当预报为阴天时，出海捕鱼的获利期望：150000×0.1818−50000×0.8182 = −13640 元；不出海的获利为 0 元。此时最优方案为不出海[见图 6.3 (b)]。

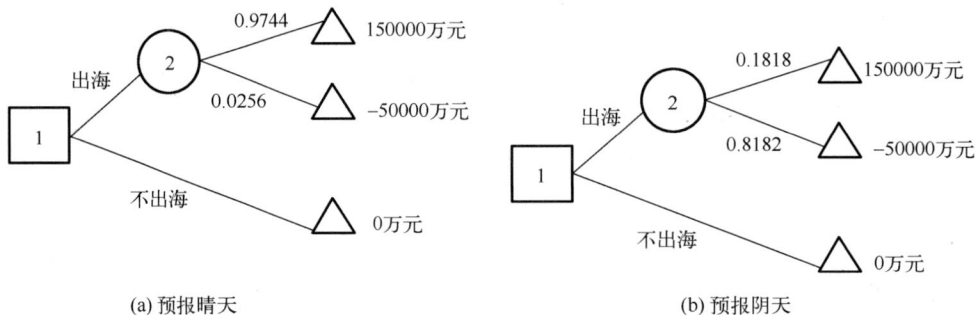

(a) 预报晴天　　　　　　　　　　　　　　　(b) 预报阴天

图 6.3　渔业公司的决策树

实际上，成立气象站需要一定的建设成本和运营成本，考虑为使概率更准确，读者可以自行设计一些参数并试着解决这个问题。

例 6.12　某工厂的产品每 1000 件装成一箱出售。每箱中产品的次品率有 0.01、0.40、0.90 三种可能，其概率分别是 0.2、0.6、0.2。现在的问题是出厂前是否要对产品进行严格检验，将次品挑出。可以选择的行动方案有两个：①整箱检验，检验费为每箱 100 元；②整箱不检验，但如果顾客在使用中发现次品，每件次品除调换为合格品外还要赔偿 0.25 元损失费。为了更好地做出决定，可以先从一箱中随机抽取一件作为样本检验。然后根据这件产品是否为次品再决定该箱是否要检验，抽样成本为 4.20 元。要决策的问题是

① 是否抽检？

② 如不抽检，是否进行整箱检验？

③ 如果抽检，应如何根据抽检结果决定行动？

解：假设 a_1 为整箱检验；a_2 为整箱不检验；θ_1、θ_2、θ_3 表示次品率分别为 0.01，0.40，0.90 的三种自然状态；S_1 表示抽取一件样品的行动；$x=1$，$x=0$ 为抽样是次品和合格品的两个结果。

由表 6.7 收益矩阵可得各行动方案的后悔值矩阵，如表 6.8 所示。

表 6.7　收益矩阵

A	θ		
	θ_1	θ_2	θ_3
	0.2	0.6	0.2
a_1	−100	−100	−100
a_2	−2.5	−100	−225

表 6.8　后悔值矩阵

A	θ		
	θ_1	θ_2	θ_3
	0.2	0.6	0.2
a_1	97.5	0	0
a_2	0	0	125

抽取一件样品的抽样分布如表 6.9 所示。

表 6.9　抽样分布表

抽样	θ_1	θ_2	θ_3
$x = 0$	0.99	0.6	0.1
$x = 1$	0.01	0.4	0.9

绘制决策树，如图 6.4 所示。计算有关概率。

（1）抽样各有关概率。

$$P(x=0) = \sum_{i=1}^{3} P(x=0/\theta_i)P(\theta_i) = 0.99 \times 0.2 + 0.60 \times 0.6 + 0.10 \times 0.2 = 0.578$$

$$P(x=1) = \sum_{i=1}^{3} P(x=1/\theta_i)P(\theta_i) = 0.01 \times 0.2 + 0.40 \times 0.6 + 0.90 \times 0.2 = 0.422$$

（2）求在 $x = 0$ 的情况下，出现各种不同自然情况的概率。

利用贝叶斯公式

$$P(\theta_1/x=0) = \frac{0.99 \times 0.2}{0.578} = 0.3426$$

同理可求出

$$P(\theta_2/x=0) = \frac{0.60 \times 0.6}{0.578} = 0.6228$$

$$P(\theta_3/x=0) = \frac{0.1 \times 0.2}{0.578} = 0.0346$$

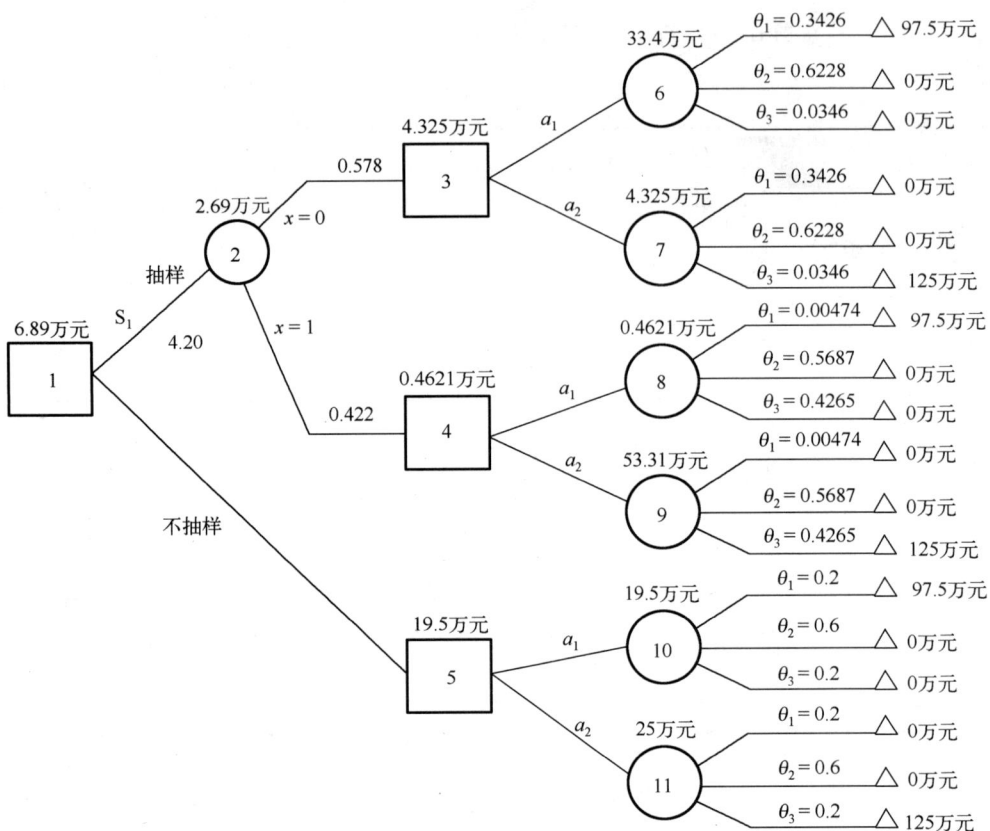

图 6.4　产品抽检的决策树

(3) 在 $x=1$ 的情况下，出现各种不同自然情况的概率。

$$P(\theta_1 / x=1) = \frac{P(x=1/\theta_1)P(\theta_1)}{P(x=1)} = \frac{0.01 \times 0.2}{0.422} = 0.004739$$

$$P(\theta_2 / x=1) = \frac{P(x=1/\theta_2)P(\theta_2)}{P(x=1)} = \frac{0.40 \times 0.6}{0.422} = 0.5678$$

$$P(\theta_3 / x=1) = \frac{P(x=1/\theta_3)P(\theta_3)}{P(x=1)} = \frac{0.90 \times 0.2}{0.422} = 0.4265$$

计算各方案点和决策点的后悔期望值如下：

点 6：$97.5 \times 0.3426 = 33.4$（元）；

点 7：$125 \times 0.0346 = 4.325$（元）；

点 8：$97.5 \times 0.004739 = 0.4621$（元）；

点 9：$125 \times 0.4265 = 53.31$（元）；

点 10：$97.5 \times 0.2 = 19.5$（元）；

点 11：$125 \times 0.2 = 25$（元）。

决策结果是首先抽取 1 件产品作为样品检验，如果该件合格则整箱不检验。如果是次品，则整箱检验。

6.4 多属性决策方法

社会经济系统的决策问题，往往涉及多个不同属性。一般来说，多属性综合评价有两个显著特点：

第一，指标间不可公度性，即属性之间没有统一量纲，难以用同一标准进行度量；

第二，某些指标之间存在一定的矛盾性，某一方案提高了某个指标值，却可能降低另一指标值。因此，克服指标间不可公度性的困难，协调指标间的矛盾性，是多属性综合评价要解决的主要问题。

设有 m 个备选方案 a_i $(1 \leq i \leq m)$，n 个决策指标 f_j $(1 \leq j \leq n)$，m 个方案 n 个指标构成的矩阵 $\boldsymbol{X} = (x_{ij})_{m \times n}$ 称为决策矩阵。

基于 n 个指标值，如何综合考虑这些指标并选择最优方案是一个值得考虑的问题。多属性决策问题主要涉及两个步骤：第一是决策指标的标准化；第二是基于标准化数据的方案择优方法。

6.4.1 决策指标的标准化

由于指标体系中指标有不同量纲，例如，产值的单位为万元，产量的单位为万吨，投资回收期的单位为年等，这给综合评价带来许多困难。将不同量纲的指标通过适当变换，转化为无量纲的标准化指标，称为决策指标的标准化。决策指标根据指标变化方向，大致可以分为两类，即效益型（正向）指标和成本型（逆向）指标。效益型指标具有越大越优的性质，成本型指标具有越小越优的性质。

（1）向量归一化法。

在决策矩阵 $\boldsymbol{X} = (x_{ij})_{m \times n}$ 中，令

$$y_{ij} = \frac{x_{ij}}{\sqrt{\sum_{i=1}^{m} x_{ij}^2}} \quad (1 \leq i \leq m, 1 \leq j \leq n) \tag{6.1}$$

矩阵 $\boldsymbol{Y} = (y_{ij})_{m \times n}$ 称为向量归一标准化矩阵。$\boldsymbol{Y}$ 的列向量的模等于 1，即 $\sum_{i=1}^{m} y_{ij}^2 = 1$。经过归一化处理后，其指标值均满足 $0 \leq y_{ij} \leq 1$，并且正/逆向指标的方向没有发生变化，即正向指标归一化后，仍是正向指标，逆向指标归一化后，仍是逆向指标。

（2）线性比例变化法。

在 $\boldsymbol{X} = (x_{ij})_{m \times n}$ 中，对正向指标 f_j，取 $x_j^* = \max_{1 \leq i \leq m} x_{ij} \neq 0$，则

$$y_{ij} = \frac{x_{ij}}{x_j^*} \quad (1 \leq i \leq m, 1 \leq j \leq n) \tag{6.2}$$

对于逆向指标 f_j，取 $x_j^* = \min\limits_{1 \le i \le m} x_{ij} \neq 0$，则

$$y_{ij} = \frac{x_j^*}{x_{ij}} \quad (1 \le i \le m, 1 \le j \le n) \tag{6.3}$$

矩阵 $\boldsymbol{Y} = (y_{ij})_{m \times n}$ 称为线性比例标准化矩阵，经过线性比例变换后，标准化指标满足 $0 \le y_{ij} \le 1$，并且正/逆向指标均化为正向指标，最优值为 1，最劣值为 0。

(3) 极差变化法。

在 $\boldsymbol{X} = (x_{ij})_{m \times n}$ 中，对正向指标 f_j，取 $x_j^* = \max\limits_{1 \le i \le m} x_{ij}$，$x_j^o = \min\limits_{1 \le i \le m} x_{ij}$，则

$$y_{ij} = \frac{x_j^o - x_{ij}}{x_j^o - x_j^*} \quad (1 \le i \le m, 1 \le j \le n) \tag{6.4}$$

对于逆向指标 f_j，取 $x_j^* = \min\limits_{1 \le i \le m} x_{ij}$，$x_j^o = \max\limits_{1 \le i \le m} x_{ij}$，则

$$y_{ij} = \frac{x_j^o - x_{ij}}{x_j^o - x_j^*} \quad (1 \le i \le m, 1 \le j \le n) \tag{6.5}$$

矩阵 $\boldsymbol{Y} = (y_{ij})_{m \times n}$ 称为极差变化标准化矩阵。经过极差变化之后，均有 $0 \le y_{ij} \le 1$，并且正/逆向指标均化为正向指标。

(4) 定性指标量化处理方法。

在多属性决策指标体系中，有些指标是定性指标，只能作为定性描述，如"可靠性""灵敏度""员工素质"等。对定性指标进行量化处理，常用的方法是将这些指标依问题性质划分为若干级别，分别赋以不同的量值。一般可划分为 5 个级别，具体分值如表 6.10 所示。

表 6.10　定性指标量化分值表

定性标度	很低	低	一般	高	很高
正向指标	1	3	5	7	9
逆向指标	9	7	5	3	1

例 6.13　某公司在国际市场上购买飞机，按 6 个决策指标对不同型号的飞机进行综合评价，这 6 个指标分为：最大速度(f_1)、最大范围(f_2)、最大负载(f_3)、费用(f_4)、可靠性(f_5)和灵敏度(f_6)。现在有 4 种型号的飞机可供选择，具体指标值如表 6.11 所示。写出决策矩阵，并进行标准化处理。

表 6.11　4 种型号飞机的具体指标

机型	指标					
	最大速度/马赫	最大范围/千米	最大负载/千克	费用/百万元	可靠性	灵敏度
a_1	2.0	1500	20000	5.5	一般	很高
a_2	2.5	2700	18000	6.5	低	一般

机型	指标					
	最大速度/马赫	最大范围/千米	最大负载/千克	费用/百万元	可靠性	灵敏度
a_3	1.8	2000	21000	4.5	高	高
a_4	2.2	1800	20000	5.0	一般	一般

解：在决策指标中，f_1、f_2、f_3是正向指标，f_4是逆向指标，f_5、f_6是定性指标。按照表 6.10 的分级量化值，将 f_5、f_6 进行量化处理，得到决策矩阵

$$X = (x_{ij})_{4 \times 6} = \begin{bmatrix} 2.0 & 1500 & 20000 & 5.5 & 5 & 9 \\ 2.5 & 2700 & 18000 & 6.5 & 3 & 5 \\ 1.8 & 2000 & 21000 & 4.5 & 7 & 7 \\ 2.2 & 1800 & 20000 & 5.0 & 5 & 5 \end{bmatrix}$$

根据不同的方法进行标准化处理。

向量归一化法，标准化矩阵为

$$Y = (y_{ij})_{4 \times 6} = \begin{bmatrix} 0.47 & 0.37 & 0.51 & 0.51 & 0.48 & 0.67 \\ 0.58 & 0.66 & 0.46 & 0.60 & 0.29 & 0.31 \\ 0.42 & 0.49 & 0.53 & 0.41 & 0.67 & 0.52 \\ 0.51 & 0.44 & 0.51 & 0.46 & 0.48 & 0.37 \end{bmatrix}$$

极差变化法，标准化矩阵为

$$Y = (y_{ij})_{4 \times 6} = \begin{bmatrix} 0.29 & 0 & 0.67 & 0.50 & 0.50 & 1.00 \\ 1.00 & 1.00 & 0 & 0 & 0 & 0 \\ 0 & 0.42 & 1.00 & 1.00 & 1.00 & 0.50 \\ 0.57 & 0.25 & 0.67 & 0.75 & 0.50 & 0 \end{bmatrix}$$

线性比例变化法，标准化矩阵为

$$Y = (y_{ij})_{4 \times 6} = \begin{bmatrix} 0.80 & 0.56 & 0.95 & 0.82 & 0.71 & 1.00 \\ 1.00 & 1.00 & 0.86 & 0.69 & 0.43 & 0.56 \\ 0.72 & 0.74 & 1.00 & 1.00 & 1.00 & 0.78 \\ 0.88 & 0.67 & 0.95 & 0.90 & 0.71 & 0.56 \end{bmatrix}$$

6.4.2 线性加权方法

线性加权方法根据实际情况确定各决策指标的权，再对决策矩阵进行标准化处理，求出各方案的指标综合值，以此作为各可行方案排序的依据。注意：线性加权方法对决策矩阵的标准化处理，应当使所有的指标正向化。基本步骤：用适当的方法确定各决策指标的权，设权向量为 $W = (w_1, w_2, \cdots, w_n)^{\mathrm{T}}$。其中，$\sum_{j=1}^{n} w_j = 1$。对 $X = (x_{ij})_{m \times n}$ 进行标准化处理，

标准化矩阵为 $\boldsymbol{Y} = (y_{ij})_{m \times n}$，标准化后的指标为正向指标。

求出各决策方案的线性加权指标值：

$$u_i = \sum_{j=1}^{n} w_j y_{ij} \quad (1 \leqslant i \leqslant m) \tag{6.6}$$

以 u_i 为依据，选择最大者为最优方案，即

$$u(a^*) = \max_{1 \leqslant i \leqslant m} u_i = \max_{1 \leqslant i \leqslant m} \sum_{j=1}^{n} w_j y_{ij} \tag{6.7}$$

用线性加权方法对例 6.13 的购机问题进行决策。

解：设购机问题中，6 个决策指标的权向量为 $\boldsymbol{W} = (0.2, 0.1, 0.1, 0.1, 0.2, 0.3)^{\mathrm{T}}$。用线性比例变化法，将决策矩阵 $\boldsymbol{X} = (x_{ij})_{4 \times 6}$ 标准化，标准化矩阵为

$$\boldsymbol{Y} = (y_{ij})_{4 \times 6} = \begin{pmatrix} 0.80 & 0.56 & 0.95 & 0.82 & 0.71 & 1.00 \\ 1.00 & 1.00 & 0.86 & 0.69 & 0.43 & 0.56 \\ 0.72 & 0.74 & 1.00 & 1.00 & 1.00 & 0.78 \\ 0.88 & 0.67 & 0.95 & 0.90 & 0.71 & 0.56 \end{pmatrix}$$

计算各方案的综合指标值 $u_1 = 0.835$，$u_2 = 0.709$，$u_3 = 0.853$，$u_4 = 0.738$。因此，最优方案是 $u(a^*) = \max\limits_{1 \leqslant i \leqslant 4} u_i = u_3 = u(a_3)$，即 $a^* = a_3$，购机问题各方案的排序结果是 $a_3 > a_1 > a_4 > a_2$。

另外考虑费用的权在何种范围内时，最优方案不会发生变化。

6.4.3 理想解方法

理想解方法又称为 TOPSIS (Technique for Order Preference by Similarity to Ideal Solution) 法，这种方法通过构造多属性问题的理想解和负理想解，以靠近理想解和远离负理想解两个基准作为评价各可行方案的依据。理想解是设想各指标属性都达到最满意的解；负理想解是设想指标属性均为最不满意的解。

例如，在二指标 f_1, f_2 的决策问题中，设二指标均为效益型指标，指标值越大越优。该问题有 m 个可行方案 $a_i (i = 1, 2, \cdots, m)$，各方案的两个指标分别记为 x_{i1}, x_{i2}。

记 $x_1^* = \max\limits_{1 \leqslant i \leqslant m} \{x_{i1}\}, x_2^* = \max\limits_{1 \leqslant i \leqslant m} \{x_{i2}\}, x_1^- = \min\limits_{1 \leqslant i \leqslant m} \{x_{i1}\}, x_2^- = \min\limits_{1 \leqslant i \leqslant m} \{x_{i2}\}$。

则此问题的理想解为 (x_1^*, x_2^*)，负理想解为 (x_1^-, x_2^-)。

确定了理想解和负理想解，还需要确定一种测度方法，表示各方案目标值靠近理想解和远离负理想解的程度。设方案 a_i 对应到理想解和负理想解的距离分别为

$$S_i^* = \sqrt{\sum_{j=1}^{2} (x_{ij} - x_j^*)^2}, \quad S_i^- = \sqrt{\sum_{j=1}^{2} (x_{ij} - x_j^-)^2}$$

方案 a_i 与理想解、负理想解的相对贴近度定义为 $C_i^* = \dfrac{S_i^-}{S_i^- + S_i^*}$，容易看出，相对贴近

度满足 $0 \leqslant C_i^* \leqslant 1$。当 $a_i = a^*$ 时，即方案为理想方案时，$C_i^* = 1$；当 $a_i = a^-$ 时，即方案为负理想方案时，$C_i^* = 0$。当 $a_i \to a^*$ 时，即方案逼近理想解而远离负理想解时，$C_i^* \to 1$。因此，相对贴近度 C_i^* 是理想解排序的判据。

设 $X = (x_{ij})_{m \times n}$，指标权向量为 $W = (w_1, w_2, \cdots, w_n)^T$，理想解法基本步骤：对决策矩阵进行标准化处理，得到标准化矩阵 $Y = (y_{ij})_{m \times n}$；计算加权标准化矩阵 $V = (v_{ij})_{m \times n} = (w_j y_{ij})_{m \times n}$；确定理想解和负理想解，计算各方案的相对贴近度。

例 6.14 用理想解法对例 6.13 的购机问题进行决策。

解： 用向量归一化方法求得 $X = (x_{ij})_{4 \times 6}$ 的标准矩阵（保留 4 位小数）；设指标权为 $W = (0.2, 0.1, 0.1, 0.1, 0.2, 0.3)^T$，计算加权标准化矩阵，求得

$$V = (v_{ij})_{4 \times 6} = \begin{pmatrix} 0.0934 & 0.0366 & 0.0506 & 0.0506 & 0.0962 & 0.2012 \\ 0.1168 & 0.0659 & 0.0455 & 0.0598 & 0.0577 & 0.1118 \\ 0.0841 & 0.0488 & 0.0531 & 0.0414 & 0.1347 & 0.1565 \\ 0.1028 & 0.0439 & 0.0506 & 0.0460 & 0.0962 & 0.1118 \end{pmatrix}$$

分别确定理想解和负理想解为

$$V^* = \{0.1168,\ 0.0659,\ 0.0531,\ 0.0414,\ 0.1347,\ 0.2012\}$$

$$V^- = \{0.0841,\ 0.0366,\ 0.0455,\ 0.0598,\ 0.0577,\ 0.1118\}$$

各方案到理想解和负理想解的距离分别是

$$S_1^* = 0.0545, \quad S_2^* = 0.1197, \quad S_3^* = 0.0580, \quad S_4^* = 0.1009$$

$$S_1^- = 0.0983, \quad S_2^- = 0.0439, \quad S_3^- = 0.0920, \quad S_4^- = 0.0458$$

各方案的相对贴近度为 $C_1^* = 0.643$，$C_2^* = 0.268$，$C_3^* = 0.613$，$C_4^* = 0.312$，理想解法各方案的排序结果是 $a_1 > a_3 > a_4 > a_2$。

从上述分析过程来看，很方便采用 Excel 软件计算。

6.4.4 层次分析法

层次分析法（Analytic Hierarchy Process，AHP）是 20 世纪 70 年代由美国数学家 T. L. Saaty 提出的一种定量定性相结合的评价方法，该方法力求避开复杂的数学建模方法进行复杂问题的决策，其原理是将复杂问题逐层分解为若干元素，组成一个相互关联和具有隶属关系的层次结构模型，对各元素进行判断。运用 AHP，大体上可按下面四个步骤进行。

步骤 1：分析系统中各元素间的关系，建立系统的递阶层次结构；

步骤 2：对同一层次各元素关于上一层次中某一准则的重要性进行两两比较，构造两两比较的判断矩阵；

步骤 3：由判断矩阵计算被比较元素对该准则的相对权重，并进行矩阵一致性检验；

步骤 4：依据各层次对系统的总排序权进行排序，得到各方案对于总目标的总排序。

下面举例说明四个步骤的实现过程。

应用 AHP 分析决策问题时，首先要把问题条理化、层次化，构造出一个有层次的结构模型即递阶层次结构的建立。在这个模型下，复杂问题被分解为各元素，这些元素又按其属性及关系分成若干层次，上一层次的元素作为准则对下一层次的有关元素起支配作用。这些层次可以分为三类：

①最高层（目标层）：只有一个元素，一般是分析问题的预定目标或理想结果；

②中间层（准则层）：包括一些中间环节，由若干个层次组成，含有所需要的准则、子准则；

③最底层（方案层）：包括为实现目标的各种措施、决策方案等。

递阶层次结构的层次数与问题的复杂程度及需要分析的详尽程度有关，一般地，层次数不受限制。每一层次中各元素所支配的元素一般不超过 9 个，这是因为支配的元素过多会给两两比较带来困难。一个好的层次结构对于解决问题是极为重要的，如果在层次划分和确定层次元素间的支配关系上举棋不定，那么应该重新分析问题，弄清元素间的相互关系，以确保建立一个合理的层次结构。递阶层次结构是 AHP 中最简单的也是最实用的层次结构形式。

在建立递阶层次结构以后，上下层元素间的隶属关系被确定，下一步是要确定各层次元素的权。对于大多数社会经济问题，特别是比较复杂的问题，元素的权不容易直接获得，这时就需要通过适当的方法导出权，AHP 利用决策者对方案两两比较给出判断矩阵的方法导出权。

例 6.15 知识员工评价问题。知识员工是指具有创新能力，能帮助企业在千变万化的市场环境中赢得优势的员工。知识员工评价可从员工的知识储备及基础、研发创新能力、团队合作能力和历史研发业绩等方面考核。某企业拟基于上述四个方面，对 3 位拟引进的员工进行选择评价。可得到该问题的评价指标体系如图 6.5 所示。

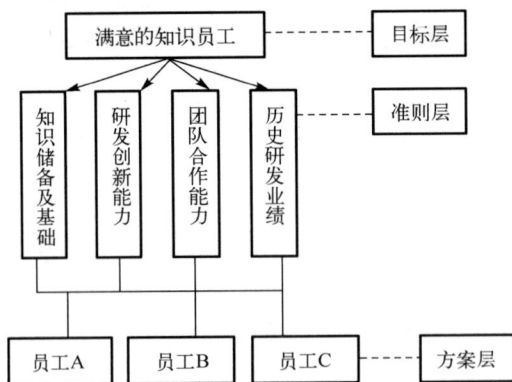

图 6.5 知识员工选择评价指标体系

记准则层元素 C 所支配下一层次的元素为 U_1，U_2，$\cdots$，U_n。针对准则层元素 C，决策者比较两个元素 U_i 和 U_j 哪一个更重要，重要程度如何，并按表 6.12 定义的比例标度对重要性程度赋值，形成判断矩阵 $A = (a_{ij})_{n \times n}$，其中 a_{ij} 就是元素 U_i 与 U_j 相对于准则层元素 C 的重要性比例标度。

表 6.12　比例标度权数值

比例标度	含义
1	两个元素相比，具有相同的重要性
3	两个元素相比，前者比后者稍(略)重要
5	两个元素相比，前者比后者明显(较)重要
7	两个元素相比，前者比后者强烈(非常)重要
9	两个元素相比，前者比后者极端(绝对)重要
2, 4, 6, 8	表示上述相邻判断的中间值

判断矩阵 A 具有如下性质：① $a_{ij} > 0$；② $a_{ji} = \dfrac{1}{a_{ij}}$；③ $a_{ii} = 1$，称为正互反判断矩阵。

根据判断矩阵的互反性，对于一个由 n 个元素构成的判断矩阵只需给出其上(或下)三角的 $\dfrac{n(n-1)}{2}$ 个判断数据即可。

例 6.15 中，通过分析"知识储备及基础"指标，员工 A 比员工 B 略好不足，员工 A 比员工 C 非常好有余，但是绝对好不足，员工 B 比员工 C 较好有余，非常好不足，则可以得到如下的判断矩阵(下三角判断矩阵的元素由互反性得到)：

$$A = \begin{array}{c} \\ \text{员工A} \\ \text{员工B} \\ \text{员工C} \end{array} \begin{array}{ccc} \text{员工A} & \text{员工B} & \text{员工C} \\ \left[\begin{array}{ccc} 1 & 2 & 8 \\ 1/2 & 1 & 6 \\ 1/8 & 1/6 & 1 \end{array}\right] \end{array}$$

通过两两比较得到的判断矩阵不一定满足判断矩阵的互反性条件，由于决策问题的复杂性，决策者判断的逻辑可能不一致。对此，AHP 采用一个数量标准来衡量 A 的不一致程度。设 $\boldsymbol{w} = (w_1, w_2, \cdots, w_n)^{\mathrm{T}}$ 是 n 阶判断矩阵排序权向量(可根据排序权向量 $\boldsymbol{w}$ 来决定方案的优劣)，当 A 为一致性判断矩阵时，有

$$A = \begin{bmatrix} 1 & \dfrac{w_1}{w_2} & \cdots & \dfrac{w_1}{w_n} \\ \dfrac{w_2}{w_1} & 1 & \cdots & \dfrac{w_2}{w_n} \\ \cdots & \cdots & \cdots & \cdots \\ \dfrac{w_n}{w_1} & \dfrac{w_n}{w_2} & \cdots & 1 \end{bmatrix} = \begin{bmatrix} w_1 \\ w_2 \\ \cdots \\ w_n \end{bmatrix} \begin{bmatrix} \dfrac{1}{w_1} & \dfrac{1}{w_2} & \cdots & \dfrac{1}{w_n} \end{bmatrix}$$

用 $\boldsymbol{w} = (w_1, w_2, \cdots, w_n)^{\mathrm{T}}$ 右乘上式，得到 $A\boldsymbol{w} = n\boldsymbol{w}$，表明 $\boldsymbol{w}$ 为 A 的特征向量，且特征根为 n，即对于一致的判断矩阵，排序权向量 $\boldsymbol{w}$ 就是 A 的特征向量。如果 A 是一致的互反矩阵，则有以下性质：$a_{ij}a_{jk} = a_{ik}$。当 A 具有一致性时，$\lambda_{\max} = n$，将 $\lambda_{\max}$ 对应的特征向量归一化后($\sum\limits_{i=1}^{n} w_i = 1$)记为 $\boldsymbol{w} = (w_1, \cdots, w_n)^{\mathrm{T}}$，$\boldsymbol{w}$ 称为排序权向量，它表示 $U_1, U_2, \cdots, U_n$ 在 C

中的权。如果判断矩阵不具有一致性，则 $\lambda_{\max} > n$，此时的排序权向量 w 就不能真实地反映 U_1，U_2，$\cdots$，U_n 在目标中所占比重。定义衡量不一致程度的数量指标，$\mathrm{CI} = \dfrac{\lambda_{\max} - n}{n-1}$。

对于具有一致性的正互反判断矩阵来说，$\mathrm{CI} = 0$。由于客观事物的复杂性和人们认识的多样性，以及认识可能产生的片面性跟问题的因素多少、规模大小有关，仅依靠 CI 值作为判断矩阵 A 是否具有满意一致性的标准是不够的。为此，引进平均随机一致性指标 RI，对于 $n = 1 \sim 11$，平均随机一致性指标 RI 的取值如表 6.13 所示。

表 6.13　一致性指标 RI 取值表

n	1	2	3	4	5	6	7	8	9	10	11
RI	0	0	0.58	0.90	1.12	1.24	1.32	1.41	1.45	1.49	1.51

定义 CR 为一致性比例，$\mathrm{CR} = \dfrac{\mathrm{CI}}{\mathrm{RI}}$，当 $\mathrm{CR} \leqslant 0.1$ 时，则称判断矩阵具有满意一致性，否则就不具有满意一致性。

例 6.15 中判断矩阵 A 最大特征值 $\lambda_{\max} = 3.019$（特征值计算方法可采用一定的软件进行，如 Matlab 软件中的 $[p, q] = \mathrm{eig}(A)$ 即可得到判断矩阵 A 的特征值 p 和特征向量 q），$\mathrm{CI} = \dfrac{3.019 - 3}{3 - 1} = 0.01$，一致性比例 $\mathrm{CR} = \dfrac{0.01}{0.58} = 0.017 \leqslant 0.1$，表明该判断矩阵的一致性可以接受。此外，可以得到 $w = (0.593, 0.341, 0.066)^{\mathrm{T}}$。

设在研发创新能力指标下构成的判断矩阵：
$$\begin{array}{c} \\ \text{员工A} \\ \text{员工B} \\ \text{员工C} \end{array} \begin{bmatrix} \text{员工A} & \text{员工B} & \text{员工C} \\ 1 & 1/3 & 1/4 \\ 3 & 1 & 1/2 \\ 4 & 2 & 1 \end{bmatrix};$$

在团队合作能力下三个员工构成的判断矩阵：
$$\begin{array}{c} \\ \text{员工A} \\ \text{员工B} \\ \text{员工C} \end{array} \begin{bmatrix} \text{员工A} & \text{员工B} & \text{员工C} \\ 1 & 1/4 & 1/6 \\ 4 & 1 & 1/3 \\ 6 & 3 & 1 \end{bmatrix};$$

在历史研发业绩下三个员工构成的判断矩阵：
$$\begin{array}{c} \\ \text{员工A} \\ \text{员工B} \\ \text{员工C} \end{array} \begin{bmatrix} \text{员工A} & \text{员工B} & \text{员工C} \\ 1 & 1/3 & 4 \\ 1/3 & 1 & 7 \\ 1/4 & 1/7 & 1 \end{bmatrix}。$$

在四个评价指标方面，哪个指标更为重要？可以采用同样的比较方法得到四个评价指标的权向量，设有判断矩阵

$$\begin{array}{c} \\ \text{知识储备及基础} \\ \text{研发创新能力} \\ \text{团队合作能力} \\ \text{历史研发业绩} \end{array} \begin{bmatrix} \text{知识储备及基础} & \text{研发创新能力} & \text{团队合作能力} & \text{历史研发业绩} \\ 1 & 2 & 3 & 2 \\ 1/2 & 1 & 4 & 1/2 \\ 1/3 & 1/4 & 1 & 1/4 \\ 1/2 & 2 & 4 & 1 \end{bmatrix}$$

基于上述指标下各方案的特征向量的总结如表 6.14 所示（设各判断矩阵的一致性均可接受），由四个评价指标的特征向量可以求得 $w = (0.398, 0.218, 0.085, 0.299)^{\mathrm{T}}$。

表 6.14 评价指标特征向量表

	知识储备及基础	研发创新能力	团队合作能力	历史研发业绩
员工 A	0.593	0.123	0.087	0.265
员工 B	0.341	0.320	0.274	0.655
员工 C	0.066	0.557	0.639	0.080

如表 6.14 所示，在知识储备及基础方面，员工 A 最优，员工 B 和员工 C 其次；在研发创新能力方面，员工 C 最优，员工 B 和员工 A 其次；在团队合作能力方面，员工 C 最优，员工 B 和员工 A 其次；在历史研发业绩方面，员工 B 最优，员工 A 和员工 C 其次。

问综合上述四个指标，哪个员工最优？

计算同一层次所有因素对于最高层（目标层）相对重要性的排序权，称为层次总排序，这一过程是由高层次到低层次逐层进行的。最底层（方案层）得到的层次总排序，就是 n 个被评价方案的总排序。若上一层次 A 包含 m 个因素 A_1, A_2, $\cdots$, A_m，其层次总排序权分别为 a_1, a_2, $\cdots$, a_m，下一层次 B 包含 n 个因素 B_1, B_2, $\cdots$, B_n，它们对于因素 A_j 的层次单排序的权分别为 b_{1j}, b_{2j}, $\cdots$, b_{nj}（当 B_k 与 A_j 无关时，取 b_{kj} 为 0），此时层次 B 的总排序权如表 6.15 所示。

表 6.15 层次 B 的总排序权表

层次 B	层次 A				层次 B 总排序权
	A_1	A_2	$\cdots$	A_m	
	a_1	a_2	$\cdots$	a_m	
B_1	b_{11}	b_{12}	$\cdots$	b_{1m}	$\sum\limits_{j=1}^{m} a_j b_{1j}$
$\cdots$	$\cdots$	$\cdots$	$\cdots$	$\cdots$	$\cdots$
B_n	b_{n1}	b_{n2}	$\cdots$	b_{nm}	$\sum\limits_{j=1}^{m} a_j b_{nj}$

如果层次 B 某些因素对于 A_j 的一致性指标为 CI_j，平均随机一致性指标为 RI_j，则层次 B 总排序一致性比例为 $\mathrm{CR} = \dfrac{\sum\limits_{j=1}^{m} a_j \mathrm{CI}_j}{\sum\limits_{j=1}^{m} a_j \mathrm{RI}_j}$。

AHP 最终得到方案层各决策方案相对于总目标的权，并给出这一组合权依据整个递阶层次结构所有判断的总一致性指标，据此，决策者可以做出决策。

例 6.15 中，员工 A 总得分为

$$0.398 \times 0.593 + 0.218 \times 0.123 + 0.085 \times 0.087 + 0.299 \times 0.265 = 0.349;$$

员工 B 总得分为

$$0.398 \times 0.341 + 0.218 \times 0.32 + 0.085 \times 0.274 + 0.299 \times 0.655 = 0.425;$$

员工 C 总得分为

$$0.398 \times 0.066 + 0.218 \times 0.557 + 0.085 \times 0.639 + 0.299 \times 0.08 = 0.226 。$$

由此，可以看出，在选择满意知识员工的目标下，员工 B 的得分最高，员工 A 其次，员工 C 最劣。因此，综合看四个指标，应该选择引进员工 B 的方案。

从层次分析法的应用来看，关键有两点：一个是指标体系结构的设计，另一个是基于指标的判断矩阵的构建。这两个过程都必须依靠实际问题来分析，才能获得较为合理的结果。

6.5 案例分析

案例分析 1（供应商评价问题）

某钢铁股份有限公司是当前国内现代化水平最高的特大型钢铁联合企业之一，生产规模达到千万吨级水平。轧辊是钢铁企业的关键生产备件，消耗量大、技术含量高、材质多、要求严、管理环节多，管理水平的高低直接影响产品的生产成本、质量以及生产组织的正常进行。单耗水平是衡量轧钢厂生产成本中轧辊所占份额的指标，是轧辊管理、采购、使用、维护等多因素的体现，反映轧辊综合管理水平的高低。国外轧钢厂如韩国浦项制铁等，轧辊单耗水平比国内钢铁企业要低得多，可见轧辊单耗水平与国外先进轧钢厂有一定差距，除目前新轧机多、事故率高外，一个重要的原因是管理水平存在差异。因此，建立一套融轧辊状态跟踪、轧辊预算生成、现场管理及轧辊供应商评价为一体的轧辊管理信息系统势在必行。

轧辊综合评价需要考虑轧辊性价比、轧辊质量、JIT（Just In Time）交货水平和售后服务水平等多项指标，是一个较复杂的多属性评价问题。指标中既包含定量指标（如轧制性能、价格等），又包含定性指标（如质量、JIT 交货水平和售后服务水平），各个指标没有统一的度量标准，因而难以进行比较，且指标间存在矛盾，即如果采用一种方案去改进某一指标值，另一指标值可能会受损。例如，质量和价格之间往往存在矛盾。

轧辊综合评价模型是轧辊管理系统决策支持功能的主要模型之一。支持范围包括 2050mm 热轧、1580mm 热轧、2030mm 冷轧、1420mm 冷轧、1550mm 冷轧、初轧、钢管、高速线材在内的八个轧机机组近百个机架上轧辊的供应商综合评价，涉及国内外 30 多家供应商，100 多种规格型号，年采购成本超亿元。作为钢铁企业的关键备件，轧辊采购成本高、消耗量大，其供货源质量直接影响到钢铁企业的产品质量和生产稳定性，进而影响到产品在市场上的竞争力。因此，轧辊供应商的选择与评价具有重要意义。

随着供应链管理模式、质量管理和 JIT 思想的推广，供应商评价问题得到了广泛关注。钢铁生产过程的持续性、供应商的分散性、质量要求的严格性等特点，又使其供应商评价更为复杂。轧辊供应商评价需要综合考虑轧辊质量、价格、供货柔性、售后服务水平、异常处理能力等多种属性，其中既有定量指标，又有定性指标。AHP 具有处理定量和定性属性的能力，应用简单，容易被现场人员接受，适用于复杂的轧辊供应商评价问题，是轧辊供应商评价的合适方法。以国内某大型钢铁企业轧辊供应商评价为例，提出基于 AHP 来研究轧辊供应商的评价问题。

AHP 应用的第一步是建立评价指标体系。构建一个科学有效的评价指标体系，需要经过指标初选、完善到最终使用等过程。轧辊作为钢铁企业的关键备件，其供应商评价指标有自身的特点。通过与现场专家的交流，依据指标体系建立原则，本文建立轧辊供应商综合评价指标体系，如图 6.6 所示。

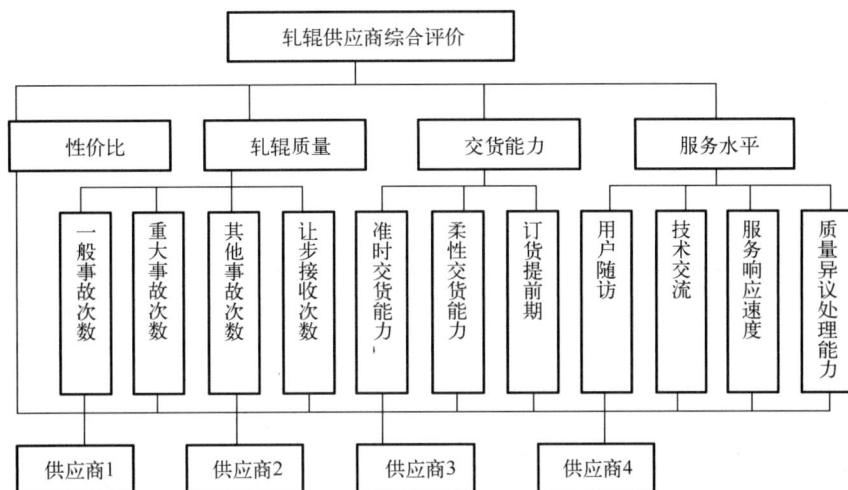

图 6.6　轧辊供应商评价指标体系

各指标名称解释如下：

（1）性价比。

反映轧辊轧制性能的一个综合指标，设某供应商轧辊价格为 p，报废时轧制总长度为 q，考虑轧辊轧制产品的难度不尽相同，实际计算的轧制总长度 $q' = q \times k$，k 为校正系数（由现场专家给出），则该供应商轧辊的性价比定义为 p / q'。其数值越小，则轧辊综合性能越好，反之，则越差。

（2）轧辊质量。

通过发生的事故和让步接收的次数来度量。根据影响生产的程度，按事故的性质可分为一般事故、重大事故和其他事故。一般事故指没有造成产线停机及重大经济损失的事故；重大事故指造成产线停机及重大经济损失的事故；其他事故是指虽然没有造成产线停机，但却严重影响产品质量，造成较大经济损失的事故；让步接收指新轧辊在交货时没有完全达到合同要求的质量和技术标准，但仍然接收的轧辊。

（3）交货能力。

通过供应商准时交货能力、柔性交货能力和订货提前期来评价。若交货日期比合同规定日期提前，会产生附加库存管理成本，可能造成库存能力紧张，而拖期交货又可能影响正常生产。柔性交货体现供应商接受紧急订货的能力，是度量交货能力的一个重要指标。订货提前期是在供需环节中采购商需要某种项目时，供应商提前准备该项目的时间长短，对企业采购策略有较大影响。

(4)服务水平。

通过对供应商在轧辊使用期间的用户随访、技术交流、服务响应速度、质量异议处理能力来评价。

基于图 6.6 所示的指标体系，说明应用 AHP 对轧辊供应商的评价过程。设有四家供应商参评，用供应商 1～4 表示。基于目标层，两两比较性价比、轧辊质量、交货能力和服务水平四个指标，得到判断矩阵，分析该判断矩阵的一致性比例，其一致性比例满足要求，求解得到权分别为 0.532、0.198、0.143、0.128，说明性价比准则最为重要，原因是性价比直接影响轧辊的单耗水平，其余比较如表 6.16 所示，轧辊供应商 4 得分最高，其次为供应商 1、供应商 3，供应商 2 最差。因此，轧辊供应商 4 将作为首选供应商。

从上述分析过程来看，AHP 既充分利用了现场专家的经验，又具备良好的数学性质，为复杂问题的解决提供了一种简便易用的范式。

表 6.16　各指标数值表

供应商	性价比	轧辊质量	交货能力	服务水平	权
供应商 1	0.0730	0.0880	0.0681	0.0365	0.2656
供应商 2	0.0520	0.0600	0.0352	0.0219	0.1691
供应商 3	0.1780	0.0260	0.0207	0.0223	0.2470
供应商 4	0.2290	0.0240	0.0137	0.0475	0.3142

至此，可以选择最为合适的轧辊供应商，问题得以解决。需要说明的是，利用 AHP 解决实际问题，需要计算判断矩阵的特征值和特征向量，除可以用 Matlab 等软件外，还可以用 Excel 的 Mdeterm 函数。

建议读者进一步思考如下 2 个问题：

第一，轧辊供应商的指标体系。基于指标体系进行两两比较得到的判断矩阵，是否是一成不变的？如果有多个部门参与决策，他们给出的判断矩阵是否完全一致，如果不一致，如何处理？

第二，如果轧辊的需求量较大，或者为了规避风险尽可能在一家以上供应商采购轧辊，如何充分利用上述的评价结果？为了培养综合评价结果暂时较差的供应商作为潜在供应商，基于评估指标的现况，培养提升方向又该如何？

案例分析 2（投资策略分析）

某公司有 5 亿元资金，如用于某项开发项目投资，估计成功率为 96%，成功时一年可获利 12%；但一旦失败，有丧失全部资金的危险；如把资金存放到银行中，则可稳得年利 6%。为获取更多情报，该公司可求助于咨询服务，咨询费用为 500 万元，但咨询意见仅供参考。过去咨询公司类似 200 例的项目咨询意见实施结果情况如表 6.17 所示。

表 6.17　项目咨询意见实施结果表

咨询意见	实施结果		合计
	投资成功	投资失败	
可以投资	154 次	2 次	156 次
不宜投资	38 次	6 次	44 次
合计	192 次	8 次	200 次

试用决策树法分析：该公司是否值得求助于咨询公司；该公司多余资金应如何合理利用？

分析：多余资金用于开发事业，成功时可获利 6000 万元，如存入银行可获利 3000 万元。设 T_1：咨询公司意见可以投资；T_2：咨询公司意见不宜投资；E_1：投资成功；E_2：投资失败。

由题意知 $P(T_1) = 0.78$, $P(T_2) = 0.22$, $P(E_1) = 0.96$, $P(E_2) = 0.04$。

根据贝叶斯公式可得，由 $P(E|T) = P(T, E)/P(T)$，$P(T_1, E_1) = 0.77$，$P(T_1, E_2) = 0.01$，$P(T_2, E_1) = 0.19$，$P(T_2, E_2) = 0.03$。故求得 $P(E_1|T_1) = 0.987$，$P(E_2|T_1) = 0.013$，$P(E_1|T_2) = 0.865$，$P(E_2|T_2) = 0.135$。

决策树分析过程可以借助 Excel 软件进行，在网络上搜索"TreePlan"宏选项，加载后如图 6.7 所示，即可使用。加载该宏后，在"工具"栏出现"Decsion Tree"菜单选项。初次建立决策树，如图 6.8 所示。

应用 Excel 进行决策树分析过程中，有几个关键的步骤，即新增分支、插入决策节点，在选定了决策节点后按"CTRL+T"，如图 6.9 所示。

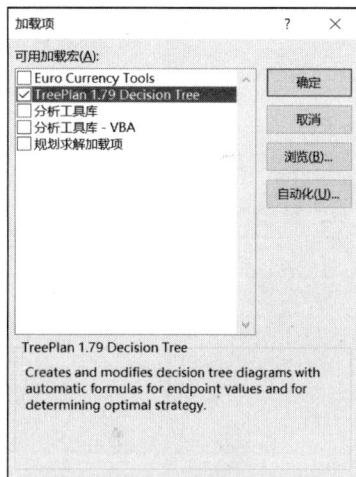

图 6.7　TreePlan 宏加载页面

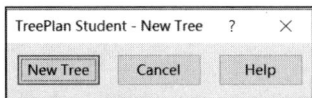

图 6.8　决策树分析工具初始页面　　　　图 6.9　增加和插入分支

如果需要改变节点的性质，比如将决策节点修改为状态点，则选定决策节点后，如图 6.10 所示操作。

在决策树的分析过程中，有如图 6.11 所示的择优策略。

按照上述的主要步骤分析本题，即可得到本例的决策树如图 6.12 所示。

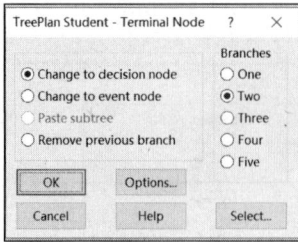

图 6.10　改变决策节点为状态点　　　图 6.11　决策树的分析策略

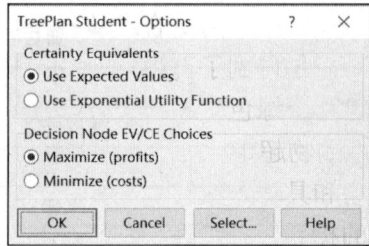

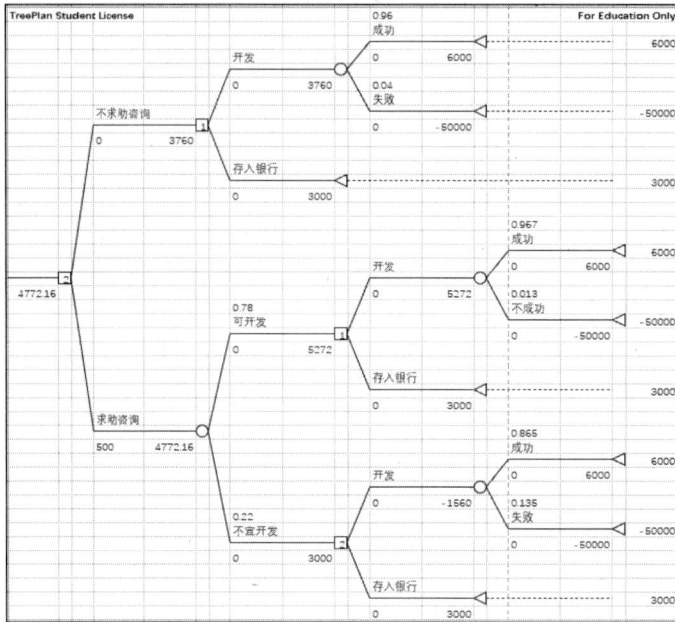

图 6.12　本例的决策树图

　　结论：(a)该公司应求助于咨询服务；(b)如咨询意见可投资开发，可用于投资开发事业，如咨询意见不宜投资开发，应将多余资金存入银行。

6.6　案例讨论

案例讨论：再开发方案优选

　　棕地是指因存在一定程度污染已经废弃的或因污染而没有得到充分利用的土地及地上建筑物。棕地再开发是一个复杂的系统工程，涉及众多的利益相关者(主要社会利益相关者、次要社会利益相关者、主要非社会利益相关者和次要非社会利益相关者)和影响因素(包括社会、经济、财务、环境、健康等方面)，政府、土地所有者、开发商、周边居民等也都和棕地开发相连，任何利益相关者的不平衡都会导致棕地开发失败，因此应该综合考虑各方利益以调动其积极性，追求共赢并推动开发治理顺利开展。

某地区有一块棕地，为更合理地选择开发方案，政府部门进行广泛的社会意见征集，经过整理、归纳后，得到了五种可能的开发方案：(1)绿化用地，建立市民休闲广场；(2)绿化用地，建设一个绿色生态植物公园；(3)住宅商业用地，开发建设商品房；(4)商业用地，建设一大型购物超市；(5)商业用地，作为某高新技术企业的总部。为评价出这块棕地适合开发的类型和具体方案，相关责任机构在明确该棕地的污染状况及利益相关者后，确定了方案选择的指标，简要说明如下：C_1 为改善环境质量水平，效益型指标；C_2 为投资回报水平(回收率及回收期)，定量指标，为该方案可能的投资回报率，效益型指标；C_3 为治理开发成本，定量成本型指标，根据各方案的预算成本获得；C_4 为社会附加效益(就业率及潜在效益)，比例指标，表示该方案带动的社会效益占当地经济指标的比例，效益型指标；C_5 为技术难度，基于百分制，数值越大表示用该技术治理失败的可能性越大，成本型指标；C_6 为治理开发风险(二次污染)，成本型指标，基于百分制；C_7 为治理技术水平及新颖度，效益型指标，基于百分制。如表 6.18 所示是对各开发方案的总体评分数值。

表 6.18　棕地治理开发整体方案的决策矩阵

	C_1	C_2	C_3	C_4	C_5	C_6	C_7
A_1	85	2.1	169	0.87	76	67	90
A_2	90	1.6	200	0.66	67	44	74
A_3	75	2	178	0.60	78	80	65
A_4	60	2.2	210	0.80	33	54	80
A_5	56	3.2	160	0.68	45	70	89

请回答以下三个问题：

(1)试采用多属性决策方法选择合理的方案，并说明选择的理由；

(2)在该棕地再开发方案选择中利益相关者对指标的权认识是否一致，如果不一致将会产生冲突，请你考虑如何处理；

(3)表 6.18 的数据准确性将直接影响方案的选择，请结合该例子考虑应如何有效设计指标。如果该表中的部分数据存在测量误差，请谈谈如何处理为好。

复习思考题

1. 已知面对四种自然状态的三种备选方案如表 6.19 所示。假设各种自然状态出现的概率未知。

表 6.19　四种自然状态的三种备选方案

方案	自然状态			
	S1	S2	S3	S4
A1	16	7	0	−8
A2	5	13	7	4
A3	2	5	11	13

请分别用乐观准则、悲观准则、折中准则(乐观系数 $\alpha = 0.6$)、等可能性准则、后悔值准则求最优行动方案。

若上题中，设备自然状态出现的可能性分别为 0.2、0.3、0.3、0.2，采用风险决策方法进行决策。

2. 根据以往资料，某面包店所需要的面包数可能为下面数量中的一个，括号内为需求概率，120(0.1)，180(0.3)，240(0.3)，300(0.2)，360(0.1)。如果一个面包当天没有销售掉，则在当天结束时以 0.1 元处理给饲养场，新面包售价为每个 1.2 元，每个面包成本为 0.5 元。请分析面包店的最优进货策略。

3. 某建筑公司承建一项工程，需要决定下个月是否开工。如果开工后天气好，可以按期完工，可获得利润 500 万元；如果开工后天气不好将损失 200 万元；如果不开工，不管天气如何，都要付出误工损失 50 万元。根据气象资料，预计下个月天气好的概率为 0.4，天气不好的概率为 0.6。为使利润最大、损失最小，问该公司是否应该开工？

4. 某制造厂加工了 150 个零件，经验表明由于加工设备的原因，这一批零件不合格率 p 有 0.05 和 0.25 两种可能，p 为 0.05 的概率是 0.8。这些零件将被用来组装成部件。制造厂可在组装前按每个零件 10 元的费用来检验这批零件，发现不合格立即更换，也可以不予检验就直接组装，但发现一个不合格品进行返工的费用是 100 元。请分析该厂的最优检验方案。

5. 某服装厂设计了一款新式女装准备推向全国。如直接大批生产与销售，主观估计成功与失败的概率各为 0.5，其分别获利为 1200 万元与–500 万元；如取消生产销售计划，则损失设计与准备费用 40 万元。为稳妥起见，可先小批生产试销，试销的投入需要 45 万元。据历史资料与专家估计，试销成功与失败概率分别为 0.6 与 0.4。参照过去情况，大批生产销售成功的例子中，试销成功的占 84%；大批生产销售失败的例子中，试销成功的占 36%。试根据以上数据，先计算在试销成功与失败两种情况下，进行大批生产与销售时成功与失败的各自概率，再画决策树按最大收益期望值决策准则确定最优决策。

6. 某投资银行拟对四家企业进行投资，抽取五项指标进行评估，即产值、投资成本、销售额、国家收益比重和环境污染。五项指标的权分别为 0.2、0.2、0.3、0.15、0.15。投资银行考察了上年度四家企业的上述指标情况，所得到的评估结果如表 6.20 所示，试采用线性加权方法和 TOPSIS 方法确定最佳投资方案，比较不同的标准化方法所得到的决策结果。

表 6.20　评估结果

企业	产值/万元	投资成本/万元	销售额/万元	国家收益比重	环境污染
1	8560	5090	6135	0.82	严重
2	7809	5400	6527	0.65	一般严重
3	10000	8000	9000	0.59	很严重
4	6709	6000	8892	0.74	严重